国家职业资格培训教材
技能型人才培训用书

维修电工（初级）

第2版

国家职业资格培训教材编审委员会　组编

王兆晶　主编

机械工业出版社

本书是依据《国家职业技能标准》初级维修电工的知识要求和技能要求，按照岗位培训需要的原则编写的。本书的主要内容包括：钳工基础知识、焊工基础知识、电工基本常识、电工基本操作技能、电机与变压器的工作原理及其应用、常用低压电器和电气控制电路的应用、电子技术基础知识等。书末附有与之配套的试题库和答案，以便于企业培训、考核鉴定和读者自测自查。

本书主要用作企业培训部门、职业技能鉴定培训机构、再就业和农民工培训机构的教材，也可作为技校、中职、各种短训班的教学用书。

图书在版编目（CIP）数据

维修电工：初级/王兆晶主编．—2版．—北京：机械工业出版社，2012.3（2022.1重印）

国家职业资格培训教材．技能型人才培训用书

ISBN 978-7-111-37584-5

Ⅰ．①维⋯　Ⅱ．①王⋯　Ⅲ．①电工—维修—技术培训—教材　Ⅳ．TM07

中国版本图书馆 CIP 数据核字（2012）第 031430 号

机械工业出版社（北京市百万庄大街22号　邮政编码100037）
策划编辑：王振国　责任编辑：王振国
版式设计：刘　岚　责任校对：樊钟英
封面设计：饶　薇　责任印制：邓　敏
北京富资园科技发展有限公司印刷
2022年1月第2版第8次印刷
169mm×239mm · 18 印张 · 359 千字
27 001—28 500 册
标准书号：ISBN 978-7-111-37584-5
定价：45.00元

凡购本书，如有缺页、倒页、脱页，由本社发行部调换

电话服务　　　　　　　　　　　网络服务
客服电话：010-88361066　　　机　工　官　网：www.cmpbook.com
　　　　　010-88379833　　　机　工　官　网：weibo.com/cmp1952
　　　　　010-68326294　　　机　工　官　博：www.golden-book.com
封底无防伪标均为盗版　　　　　机工教育服务网：www.cmpedu.com

国家职业资格培训教材(第2版)
编审委员会

主　　　任	王瑞祥
副 主 任	李　奇　郝广发　杨仁江　施　斌
委　　　员	(按姓氏笔画排序)
	王兆晶　王昌庚　田力飞　田常礼　刘云龙
	刘书芳　刘亚琴　李双双　李春明　李俊玲
	李家柱　李晓明　李超群　李援瑛　吴茂林
	张安宁　张吉国　张凯良　张敬柱　陈建民
	周新模　杨君伟　杨柳青　周立雪　段书民
	荆宏智　柳吉荣　徐　斌
总 策 划	荆宏智　李俊玲　张敬柱
本 书 主 编	王兆晶
本书副主编	阎　伟
本 书 参 编	吴　波　刘长军

第2版 序

在"十五"末期,为贯彻落实"全国职业教育工作会议"和"全国再就业会议"精神,加快培养一大批高素质的技能型人才,机械工业出版社精心策划了与原劳动和社会保障部《国家职业标准》配套的《国家职业资格培训教材》。这套教材涵盖41个职业工种,共172种,有十几个省、自治区、直辖市相关行业200多名工程技术人员、教师、技师和高级技师等从事技能培训和鉴定的专家参加编写。教材出版后,以其兼顾岗位培训和鉴定培训需要,理论、技能、题库合一,便于自检自测,受到全国各级培训、鉴定部门和广大技术工人的欢迎,基本满足了培训、鉴定和读者自学的需要,在"十一五"期间为培养技能人才发挥了重要作用,本套教材也因此成为国家职业资格鉴定考证培训及企业员工培训的品牌教材。

2010年,《国家中长期人才发展规划纲要(2010—2020年)》、《国家中长期教育改革和发展规划纲要(2010—2020年)》、《关于加强职业培训促就业的意见》相继颁布和出台,2012年1月,国务院批转了"七部委"联合制定的《促进就业规划(2011—2015年)》,在这些规划和意见中,都重点阐述了加大职业技能培训力度、加快技能人才培养的重要意义,以及相应的配套政策和措施。为适应这一新形势,同时也鉴于第1版教材所涉及的许多知识、技术、工艺、标准等已发生了变化的实际情况,我们经过深入调研,并在充分听取了广大读者和业界专家意见的基础上,决定对已经出版的《国家职业资格培训教材》进行修订。本次修订,仍以原有的大部分作者为班底,并保持原有的"以技能为主线,理论、技能、题库合一"的编写模式,重点在以下几个方面进行了改进:

1. 新增紧缺职业工种——为满足社会需求,又开发了一批近几年比较紧缺的以及新增的职业工种教材,使本套教材覆盖的职业工种更加广泛。

2. 紧跟国家职业标准——按照最新颁布的《国家职业技能标准》(或《国家职业标准》)规定的工作内容和技能要求重新整合,调整、补充和完善内容,涵盖职业标准中所要求的知识点和技能点。

3. 提炼重点知识技能——在内容的选择上,以"够用"为原则,提炼出应重点掌握的必需的专业知识和技能,删减了不必要的理论知识,使内容更加精练。

4. 补充更新技术内容——紧密结合最新技术发展,删除了陈旧过时的内容,

第2版 序

补充更新了新的技术内容。

5. 同步最新技术标准——对原教材中按旧的技术标准编写的内容进行更新，所有内容与最新的技术标准同步。

6. 精选技能鉴定题库——按鉴定要求精选了职业技能鉴定试题，试题贴近教材、贴近国家试题库的考点，更具典型性、代表性、通用性和实用性。

7. 配备免费电子教案——为方便培训教学，我们为本套教材开发配备了配套的电子教案，免费赠送给选用本套教材的机构和教师。

8. 配备操作实景光盘——根据读者需要，部分教材配备了操作实景光盘。

一言概之，经过精心修订，第2版教材在保留了第1版教材精华的同时，内容更加精练、可靠、实用，针对性更强，更能满足社会需求和读者需要。全套教材既可作为各级职业技能鉴定培训机构、企业培训部门的考前培训教材，又可作为读者考前复习和自测使用的复习用书，也可供职业技能鉴定部门在鉴定命题时参考，还可作为职业技术院校、技工院校、各种短训班的专业课教材。

在本套教材的调研、策划、编写过程中，曾经得到许多企业、鉴定培训机构有关领导、专家的大力支持和帮助，在此表示衷心的感谢！

虽然我们已经尽了最大努力，但教材中仍难免存在不足之处，恳请专家和广大读者批评指正。

国家职业资格培训教材第2版编审委员会

第1版 序一

当前和今后一个时期，是我国全面建设小康社会、开创中国特色社会主义事业新局面的重要战略机遇期。建设小康社会需要科技创新，离不开技能人才。"全国人才工作会议"、"全国职教工作会议"都强调要把"提高技术工人素质、培养高技能人才"作为重要任务来抓。当今世界，谁掌握了先进的科学技术并拥有大量技术娴熟、手艺高超的技能人才，谁就能生产出高质量的产品，创出自己的名牌；谁就能在激烈的市场竞争中立于不败之地。我国有近一亿技术工人，他们是社会物质财富的直接创造者。技术工人的劳动，是科技成果转化为生产力的关键环节，是经济发展的重要基础。

科学技术是财富，操作技能也是财富，而且是重要的财富。中华全国总工会始终把提高劳动者素质作为一项重要任务，在职工中开展的"当好主力军，建功'十一五'，和谐奔小康"竞赛中，全国各级工会特别是各级工会职工技协组织注重加强职工技能开发，实施群众性经济技术创新工程，坚持从行业和企业实际出发，广泛开展岗位练兵、技术比赛、技术革新、技术协作等活动，不断提高职工的技术技能和操作水平，涌现出一大批掌握高超技能的能工巧匠。他们以自己的勤劳和智慧，在推动企业技术进步，促进产品更新换代和升级中发挥了积极的作用。

欣闻机械工业出版社配合新的《国家职业标准》为技术工人编写了这套涵盖41个职业的172种"国家职业资格培训教材"。这套教材由全国各地技能培训和考评专家编写，具有权威性和代表性；将理论与技能有机结合，并紧紧围绕《国家职业标准》的知识点和技能鉴定点编写，实用性、针对性强，既有必备的理论和技能知识，又有考核鉴定的理论和技能题库及答案，编排科学，便于培训和检测。

这套教材的出版非常及时，为培养技能型人才做了一件大好事，我相信这套教材一定会为我们培养更多更好的高技能人才做出贡献！

（李永安　中国职工技术协会常务副会长）

第1版 序二

为贯彻"全国职业教育工作会议"和"全国再就业会议"精神，全面推进技能振兴计划和高技能人才培养工程，加快培养一大批高素质的技能型人才，我们精心策划了这套与劳动和社会保障部最新颁布的《国家职业标准》配套的《国家职业资格培训教材》。

进入21世纪，我国制造业在世界上所占的比重越来越大，随着我国逐渐成为"世界制造业中心"进程的加快，制造业的主力军——技能人才，尤其是高级技能人才的严重缺乏已成为制约我国制造业快速发展的瓶颈，高级蓝领出现断层的消息屡屡见诸报端。据统计，我国技术工人中高级以上技工只占3.5%，与发达国家40%的比例相去甚远。为此，国务院先后召开了"全国职业教育工作会议"和"全国再就业会议"，提出了"三年50万新技师的培养计划"，强调各地、各行业、各企业、各职业院校等要大力开展职业技术培训，以培训促就业，全面提高技术工人的素质。

技术工人密集的机械行业历来高度重视技术工人的职业技能培训工作，尤其是技术工人培训教材的基础建设工作，并在几十年的实践中积累了丰富的教材建设经验。作为机械行业的专业出版社，机械工业出版社在"七五"、"八五"、"九五"期间，先后组织编写出版了"机械工人技术理论培训教材"149种，"机械工人操作技能培训教材"85种，"机械工人职业技能培训教材"66种，"机械工业技师考评培训教材"22种，以及配套的习题集、试题库和各种辅导性教材约800种，基本满足了机械行业技术工人培训的需要。这些教材以其针对性、实用性强，覆盖面广，层次齐备，成龙配套等特点，受到全国各级培训、鉴定和考工部门和技术工人的欢迎。

2000年以来，我国相继颁布了《中华人民共和国职业分类大典》和新的《国家职业标准》，其中对我国职业技术工人的工种、等级、职业的活动范围、工作内容、技能要求和知识水平等根据实际需要进行了重新界定，将国家职业资格分为5个等级：初级（5级）、中级（4级）、高级（3级）、技师（2级）、高级技师（1级）。为与新的《国家职业标准》配套，更好地满足当前各级职业培训和技术工人考工取证的需要，我们精心策划编写了这套"国家职业资格培训教材"。

这套教材是依据劳动和社会保障部最新颁布的《国家职业标准》编写的，

为满足各级培训考工部门和广大读者的需要，这次共编写了41个职业172种教材。在职业选择上，除机电行业通用职业外，还选择了建筑、汽车、家电等其他相近行业的热门职业。每个职业按《国家职业标准》规定的工作内容和技能要求编写初级、中级、高级、技师（含高级技师）四本教材，各等级合理衔接、步步提升，为高技能人才培养搭建了科学的阶梯型培训架构。为满足实际培训的需要，对多工种共同需求的基础知识我们还分别编写了《机械制图》、《机械基础》、《电工常识》、《电工基础》、《建筑装饰识图》等近20种公共基础教材。

在编写原则上，依据《国家职业标准》又不拘泥于《国家职业标准》是我们这套教材的创新。为满足沿海制造业发达地区对技能人才细分市场的需要，我们对模具、制冷、电梯等社会需求量大又已单独培训和考核的职业，从相应的职业标准中剥离出来单独编写了针对性较强的培训教材。

为满足培训、鉴定、考工和读者自学的需要，在编写时我们考虑了教材的配套性。教材的章首有培训要点、章末配复习思考题，书末有与之配套的试题库和答案，以及便于自检自测的理论和技能模拟试卷，同时还根据需求为20多种教材配制了 VCD 光盘。

为扩大教材的覆盖面和体现教材的权威性，我们组织了上海、江苏、广东、广西、北京、山东、吉林、河北、四川、内蒙古等地相关行业从事技能培训和考工的200多名专家、工程技术人员、教师、技师和高级技师参加编写。

这套教材在编写过程中力求突出"新"字，做到"知识新、工艺新、技术新、设备新、标准新"，增强实用性，重在教会读者掌握必需的专业知识和技能，是企业培训部门、各级职业技能鉴定培训机构、再就业和农民工培训机构的理想教材，也可作为技工学校、职业高中、各种短训班的专业课教材。

在这套教材的调研、策划、编写过程中，曾经得到广东省职业技能鉴定中心、上海市职业技能鉴定中心、江苏省机械工业联合会、中国第一汽车集团公司以及北京、上海、广东、广西、江苏、山东、河北、内蒙古等地许多企业和技工学校的有关领导、专家、工程技术人员、教师、技师和高级技师的大力支持和帮助，在此谨向为本套教材的策划、编写和出版付出艰辛劳动的全体人员表示衷心的感谢！

教材中难免存在不足之处，诚恳希望从事职业教育的专家和广大读者不吝赐教，提出批评指正。我们真诚希望与您携手，共同打造职业培训教材的精品。

国家职业资格培训教材编审委员会

前 言

为进一步提高维修电工从业人员的基本素质和专业技能，增强各级、各类职业学校在校生的就业能力，满足本工种职业技能培训、考核、鉴定等工作的迫切需要，我们组织部分经验丰富的讲师、工程师、技师等编写了《维修电工》培训教材。

《维修电工》培训教材共分四册，即初级、中级、高级、技师和高级技师。全书是根据中华人民共和国人力资源和社会保障部制定的《国家职业技能标准》组织编写的，以现行电气维修、电气施工及验收规范为依据，以实用、够用为宗旨，力求浓缩、精炼、科学、规范、先进。

本册教材由王兆晶任主编，阎伟任副主编，其中第一章和试题库由王兆晶编写，第二、四章由吴波编写，第三、五、七章由阎伟编写，第六章由刘长军编写。

编者在编写过程中参阅了大量的相关规范、规定、图册、手册、教材及技术资料等，并借用了部分图表，在此向原作者致以衷心的感谢。如有不敬之处，恳请见谅。

由于教材知识覆盖面较广，涉及的标准、规范较多，加之时间仓促、编者水平有限，书中难免存在缺点和不足，敬请各位同行、专家和广大读者批评指正，以期再版时臻于完善。

为弥补师资力量不足企业的培训和读者自学，可微信扫描"大国技能"微信公众号，关注后回复"37584+1~6"即可观看相应实操视频。

编 者

目 录

第2版序
第1版序一
第1版序二
前言
第一章　钳工基础知识 ··· 1
　第一节　常用工具、量具 ··· 1
　　一、金属直尺 ··· 1
　　二、划规 ··· 1
　　三、直角尺 ··· 2
　　四、游标卡尺 ··· 2
　　五、千分尺 ··· 3
　　六、水平仪 ··· 4
　第二节　划线与冲眼 ··· 5
　　一、划线 ··· 5
　　二、冲眼 ··· 7
　第三节　锯削 ··· 8
　　一、锯削工具 ··· 8
　　二、锯削姿势 ··· 9
　　三、锯削操作方法 ··· 9
　第四节　锉削 ··· 11
　　一、锉刀 ··· 11
　　二、锉削操作知识 ··· 12
　第五节　钻孔 ··· 13
　　一、钻孔设备和工具 ··· 13
　　二、钻削操作方法 ··· 14
　　三、钻削安全常识 ··· 15
　第六节　攻螺纹 ··· 15
　　一、攻螺纹工具 ··· 16

二、丝锥选用 ……………………………………………………………… 16
三、攻螺纹操作方法 ……………………………………………………… 16
复习思考题 ………………………………………………………………… 17

第二章 焊工基础知识

第一节 焊接基础知识 …………………………………………………… 19
一、焊条电弧焊的工作原理 ……………………………………………… 19
二、焊接设备及工具 ……………………………………………………… 20
三、焊条 …………………………………………………………………… 23
四、焊件的接头形式 ……………………………………………………… 24

第二节 焊接操作技术 …………………………………………………… 24
一、焊接方式 ……………………………………………………………… 24
二、焊接操作方法 ………………………………………………………… 25
三、焊接操作安全常识 …………………………………………………… 26
复习思考题 ………………………………………………………………… 27

第三章 电工基本常识

第一节 电力系统常识 …………………………………………………… 28
一、发电、输电和用电 …………………………………………………… 28
二、维修电工的任务和作用 ……………………………………………… 33
三、企业的供电系统 ……………………………………………………… 34

第二节 安全用电常识 …………………………………………………… 38

第三节 电工材料常识 …………………………………………………… 43
一、导电材料 ……………………………………………………………… 43
二、绝缘材料 ……………………………………………………………… 48
三、电热材料 ……………………………………………………………… 51
四、磁性材料 ……………………………………………………………… 51

第四节 电气识图常识 …………………………………………………… 52
复习思考题 ………………………………………………………………… 58

第四章 电工基本操作技能

第一节 常用电工工具 …………………………………………………… 59
一、低压验电器 …………………………………………………………… 59
二、螺钉旋具和活扳手 …………………………………………………… 61
三、钢丝钳 ………………………………………………………………… 62

四、尖嘴钳 ……………………………………………………………… 62
　　五、断线钳 ……………………………………………………………… 63
　　六、剥线钳 ……………………………………………………………… 63
　　七、电工刀 ……………………………………………………………… 63
　　八、电动工具 …………………………………………………………… 63
　第二节　导线的连接 ………………………………………………………… 65
　　一、导线的剖削 ………………………………………………………… 65
　　二、导线的连接 ………………………………………………………… 66
　　三、导线的绝缘恢复 …………………………………………………… 70
　第三节　常用电工仪表 ……………………………………………………… 70
　　一、指针式万用表 ……………………………………………………… 71
　　二、数字式万用表 ……………………………………………………… 75
　　三、绝缘电阻表 ………………………………………………………… 76
　　四、钳形电流表 ………………………………………………………… 79
　第四节　常用照明装置 ……………………………………………………… 80
　　一、常用电气照明设备 ………………………………………………… 80
　　二、常用电气照明用具 ………………………………………………… 88
　　三、常用照明装置的安装 ……………………………………………… 91
　第五节　室内线路的配线方式 ……………………………………………… 93
　　一、塑料护套线配线 …………………………………………………… 93
　　二、线管配线 …………………………………………………………… 94
　　三、线槽配线 …………………………………………………………… 97
　　四、桥架配线 …………………………………………………………… 98
　第六节　室外线路的敷设方式 ……………………………………………… 101
　　一、架空线路 …………………………………………………………… 101
　　二、电缆敷设 …………………………………………………………… 105
　第七节　低压配电装置 ……………………………………………………… 106
　　一、量电、配电装置的安装 …………………………………………… 106
　　二、低压配电箱（盘）的安装工艺 …………………………………… 112
　　三、组合式变电所 ……………………………………………………… 115
　复习思考题 …………………………………………………………………… 116

第五章　电机与变压器的工作原理及其应用 ………………………………… 117
　第一节　三相异步电动机的原理与使用 …………………………………… 117

一、三相异步电动机的基本结构 ………………………………………… 117
　　二、三相异步电动机的拆装 …………………………………………… 122
　　三、三相异步电动机定子绕组的首末端判别 …………………………… 127
　　四、三相异步电动机的常见故障与检修 ………………………………… 128
　第二节　单相异步电动机的拆装与维修 ………………………………………… 130
　　一、单相异步电动机的铭牌 …………………………………………… 130
　　二、单相异步电动机的分类 …………………………………………… 131
　　三、单相异步电动机的拆装 …………………………………………… 132
　　四、单相异步电动机的常见故障与检修 ………………………………… 135
　第三节　直流电动机的使用与维护 ……………………………………………… 136
　　一、直流电动机的结构 ………………………………………………… 136
　　二、直流电动机的拆装 ………………………………………………… 140
　　三、直流电动机的使用维护与检修 …………………………………… 141
　第四节　小型变压器的工作原理及应用 ………………………………………… 144
　第五节　交流电焊机的常见故障与检修 ………………………………………… 148
　复习思考题 ………………………………………………………………………… 149

第六章　常用低压电器和电气控制电路的应用 ………………………………… 150
　第一节　常用低压电器的应用 …………………………………………………… 150
　　一、低压电器的分类 …………………………………………………… 150
　　二、低压开关 …………………………………………………………… 151
　　三、熔断器 ……………………………………………………………… 159
　　四、接触器 ……………………………………………………………… 161
　　五、继电器 ……………………………………………………………… 165
　　六、主令电器 …………………………………………………………… 172
　第二节　三相异步电动机控制电路的安装和检修 ……………………………… 177
　　一、绘制、识读电气控制电路图的原则 ……………………………… 177
　　二、电动机基本控制电路的安装步骤 ………………………………… 178
　　三、常见电动机基本控制电路 ………………………………………… 179
　第三节　典型操作技能训练实例 ………………………………………………… 185
　　训练1　低压开关的拆装与检修 ……………………………………… 185
　　训练2　交流接触器的拆装与检修 …………………………………… 187
　　训练3　时间继电器的检修与校验 …………………………………… 189
　　训练4　连续与点动混合正转控制电路的安装 ……………………… 191

训练5 连续与点动混合正转控制电路的检修…………………… 193
训练6 双重联锁正反转控制电路的安装与检修………………… 194
复习思考题…………………………………………………………… 197

第七章 电子技术基础知识及应用……………………………………… 198
第一节 阻容元件的识别和测量……………………………………… 198
一、电阻器……………………………………………………………… 198
二、电容器……………………………………………………………… 201
第二节 二极管的识别和测量………………………………………… 203
一、PN结的形成及单向导电特性……………………………………… 203
二、二极管……………………………………………………………… 204
第三节 晶体管的识别和测量………………………………………… 208
一、晶体管的基本结构………………………………………………… 209
二、晶体管的放大作用………………………………………………… 211
三、晶体管的主要参数………………………………………………… 211
四、晶体管的管脚识别和简易测试…………………………………… 213
第四节 直流稳压电路………………………………………………… 214
一、整流电路…………………………………………………………… 215
二、滤波电路…………………………………………………………… 218
三、稳压电路…………………………………………………………… 221
第五节 电烙铁钎焊…………………………………………………… 223
一、焊接工具…………………………………………………………… 223
二、焊料与焊剂………………………………………………………… 226
三、焊接工艺…………………………………………………………… 227
第六节 电子技术应用技能训练实例………………………………… 230
训练1 晶体管的简易测试……………………………………………… 230
训练2 电阻色环的判别和电容的简易测试…………………………… 230
训练3 单相桥式整流滤波电路的安装与调试………………………… 231
训练4 串联型稳压电源的安装与调试………………………………… 232
复习思考题…………………………………………………………… 234

试题库…………………………………………………………………… 235
知识要求试题………………………………………………………… 235
一、判断题 试题(235) 答案(269)…………………………… 235

　　二、选择题　试题（243）　　答案（269） ·················· 243
技能要求试题 ··· 259
　　一、单股铜芯导线的直线连接 ·································· 259
　　二、单股铜芯导线的分支连接 ·································· 259
　　三、7 股铜芯导线的直线连接 ·································· 260
　　四、双联开关控制一盏灯线路的安装接线 ··················· 260
　　五、绝缘电阻表检测三相异步电动机绝缘 ··················· 261
　　六、三相异步电动机定子绕组首末端判别 ··················· 261
　　七、三相异步电动机单向起动控制线路的安装接线 ········ 262
　　八、三相异步电动机双重联锁正反转控制线路的安装接线 ··· 263
　　模拟试卷样例 ·· 264

参考文献 ·· 272

第一章

钳工基础知识

> **培训学习目标** 掌握钳工常用工具、量具的作用及使用方法；掌握与维修电工有关的钳工基本操作知识。

维修电工在安装及维修设备与线路时，经常要用到钳工操作技能。它主要包括：划线、锯削、锉削、钻孔、攻螺纹等。因此，钳工基本的操作技能也是维修电工必须掌握的基本功之一。

◇◇◇ 第一节 常用工具、量具

一、金属直尺

金属直尺是一种简单的尺寸量具，如图1-1所示。它的最高读数值为0.5mm，常见规格有150mm、300mm、500mm、1000mm等。

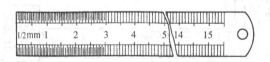

图1-1 金属直尺

二、划规

划规可以用来划分圆或圆弧、等分线段、等分角度及量取尺寸，如图1-2所示。

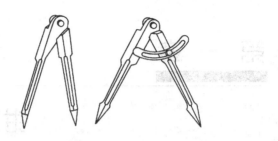

图1-2 划规

三、直角尺

直角尺常用来测量直角、划平行线和垂直线,如图1-3所示。

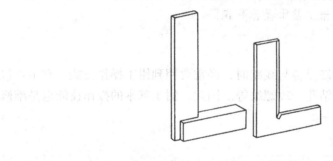

图1-3 直角尺

四、游标卡尺

游标卡尺是一种中等精度的量具,分度值有0.02mm和0.05mm两种,用来测量工件的内、外径及深度尺寸,如图1-4所示。

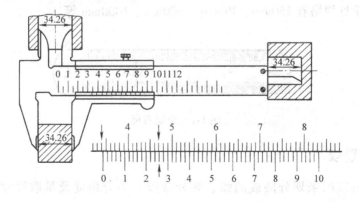

图1-4 游标卡尺及测量值的读数

第一章 钳工基础知识

1. 测量方法

测量前应先校准零位,使卡爪测量面紧靠工件,并使测量面的连线垂直于被测量面,拧紧制动螺钉,读出所测数值。

2. 读数方法

1）读取整数部分。游标零线左边尺身上的第一条刻线是整数的毫米值。

2）读取小数部分。在游标上找出哪一条刻线与尺身刻线对齐,在对齐处从游标上读出毫米的小数值。

3）将上述两值相加,即为游标卡尺的测量尺寸。

五、千分尺

千分尺是一种精度较高的量具,分度值一般为 0.01mm,如图 1-5 所示。它有内径千分尺和外径千分尺两种。在测量导线或电磁线线径时,经常要用到外径千分尺。

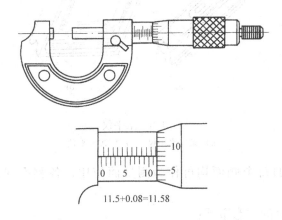

图 1-5 千分尺及测量值的读数

1. 测量方法

1）测量前将千分尺测量面擦拭干净,然后检查零位的准确性。

2）将工件被测表面擦拭干净,以保证测量准确。

3）用单手或双手握千分尺对工件进行测量,一般先转动微分筒,当千分尺的测量面刚接触到工件表面时改用棘轮,当听到测力控制装置发出喀喀声,应立即停止转动。

2. 读数方法

要先看清内套筒（即固定套筒）上露出的刻线,读出毫米数和半毫米数；然后再看清外套筒（微分筒）的刻线和内套筒基准线所对齐的数值,将两个读数相加,其结果就是测量值。

注意：不能用千分尺测量粗糙表面；使用后应擦净测量面，并加注润滑油用于防锈，且放入盒中保存。

六、水平仪

水平仪是利用水准泡的移动来检查平面相对水平或垂直位置的专用量具。一般在安装设备时会经常用到水平仪。

水平仪有条式和框式两种，如图1-6所示。由框架和弧形玻璃管组成。框架的测量面上有一个V形槽，便于安置在圆柱形表面上。玻璃管的表面有刻线，内装乙醚或酒精，留有气泡。当被测平面处在水平或垂直位置时，气泡则处于中央位置；若被测平面是倾斜的，气泡的位置就会发生偏移。

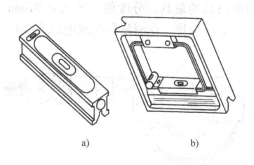

图1-6 水平仪
a）条式水平仪 b）框式水平仪

框式水平仪的每个侧面均可作为测量面使用，各侧面间保持精确的垂直关系。

使用水平仪时的注意事项：
1）测量前，应检查水平仪的零位是否正确。
2）被测表面必须清洁。
3）读数时，气泡必须完全稳定时方可读数。
4）读取水平仪示值时，应在垂直于水平仪的位置上进行。

水平仪是用来表示气泡偏移一格时表面所倾斜的角度 α 或表面在1m内的倾斜高度差的。常用的水平仪精度见表1-1。

表1-1 水平仪的精度

精 度 等 级	Ⅰ	Ⅱ	Ⅲ	Ⅳ
气泡偏移一格时的倾斜角 α（″）	4～10	12～20	24～40	50～60
1m内倾斜高度差/mm	0.02～0.05	0.06～0.10	0.12～0.20	0.25～0.30

第一章 钳工基础知识

◆◆◆ 第二节 划线与冲眼

一、划线

1. 划线工具及使用方法

（1）划线平台 划线平台用铸铁制成，表面经过精刨或刮削加工，如图1-7a所示，要平稳放置，并处于水平位置。同时，应保持清洁，防止金属屑、灰砂等划伤台面，也不得在台面上作敲击性工作。用后应擦拭干净，并涂少许机油用于防锈。

（2）划针 用弹簧钢丝或高速钢制成，直径为3~5mm，尖端磨成15°~20°的尖角，并经淬火处理，如图1-7b所示。它用于在工件上划出线条。维修电工在进行元器件安装定位时经常要用到划针。

（3）样冲 它一般用工具钢制成，尖端磨成45°~60°，并经过淬硬处理，也称为中心冲，用于在工件上进行冲眼，如图1-7c所示。维修电工在钻孔时经常用样冲给孔进行中心定位。

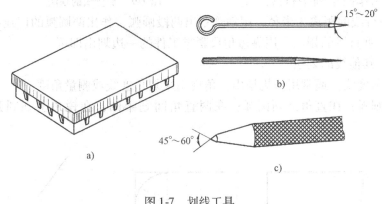

图1-7 划线工具
a）划线平台 b）划针 c）样冲

2. 划线方法

（1）划线前的准备 在工件划线部位表面涂上一层薄而均匀的涂料，从而使划出的线条比较清晰。涂料应具有一定的附着能力。

常用的涂料有石灰水，适用于铸锻件的毛坯表面；也有用酒精色溶液的，适用于已加工的表面。

划线时，划针的针尖要紧贴导向工具，且上端要向外倾斜15°~20°，同时向划线方向倾斜 45°～75°，如图 1-8 所示。操作时要尽量一次完成，避免重复划线、线条过粗和模糊不清等现象。

(2) 选择划线基准　划线时应选择一个或几个平面（或线）作为划线依据，划其余尺

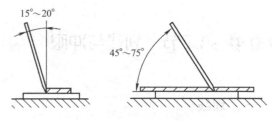

图 1-8　划线时划针的用法

寸线时应从这些线或面开始，这样的线或面就是划线基准。选定的划线基准应尽量与图样上的设计基准一致。常见的选择基准的类型有以下三种：以两个互成直角的平面为基准；以两条中心线为基准；以一个平面和一条中心线为基准。一般平面划线时应选择两个基准。

(3) 平行线的划法（见图 1-9）

1) 用靠边角尺推平行线。将角尺紧靠工件基准边，并沿基准边移动，用金属直尺度量相应尺寸后，沿角尺划出。

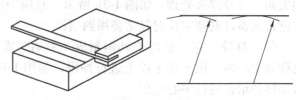

2) 用作图法划平行线。

图 1-9　平行线的划法

按已知平行线的距离为半径，用划规划出两段圆弧，作出两圆弧的切线即可。

(4) 垂直线的划法　用靠边角尺紧靠工件的一边划出即可。

(5) 其他线的划法

1) 角度线：通常用角规划出，角规用来划角度线或测量角度。

2) 圆弧：在直角上划圆弧；在两直角间划半圆；在锐角上划圆弧，如图 1-10 所示。

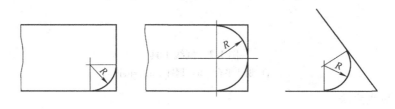

图 1-10　圆弧的划法

3) 正多边形：在已知圆内划正方形；在已知圆内划正六边形，可按图 1-11 所示用几何作图法或用按等弦长作图法划出。

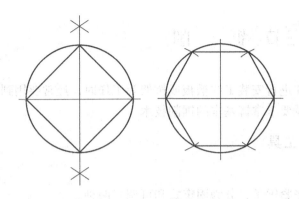

图 1-11 正多边形的划法

二、冲眼

1. 冲眼方法

冲眼时要看准位置，先将样冲外斜，使尖端对正线的正中。然后再将样冲直立冲眼，同时手要搁实，如图 1-12 所示。

2. 冲眼要求

1）对线位置要准确，冲点不能偏离线条。

2）线条长而直时，冲眼距离可大些；线条短而曲时，冲眼距离要小些，但至少有三个冲眼；在线条的交叉和转折处必须冲眼。

3）冲眼的深浅要适当，薄壁零件冲眼要浅些，应轻敲；光滑表面也要浅些；精加工表面严禁冲眼；粗糙表面冲眼要深些；钻孔的中心冲眼要大而深。

4）为检查冲眼后的位置是否正确，在划线时就应划出几个同心检测圆，在与加工尺寸线相同的一个圆上打样冲眼，如图 1-13 所示。

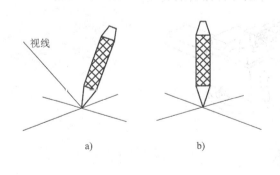

图 1-12 冲眼方法

a）外倾对线 b）直立冲眼

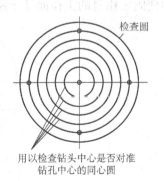

图 1-13 钻孔划线打样冲眼的方法

◆◆◆ 第三节 锯 削

维修电工在进行安装走线槽板或桥架等工作时,经常要用到手锯来对材料进行切割,这样就要求掌握基本的锯削技术。

一、锯削工具

1. 锯弓

锯弓用来张紧锯条,分为固定式和可调式两种。

2. 锯条

根据锯齿的牙距大小,锯条分为粗齿、中齿和细齿三种,常用的长度规格是300mm。

锯条应根据所锯材料的软硬、厚薄来选用。粗齿锯条适宜锯削软材料;细齿锯条适宜锯削硬材料、管子、薄板料和角铁。

锯条安装可根据加工需要,将锯条装成直向的或横向的,锯齿的方向一般要向前,如图1-14所示。锯条的绷紧程度要适当,若过紧,锯条会因受力而失去弹性,锯削时稍有弯曲就会崩断;若过松,锯削时不但容易弯曲造成折断,而且锯缝易歪斜。

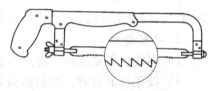

图1-14 手锯及锯条安装的锯齿方向

3. 台虎钳

它是用来夹持工件的工具,分有固定式和可调式两种,如图1-15所示。台虎钳的规格用钳口的宽度表示,有100mm、125mm和150mm等。安装台虎钳时,必须使固定钳身的工作面处于钳台边缘以外,钳台的高度为800~900mm。

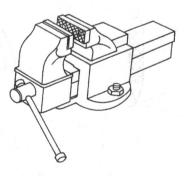

图1-15 台虎钳

二、锯削姿势

1. 手锯握法

右手满握锯柄（也可将食指伸直靠紧弓架），控制锯削推力和压力；左手轻扶锯弓前端，配合右手扶正锯弓，如图1-16所示。

注意：不应加过大的压力。

2. 姿势

（1）站立姿势　两脚按位置站稳，左脚跨前半步，膝部要自然并稍弯曲；右脚稍向后，右腿伸直；两脚均不要过分用力，身体自然稍前倾，如图1-17所示。

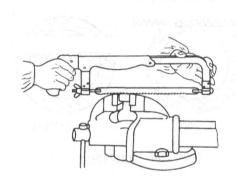

图1-16　手锯握法

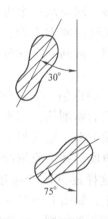

图1-17　锯削时两脚的站位

（2）身体运动姿势　身体应与锯弓一起前推，右腿甚至稍向前倾，重心移向左脚，左膝弯曲，两腿成弓字步。当锯条推至3/4行程时，身体先回到原位，这时左膝微曲，右膝仍然伸直，重心后移，并顺势拉回收据；当手锯收回将近结束时，身体又与锯弓一起向前，做第二次锯削的前推运动。

（3）锯削运动　锯弓的运动有上下摆动和直线运动两种。上下摆动式运动就是手锯前推时，身体稍前倾，双手随着前推手锯的同时，左手上翘、右手下压；回程时右手上抬，左手自然跟回。这种方式较为省力，锯削管材、薄板料和要求锯缝平直的采用直线运动，其与锯削都采用上下摆动式运动。

三、锯削操作方法

1. 工件夹持

工件一般可任意夹持在钳口的左右侧，锯缝应尽量靠近钳口且与钳口侧面保持平行。夹持要紧固，也要防止过大的夹紧力将工件挤压变形。

2. 起锯方法

起锯分为近起锯和远起锯两种，如图1-18所示。锯削速度以20~40次/min为宜，锯削软材料时可快些；硬材料应慢些。锯削时应尽量采用锯条的全长，一次往复的距离应不小于锯条全长的2/3。

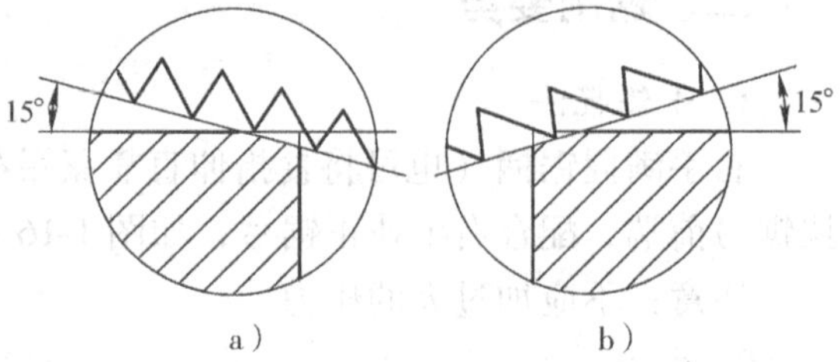

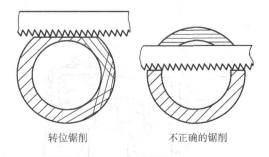

图1-18 起锯方法
a) 远起锯 b) 近起锯

3. 锯削方法

（1）棒料的锯削 一般把具有一定厚度的实心材料统称为棒料。如果要求锯削断面平整，则应从一个方向连续锯到底；如果断面要求不严，则可按几个方向锯削，锯到一定深度后，用手折断。

（2）管料的锯削 锯削前，要划出垂直于轴线的锯削线。当锯到管料内壁时应停顿下来，把管料沿推锯方向转过一个角度，并沿原锯缝继续锯削到内壁。这样逐渐改变锯削方向，直至锯断为止，如图1-19所示。

图1-19 管料的锯削

（3）薄板料的锯削 锯削时应尽量从宽面上锯削，如果只能从窄面上锯削时，则应把它夹持在两块木板之间，连木板一起锯下，如图1-20所示。

注意，锯削工件时容易出现如下问题：

1）锯缝歪斜。其原因是起锯线与钳口不平行，往复锯削时不在同一条直线上，且锯弓左右偏斜。

2）锯条折断。其原因是锯条装得过松或过紧，工件没有夹紧或伸出过长而引起锯削时产生抖动，锯削时压力过大。正确的锯切方法应是用力均匀，前推时加压，返回时轻轻滑过。

3）锯齿崩裂。其原因是锯齿粗细选择不当，起锯方向和角度不对。锯削时应根据工件的材料及厚度选择合适的锯条。起锯角度不超过15°。

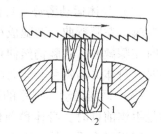

图1-20 薄板料的锯削方法
1—木块 2—薄板料

4）锯齿磨损过快。其原因是锯削速度过快，未使锯条全长工作。

4. 锯削安全知识

1）锯条安装松紧要适当，锯削时速度不要太快，压力不要过大，防止锯条突然崩断弹出伤人。

2）工件快要锯断时，要及时用手扶住被锯下的部分，以防止工件落下砸伤脚面。

第四节 锉 削

锉削就是用锉刀对工件表面进行切削加工，电工在安装或维修及更换元器件的过程中，有时会遇到配合的问题，就要用到锉刀进行修整。

一、锉刀

按横截面形状不同，锉刀可分为平锉、方锉、三角锉、圆锉和半圆锉等，如图 1-21 所示；使用时应根据锉削面的形状选择合适的锉刀。

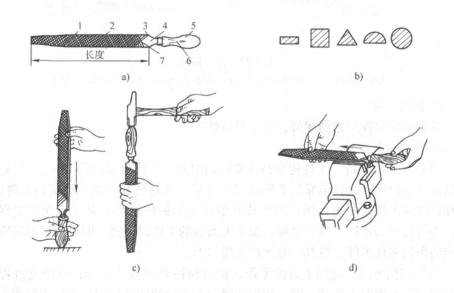

图 1-21 锉刀
a) 结构 b) 钳工锉刀截面 c) 装柄方法 d) 拆柄方法
1—锉刀面 2—锉刀边 3—底齿 4—锉刀尾 5—木柄 6—锉刀舌 7—面齿

锉刀的齿纹有单齿纹和双齿纹。锉削软金属时用单齿纹，其余都用双齿纹。齿纹又分为粗齿、中齿、细齿。电工常用的是中齿或细齿的双齿纹锉刀。

二、锉削操作知识

1. 锉刀握法
根据锉刀的尺寸不同，握法也不相同，如图 1-22 所示。

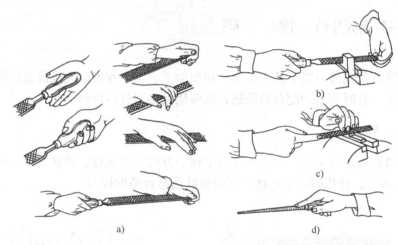

图 1-22 锉刀握法

a) 大平锉握法　b) 中型锉刀握法　c) 小型锉刀握法　d) 最小型锉刀握法

2. 锉削姿势
双脚站立位置与锯削相似，站立要自然。

3. 锉削操作方法
（1）工件的夹持　工件应夹持在钳口的中间，且伸出钳口约 15mm，以防止锉削时产生振动；夹持牢靠且不致使工件变形；夹持已加工或精度高的工件时，应在钳口和工件之间垫入钳口铜皮或其他软金属保护衬垫；对于表面不规则工件，夹持时要加垫块，垫平夹稳；加工大而薄的工件时，夹持时可用两根长度相适应的角钢夹住工件，将其一起夹持在钳口上。

（2）锉削方法　锉削平直的平面，锉刀保持必须直线运动；在推进过程中要使锉刀不出现上下摆动，即必须保证锉刀在工件的任意位置时前后两端所受的力矩保持平衡。所以推进时右手压力要随锉刀的推进逐渐增大，回程中不加压力。

4. 锉削安全知识
1）没有装柄或柄已裂开的锉刀不可使用；不可将锉刀当作拆卸工具或锤子使用；锉刀不用时应放在台虎钳的右侧，其柄不可露出钳台外。

2）不能用嘴吹金属屑，也不能用手摸工件的表面。

第五节 钻 孔

钻孔是用钻头在工件上加工出孔的工作,维修电工在安装和维修的过程中经常要用到钻床或手电钻在各种材料上进行钻孔作业。

一、钻孔设备和工具

1. 台式钻床

台式钻床简称台钻,一般用来钻削直径小于13mm的孔,其外形如图1-23所示。通常有三挡或五挡的机械调速,变速机构是由两组塔形带轮和一根V带构成的,通过改变变速比来改变转速,变速时要先停车;主轴有两个方向的转动,换向一般通过开关控制由电动机实现;工作台和主轴箱可绕立柱作360°的转动,也可沿立柱作上下的高度调节;各活动部分都有锁紧手柄,使用前要检查各活动部分的手柄是否锁紧。

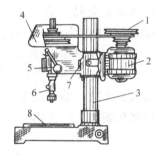

图1-23 台式钻床
1—带轮 2—电动机
3—立柱 4—传动带罩
5—钻头送进手柄 6—主轴
7—锁紧手柄 8—工作台

台式钻床使用前,首先根据加工工件的形状、大小及加工部位调节好主轴箱和工作台的相对位置和高度,并锁紧各部分的锁紧手柄(工件尺寸较大,不能放置在工作台上时,可将工作台移开将工件直接放置在底座或地面上);然后,根据使用性质、钻头直径及工件材料选择并调节好转速;把钻头在钻夹头上夹牢;工件固定好位置。方可进行加工。

2. 手电钻

手电钻有手枪式和手提式两种,如图1-24所示,常见规格(钻头直径)有6mm、10mm和13mm三种。通常直径6mm和10mm为手枪式,直径13mm以上的为手提式。手电钻一般只有一个转动方向,也有少数可换向。手电钻的电动机为串励电动机,具有体积小、过载能力强、换向方便等优点。从转速上看,规格小的手电钻转速较高,如直径6mm的手电钻转速约为1200r/min,而直径13mm的手电钻转速约为550r/min,也有部分手电钻具有调速功能。

手电钻的外壳有塑料和金属两种。其中金属外壳的手电钻在使用时外壳

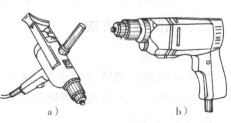

图1-24 手电钻
a) 手提式 b) 手枪式

必须接地，以保证使用者的人身安全。

手电钻的电源一般是交流 220V 电源，新型的手电钻有一种使用 12V 左右的可充电电池，可以用在没有交流电源或危险环境不能使用 220V 电源的场合。

3. 钻头

常用的钻头是麻花钻，由高速钢制成并淬硬，其外形如图 1-25 所示。

麻花钻由柄部、颈部及工作部分组成。

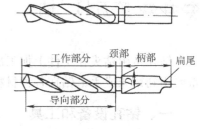

图 1-25　麻花钻头

柄部用来夹持、定心和传递转矩，直径在 13mm 以下的麻花钻为直柄，直径 13mm 以上的为锥柄，锥柄钻头需要配合钻套使用。

4. 钻夹头和钻头套

钻夹头和钻头套是夹持钻头的夹具，其外形如图 1-26 所示。直柄式钻头用钻夹头夹持，钻头柄部塞入钻夹头的长度不能小于 15mm，夹紧钻头要用专用的钻夹头钥匙，不能用锤子或其他工具敲击钻夹头来夹紧钻头，以免损坏钻夹头。

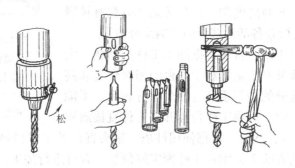

图 1-26　钻夹头和钻头套

锥柄钻头用钻头套夹持，直接与主轴连接。连接时必须先擦净主轴上的锥孔，并式钻头套矩形舌的方向与主轴上的腰形孔中心线方向保持一致，利用向上冲力一次装接完成；拆卸时应使用斜铁将其顶出。

二、钻削操作方法

1. 划线冲眼

按钻孔的位置和尺寸大小，划好孔位的十字中心线，并打出小的中心样冲眼，按孔的孔径大小划孔的圆周线和检查圆，再将中心样冲眼打大打深。

2. 工件的夹持

钻孔是根据孔径和工件的大小、形状，采用合适的夹持方法，以保证质量和安全。常用的工件夹持方法如图 1-27 所示。

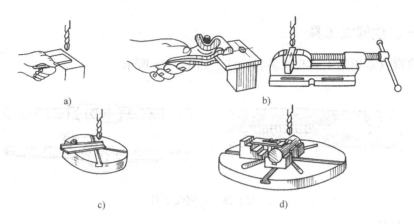

图 1-27 钻孔时工件夹持方法
a) 手握法　b) 钳夹法　c) 螺栓定位法　d) 压板夹持法

3. 钻孔操作方法

钻孔时，先将钻头对准中心样冲眼进行试钻，试钻出来的浅坑应保持在中心位置，如有偏移，要及时矫正。其矫正方法是：可在钻孔的同时将工件向偏移的反方向推移；还可用样冲在偏移的位置斜着冲眼；以达到逐步矫正的目的。当试钻孔达到孔位要求后，即可压紧工件完成钻孔。钻孔时要经常退钻排屑。孔将钻穿时，进给力必须减小，以防止钻头折断或使工件随钻头转动而造成事故。

4. 钻孔时的冷却与润滑

为了使钻头散热冷却，减小钻削时钻头与工件、切屑间的摩擦，提高钻头的使用寿命和改善加工孔的表面质量，钻孔时要加注足够的切削液。钻削铜、铝及铸件等材料时一般可不加切削液，钻钢件时，可用废柴油或废机油代用。

三、钻削安全常识

1) 操作钻床时不可戴手套，袖口要扎紧，必须戴工作帽。

2) 钻孔前，要根据需要，调节好钻床的速度。调节时，必须断开钻床的电源开关。

3) 不能用手和棉纱头或用嘴吹来清除金属屑，要用毛刷或棒钩来清除，尽可能在停车时清除。

4) 停车时应让主轴自然停止转动，严禁用手捏刹钻头。

第六节　攻　螺　纹

用丝锥在孔中切削出内螺纹的过程称为攻螺纹。

一、攻螺纹工具

攻螺纹常用的工具有丝锥和铰杠，如图 1-28 所示。

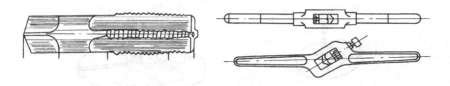

图 1-28　攻螺纹工具

1. 丝锥

丝锥是加工内螺纹常用的工具。按加工螺纹的种类分为普通三角形螺纹丝锥、圆柱管螺纹丝锥、圆锥管螺纹丝锥，通常用到的是第一种。按加工方法分为机用丝锥和手用丝锥，手用丝锥一套通常为两只或三只，分别称为头锥、二锥、三锥（头锥的导向部分较长）；机用丝锥为一只。

2. 铰杠

铰杠是用来夹持丝锥的工具。铰杠的长度应根据丝锥尺寸来选择，以便控制一定的转矩。

二、丝锥选用

1）选用的内容有大径、牙形、精度和旋向等，应根据所配的螺栓大小选用丝锥的公称规格。

2）使用圆柱管螺纹丝锥时，应注意镀锌钢管标称直径是以内径标称的，而电线管标称直径是以外径标称的。

三、攻螺纹操作方法

（1）攻螺纹前的准备工作　首先应确定底孔直径，底孔直径应比丝锥螺纹内径稍大，还要根据工件材料性质来考虑，可用下列经验公式进行计算：

钢和塑性较大的材料：　　　$D \approx d - p$

铸铁等脆性材料：　　　　　$D \approx d - 1.05p$

式中　D——底孔直径（mm）；

d——螺纹大径（mm）；

p——螺距（mm）。

（2）操作方法　其方法如图 1-29 所示。

1）划线，钻底孔，底孔孔口应倒角；通孔应两端倒角，便于丝锥切入，并可防止孔口的螺纹崩裂。

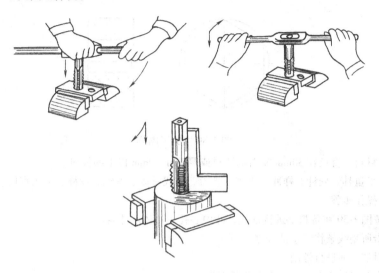

图 1-29　攻螺纹方法

2）攻螺纹前工件夹持位置要正确，应尽可能把底孔中心线置于水平或垂直位置，便于攻螺纹时掌握丝锥是否垂直于工件。

3）先用头锥起攻，丝锥一定要和工件垂直，可一手按住铰杠中部，用力加压，另一只手配合做顺时针旋转；或两手均匀握住铰杠，均匀施加压力，并将丝锥顺时针旋转。当丝锥攻入一二圈后，从间隔90°的两个方向用角尺检查，并校正丝锥位置至要求；攻入三四圈后，不要再向铰杠加压，两手把稳铰杠，均匀用力顺着推扳铰杠旋转。一般转 1/2~1 圈后，倒转 1/4~1/2 圈，以利排屑。在攻 M5 以下塑性较大的材料时，倒转要频繁，一般正转 1/2 圈即倒转一次。

4）攻螺纹时必须按头锥、二锥、三锥顺序攻削至标准尺寸。换用丝锥时，先用手将丝锥旋入已攻出的螺孔中，待手转不动时，再装上铰杠攻螺纹。

5）攻不通孔时，应在丝锥上作深度标记。攻螺纹时要经常退出丝锥，排除金属屑。

6）攻螺纹时要加注切削液。攻钢件时用机油，攻铸铁件用煤油。

复习思考题

1. 使用千分尺时应注意什么？
2. 锯削工件时的注意事项有哪些？
3. 进行钻孔时需要注意哪些安全常识？
4. 攻螺纹时应如何选择丝锥？

5. 按图1-30所示制作六角头螺母。

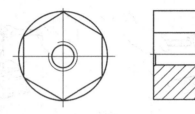

图1-30 加工图样

（1）材料 直径在30mm左右的棒料或厚度在10mm以上的板料。
（2）工量具 划针、样冲、手锯、锉刀、台式钻床、丝锥、铰杠、金属直尺、游标卡尺。
（3）操作步骤
1）按图1-30在备料上进行划线、冲中心孔。具体尺寸自定。
2）沿所划线条将多余部分锯下。
3）对加工面进行锉削。
4）在台式钻床上钻出中心孔并两面倒角。
5）用铰杠和丝锥在中心孔上加工出内螺纹。

第二章

焊工基础知识

培训学习目标 了解焊条电弧焊的基本原理;掌握根据不同的焊接要求,选择合理的焊接工具及焊料的方法;掌握焊条电弧焊的基本操作知识。

焊接是一种永久性连接。维修电工应掌握简单的焊条电弧焊技术。通过对本章的学习,对不同材料、不同的连接要求能够正确选择焊接设备及工艺。

◇◇◇ 第一节 焊接基础知识

一、焊条电弧焊的工作原理

焊条电弧焊即通常所说的电焊,是利用电弧产生的高温将焊件连接处局部熔化,并加入填充金属,冷却后结合为一个整体的一种连接方法,如图2-1所示。

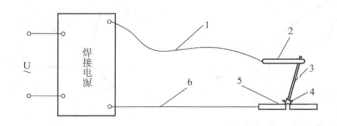

图2-1 焊条电弧焊的工作原理
1—电焊电缆 2—电焊钳 3—焊条 4—电弧 5—工件 6—接地线

不同的金属材料有不同的焊接要求及焊接工艺,因而,所用的焊接设备及焊条也不尽相同。就钢材而言,根据碳质量分数的多少,钢的焊接性差别很大。随着碳质量分数的增加,钢的焊接性变差。维修电工通常利用手工电弧焊焊接的多为碳质量分数较低的结构钢,如角钢、槽钢、电线管等。

二、焊接设备及工具

1. 焊接电源

焊条电弧焊采用的焊接电源就是电焊机。电焊机种类很多,主要有交流和直流两大类。普通结构钢采用的是交流电焊机。

（1）交流电焊机的特点　交流电焊机实际就是一种特殊的降压变压器,同普通变压器比较主要有以下特点:良好的陡降特性、良好的动特性、允许短时间短路及输出电流可调。

陡降特性是指二次侧的空载电压较高而工作电压较低,由于引弧电压要求在 50V 以上,交流电焊机的空载电压一般为 55~90V,工作电压通常为 20~30V,如图 2-2 所示。

动特性是指在负荷发生急剧变化时输出电流应在一定范围内保持稳定。由于引弧时要将焊条与工件短路,随后将焊条拉开;焊接过程中金属熔滴滴向熔池,发生短路,随着电弧又拉长,均会使电焊机负荷产生急剧变化。因此,动特性是否良好是决定电焊机使用性能的重要条件,如图 2-3 所示。动特性不好的焊机,引弧时焊条容易粘贴在焊件上,焊条拉开的距离稍大,容易熄弧,飞溅也较严重。

由于引弧的需要,焊条要与焊件短时间短路,因此,电焊机是允许负载端短时间短路的,短路电流通常是工作电流的两倍左右。

随着焊件的厚度变化及焊接方式的不同,需要不同的焊接电流,因此要求电焊机的输出电流必须是可调的。

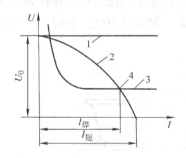

图 2-2　焊接电源的陡降外特性曲线
1—普通照明电源平直外特性曲线
2—焊接电源的陡降外特性曲线
3—电弧燃烧的静特性曲线　4—电弧燃烧点

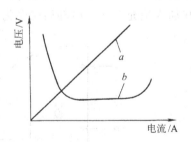

图 2-3　电焊机的动特性与
　　　　静特性的比较

（2）交流电焊机的结构及型号　交流电焊机常见的结构形式有动铁心漏磁式（BX1系列）、组合电抗器式（BX2系列）以及动圈式（BX3系列）。其中动铁心漏磁式应用得较为广泛。

BX1系列动铁心式交流电焊机的外形如图2-4所示。

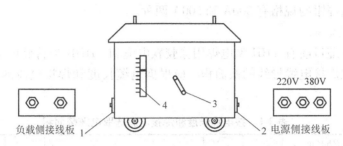

图2-4　BX1系列动铁心式交流电焊机的外形
1—负载接线　2—电源接线　3—电流调节手柄　4—电流调节窗口

交流电焊机的型号以BX1—250为例，250表示额定焊接电流为250A。

焊接电流的调节分为粗调和细调两种。粗调改变二次线圈的匝数，如图2-5所示；焊接时可以得到不同的焊接电流，属于有级调节。细调是通过调节手柄改变动铁心的位置，从而改变漏磁通的大小，实现焊接电流的细调节，如图2-6所示；当动铁心向外移动时，磁阻增大，漏磁通减小，焊接电流增大；反之，动铁心向内移动时，磁阻减小，漏磁通增大，则焊接电流减小。

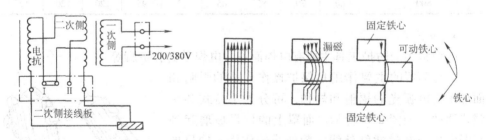

图2-5　焊接电流的粗调节　　　　图2-6　焊接电流的细调节

注意：焊接电流的调节，必须在空载状态下进行！

电焊机电源侧的接线桩一般有220V和380V两种电压等级，原则上在具备条件时应尽量选择380V作为电焊机电源，只有在没有380V电源时才能选用220V电压。负载侧的接线应选用专用的焊接电缆，一端接电焊钳，另一端接地线（又称为搭铁线），焊接时应将地线与被焊工件进行可靠连接。

2. 电焊钳

电焊钳是夹持焊条并传导焊接电流的操作器具，是完成焊接的主要组成工具，其外形如图 2-7 所示。电焊钳应保证任何斜度都能夹紧焊条；具有可靠的绝缘和良好的隔热性能；要求焊接电缆的橡胶绝缘层应深入到钳柄内部，使导体不外漏，起到屏护作用；电焊钳的重量应较轻，易于操作。

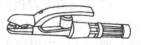

图 2-7　电焊钳

常见电焊钳的规格有 300A 和 500A 两种。

3. 焊接电缆

焊接电缆目前有 YHH 型电焊用橡胶软电缆和 YHHR 型特软电缆。选用焊接电缆即确定焊接电缆导线的截面积时应根据电缆长度和焊接电流的大小按表 2-1 选取。

表 2-1　按电缆长度和焊接电流选取电缆截面积

电流/A \ 电缆长度/m → 截面积/mm²	20	30	40	50	60	70	80	90	100
100	25	25	25	25	25	25	25	25	35
150	35	35	35	35	50	50	60	70	70
200	35	35	53	50	60	70	70	70	70
300	35	50	60	60	70	70	70	85	85
400	35	50	60	70	85	85	85	95	95
500	50	60	70	85	95	95	95	120	120
600	60	70	85	85	95	95	120	120	120

4. 防护工具

电焊常用的防护工具主要有电焊面罩、电焊手套和护脚等。

电焊面罩的主要作用是保护操作人员的眼睛和面部不受电弧光的辐射和灼伤，可分为手持式和头戴式两种，如图 2-8 所示。面罩上的护目玻璃起到减弱电弧光并过滤红外线、紫外线的作用。护目玻璃有不同色号，颜色以墨绿色为多，应根据操作人员的年龄和视力情况尽量选择颜色较深的护目玻璃以保护视力。护目玻璃外还加有相同尺寸的一般玻璃，以防金属飞溅沾污护目玻璃。

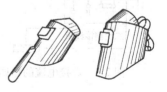

图 2-8　电焊面罩

另外，在清渣时应佩戴平光眼睛，以保护眼睛不被飞溅的焊渣伤害。

5. 其他工具

电焊时用到的其他工具主要有清理工具、夹具、量具和焊条专用容器。清理工具包括錾子、尖头渣锤、钢丝刷、锉刀、锤子等。它们主要用于清理和修理焊缝，清除渣壳及飞溅物，挖除焊缝中的缺陷。

三、焊条

焊条的选择和使用直接影响焊接的质量。因此，在进行焊接操作前，必须对焊条的分类、选择、使用以及保管作必要的了解。

1. 分类

焊条的分类方法有多种。按熔渣的特性分为酸性焊条和碱性焊条。常用的是酸性焊条，其特点是可适用于交、直流焊接电源，适于各种位置的焊接，但焊缝金属的力学性能较差；碱性焊条主要用于合金钢和重要的碳素钢的焊接。

按照用途不同，焊条分为碳钢焊条、合金钢焊条、铸铁焊条等8类。常用的J422结构钢焊条，规格主要以焊条直径区分，有 $\phi 2.5mm$、$\phi 3.2mm$、$\phi 4.0mm$ 等。

2. 药皮的主要作用

焊条药皮的主要成分有稳弧剂、造渣剂、合金剂等。稳弧剂的作用是提高电弧燃烧的稳定性，并使电弧容易引燃；造渣剂形成熔渣，披覆于焊口表面，保护金属不至与空气中的氧发生作用，并使焊缝缓慢冷却；合金剂是焊缝中过渡合金元素，可以提高焊缝强度。

3. 选用和保管

焊条的选用首先要根据被焊金属材料选择合适的焊条类型，例如进行普通碳素结构钢的焊接常用J422结构钢焊条。其次，要根据被焊工件的厚度，选择焊条规格，一般情况下焊条的直径应略小于焊件厚度。常见焊条尺寸见表2-2。

在选择好焊条规格后，要根据焊条的规格选择合适的焊接电流，对电焊机的焊接电流进行调整后方可进行焊接操作。

表2-2 常见焊条尺寸　　　　　　　　　　（单位：mm）

焊条直径		焊条长度	
基本尺寸	极限偏差	基本尺寸	极限偏差
1.6		200　250	
2.0		250　300	
2.5			
3.2	±0.05	350　400	±2.0
4.0			
5.0		400　450	
6.0			
8.0		500　650	

焊条保管时要避免受潮，应选择干燥通风的环境。若焊条已受潮，使用前必须在烘箱内烘干，酸性焊条根据受潮情况，在70~150℃下烘干1~2h。如发现

药皮受潮严重，已发生脱落，应予报废。

四、焊件的接头形式

焊接接头形式有对接、搭接、角接和T字形连接等，如图2-9所示。

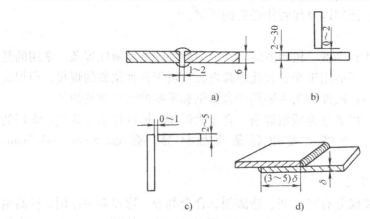

图2-9 焊件的接头形式
a）对接接头 b）T字形接头 c）角接接头 d）搭接接头

焊件接头的对缝尺寸是由焊件的接头形式、焊件厚度和坡口形式决定的，电工自行操作的焊接通常是角钢和扁钢，一般不开坡口，对缝尺寸是0~2mm。

◆◆◆ 第二节 焊接操作技术

一、焊接方式

焊接方式分为平焊、横焊、立焊和仰焊，如图2-10所示。焊接时应根据工件的结构、形状、体积和所处位置的不同选择合理的焊接方式。

（1）平焊 平焊是最常用的焊接方式，操作容易，但易出现熔渣和铁液分不清的情况，可选用较大直径的焊条，焊接电流也可适当大些。电工进行焊接操作时，应尽量选择平焊的方式。

（2）横焊和立焊 横焊时焊缝与水平面平行，立焊时焊缝与水平面垂直，由于铁液流动，故应选用直径较小的焊条，焊接电流也应小一些。焊接时应尽量采取点焊的方式，且立焊时应由下而上的焊接，以避免出现焊不透的情况。

（3）仰焊 仰焊的操作难度较大，一般由专业电焊工操作，焊条尽量选得细一些，焊接电流也应尽可能小，防护工作要特别注意，避免被金属飞溅灼伤。

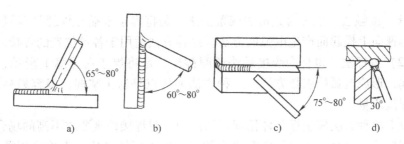

图 2-10 焊接方式

a) 平焊 b) 立焊 c) 横焊 d) 仰焊

二、焊接操作方法

1. 工件定位

焊接前应根据工件的形状、尺寸、相互位置等因素，按照便于操作的原则进行必要的固定，且与电焊机接地线保持可靠连接，如图 2-11 所示。

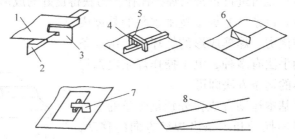

图 2-11 焊件的临时定位方法

1—钢板 2—角钢 3—V形马 4、8—铁楔 5—槽形马 6—梳状马 7—L形马

焊接时，为避免工件之间出现位置变动，可在固定之后，根据焊缝长度在焊缝上合适距离采取点焊的方法固定一个或几个点，然后检查工件相互位置，针对错位情况纠正后再将焊缝焊死。

2. 引弧

焊条电弧焊是采用低电压、大电流产生电弧，依靠焊条瞬间接触工件实现。引弧时必须将焊条末端与焊件表面进行接触形成短路，然后迅速将焊条向上提起 3~4mm 的距离，此时电弧即可引燃。

常见的引弧方法有两种：接触法和划擦法，如图 2-12 所示。

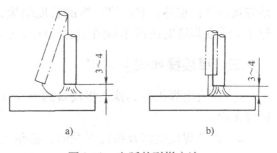

图 2-12 电弧的引燃方法

a) 划擦法 b) 接触法

（1）接触法　也称为碰击法或敲击法，是将焊条末端在焊缝位置轻轻敲击，然后迅速向上提起而产生电弧的方法。这种方法适用于各种位置的焊接。

（2）划擦法　也称为线接触法或摩擦法，是将焊条在焊缝上滑动，然后迅速提起，形成电弧的引弧方法。这种方法的优点是易于掌握，但容易粘污坡口，影响焊接质量。

以上两种方法应根据具体情况灵活运用。对焊接外观要求不高的场合，可以采用划擦法；反之，或操作空间狭小的场合宜采用接触法。无论采用哪种方法，引弧时都要用腕力来控制，且不要用力过猛，避免出现焊条粘住焊件、金属飞溅及焊件错位等现象。

操作过程中，如出现焊条粘住工件，可将焊条左右摆动几次，即可脱离焊件。如焊条不能脱离焊件，应尽快使电焊钳与焊条脱离，或断开电焊机的电源，避免短路时间过长而损坏电焊机，并等焊条冷却后将焊条扳下来。

3. 运条

电弧引燃后，就可进行正常的焊接操作。为获得良好的成形焊缝，焊条的不断运动称为运条。运条是电焊工技术水平的具体表现，焊缝质量的优劣、焊缝成形的好坏主要由运条来决定。运条的手法有多种，电工操作焊条电弧焊只要求掌握基本的运条方法即可。

运条由三个基本运动合成，分别是焊条的送进运动、焊条的横向摆动和焊条沿焊缝方向的移动，如图2-13所示。由于焊条在电弧作用下不断熔化，焊条应作适当的送进以维持电弧长度。焊条的运动方式分为摆动和沿焊缝方向移动两种，这两种动作是紧密相连的，且速度要求适当，只有这样才能使焊缝平整、均匀。

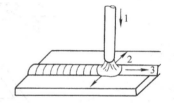

图2-13　焊条运动的方向
1—送进运动　2—横向摆动
3—沿缝移动

4. 焊缝的起头和收尾

焊缝的起头是指刚开始焊接时的焊接部分。引弧后，先将电弧稍拉长，给开始焊接的部位加热，然后将电弧的长度缩短，进行正常焊接操作。焊接完成时，焊条末端在焊缝的终点作划圆运动，直到铁液填满弧坑，提起焊条，拉断电弧。

三、焊接操作安全常识

1）所有电焊机及其他电焊设备的外壳都必须接地，电焊钳的绝缘手柄必须良好无损。

2）调节焊接电流及极性开关时，必须在空载下进行。

3）必须穿戴防护服、遮光面罩、手套和脚盖等防护用具，在潮湿的环境中焊接时，必须穿绝缘鞋。

4)不准在堆有易燃、易爆物品的场所焊接。

5)在电焊场所周围,应配有消防器材。

6)与带电体要有1.5~3m的安全距离,禁止在带电器材上进行焊接。

7)对压力容器或盛装物品不明的容器不准焊接。

8)焊接需要局部照明时,均应用12~36V的安全灯具,在金属容器内焊接,必须有人监护。

9)严禁用厂房的金属结构、管道、轨道或其他金属物的搭接来代替焊接电缆使用。

复习思考题

1. 简述焊条电弧焊的工作原理。
2. 焊接设备及工具有哪些?
3. 焊件的接头形式有哪些?
4. 焊接方式有哪几种?
5. 简述正确的焊接操作方法。
6. 进行焊接操作时,需要注意哪些安全常识?

第三章

电工基本常识

> **培训学习目标** 了解我国的电能发展技术；熟悉企业供电系统的各种方式；掌握电工安全用电常识和触电急救技术；掌握常用电工材料知识；掌握电气识图的方法。

◆◆◆ 第一节 电力系统常识

电能是人类生产和生活中不可缺少的能源。从发电厂到电力用户中，各类电机和变压器已经成为电能产生、输送、分配等环节能量转换的必要设备。

一、发电、输电和用电

1. 电能的产生

电能是由煤炭、石油、水力、核能、太阳能和风能等一次能源通过各种转换装置而获得的二次能源。目前，世界各国电能的生产主要以火力发电、水力发电、原子能发电三种方式为主。

（1）**火力发电** 它是利用煤炭、石油燃烧后产生的热量来加热水，使之成为高温、高压蒸汽，再用蒸汽推动汽轮机旋转并带动三相交流同步发电机发电。

火力发电的优点是建厂速度快，投资成本相对较低。其缺点是消耗大量的燃料，发电成本较高，对环境污染较为严重。目前，我国及世界上绝大多数国家仍以火力发电为主。火力发电汽轮机组工作流程如图 3-1a 所示，火力发电厂远景如图 3-1b 所示。

（2）**水力发电** 通过水库或筑坝截流的方式来提高水位，利用水流的落差

第三章 电工基本常识

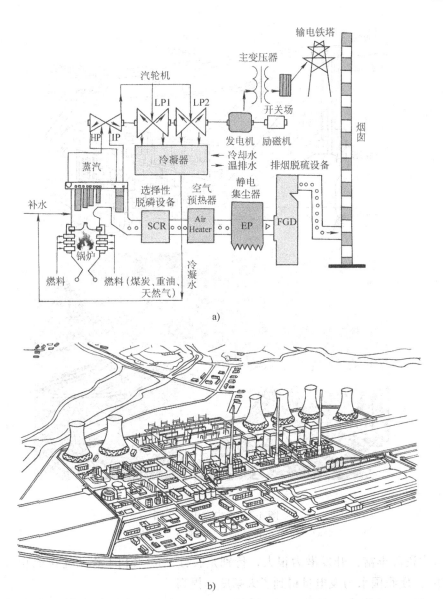

图 3-1 火力发电示意图
a) 火力发电汽轮机组工作流程 b) 火力发电厂远景

及流量去推动水轮机旋转并带动同步发电机发电,即利用水流的势能来发电。常见的坝后式水力发电厂如图 3-2a 所示。

水力发电的优点是发电成本低,不存在环境污染问题,并可以实现水力的综合利用。其缺点是一次性投资大,建站时间长,而且受自然条件的影响较大。我

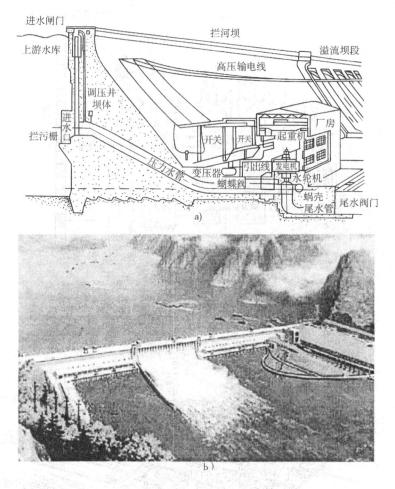

图 3-2 水力发电示意图
a) 坝后式水利发电厂 b) 长江三峡水利工程

国水力资源丰富,开发潜力很大,特别是长江三峡水利工程的建设成功(见图 3-2b),使我国水力发电量得到了大幅度的提高。

(3) 核能发电 又称为原子能发电,它是利用核燃料在反应堆中的裂变反应所产生的巨大能量来加热水,使之成为高温、高压蒸汽,再用蒸汽推动汽轮机旋转并带动同步发电机发电。常见的压水堆核电站工作流程如图 3-3 所示。

核能发电消耗的燃料少,发电成本较低,但建站难度大、投资高、周期长。目前,全世界核能发电量约占总发电量的 20%,发展核能将成为必然趋势。

此外,还可利用太阳能、风力、地热等能源发电,它们都是清洁能源,不污

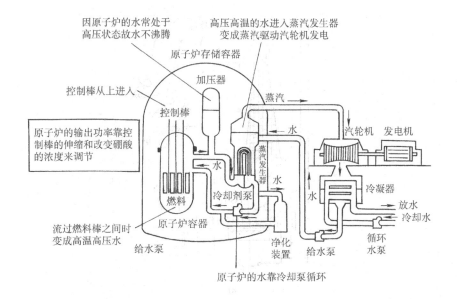

图 3-3 常见的压水堆核电站工作流程

染环境,有很好的开发前景。图 3-4a 所示为太阳能发电方式;图 3-4b 中,通过太阳能板吸收光能转化为电能,再有并网逆变器把电能送入电网。光伏并网发电是光伏电源的发展方向,它代表了 21 世纪最具吸引力的能源利用技术。

2011 年我国自主设计制造的国家风光储输示范工程建成投产,是目前世界上规模最大,集风电、光伏发电、储能、智能输电于一体的新能源综合利用平台。截至 2012 年 6 月,我国风电并网装机规模达到 5258 万千瓦,首次超越美国,达到世界第一。至 2012 年底,并网装机规模达 6083 万千瓦。

2012 年全国发电量 49774 亿千瓦时。其中,火电发电量 39108 亿千瓦时,约占全部发电量 78.57%;水电发电量 8641 亿千瓦时,约占全部发电量 17.36%;核电发电量 982 亿千瓦时,约占全部发电量 1.97%;风电发电量 1004 亿千瓦时,约占全部发电量 2.01%。

2. 电能的输送

发电站一般都建在远离城市的能源产地或水陆运输比较方便的地方,因此发电站发出的电能必须要用输电线进行远距离的输送,以供给电能消费场所使用。为了增大供电的可靠性,提高供电质量和均衡供、用电的需求,目前世界各国都将本国或一个大地区的各发电站并入一个强大的电网,构成一个集中管理、统一调度的大电力系统(电力网)。

目前,世界各国都采用高压输电,并不断地由高压(110~220kV)向超高

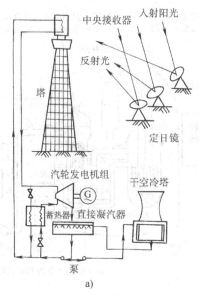

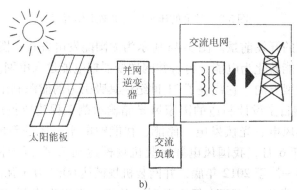

图3-4 太阳能发电与光伏并网发电
a) 太阳能发电 b) 光伏并网发电

压（330~750kV）和特高压（750kV以上）升级。我国目前高压输电的电压等级有110kV、220kV、330kV、500kV、750kV等多种。由于发电机本身结构及绝缘材料的限制，不可能直接产生这样高的电压，因此在输电时首先必须通过升压变压器将电压升高。

高压电能输送到用电区域后，为了保证用电安全并合乎用电设备的电压等级要求，还必须通过各级降压变电站，将电压降至合适的数值。例如，工厂输电线路，高压为35kV或10kV，低压为380V和220V。简单电力系统如图3-5所示。

第三章 电工基本常识

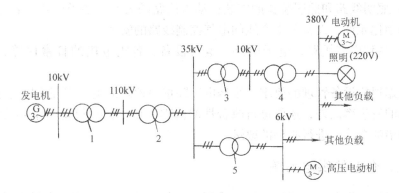

图 3-5 简单电力系统
1—升压变压器 2、3—降压变压器 4、5—配电变压器

3. 电能的分配

当高压电送到工厂以后,由工厂的变配电站进行变电和配电。变电是指变换电压的等级;配电是指电力的分配。大中型工厂都有自己的变配电站。在配电过程中,通常把动力用电和照明用电分别配电,即把各动力配电线路和照明配电线路分开,这样可以缩小局部故障带来的影响。

2012 年,全社会用电量 49591 亿千瓦时,其中:第一产业 1013 亿千瓦时,第二产业 36669 亿千瓦时,第三产业 5690 亿千瓦时,城乡居民生活 6219 亿千瓦时。从分类用电量看,全国工业用电量为 36061 亿千瓦时,其中,轻、重工业分别为 6083 亿千瓦时和 29978 亿千瓦时。

4. 电力负荷的分级

供电部门在向用户供电时,将根据用户负荷的重要性、用电的需求量及供电条件等诸多因素,确定供电的方式,以保证供电质量。电力负荷通常分为三级:

(1) 一级负荷 是指停电时可能引起人身伤亡、设备损坏、产生严重事故或混乱的场所,如大型医院、地铁、机场、铁路运输、政府重要机关部门等,它们一般采用两个独立的电源系统供电。

(2) 二级负荷 是指停电时将产生大量废品、减产或造成公共场所秩序严重混乱的部门,如炼钢厂、化工厂、大城市热闹场所等,它们一般有两路电源线进行供电。

(3) 三级负荷 是指不属于上述一、二级电力负荷的用户,其供电方式为单路。

二、维修电工的任务和作用

维修电工的职责是保证各种不同行业中各类生产、生活照明系统和生产机械及其电气控制系统的正常运行。维修电工的工作范围大体上有以下几种类型:

1）照明线路和照明装置的安装；动力线路的安装；各类电机、各种生产机械和自动化元件、设备及生产线的电气控制线路的安装。

2）各种电气线路、电子电路、电气设备、各类电机的日常保养、检查与维修。

根据现代设备管理的要求，维修电工除按照预防为主、修理为辅的原则来降低故障的发生率以外，还要进行改善性的修理工作，针对设备的重要故障部位，采取根治的办法，进行必要的改进。

三、企业的供电系统

在我国，供电系统采用三相三线制、三相四线制和三相五线制等形式施工。国际电工委员会（IEC）则统一规定为 TT 系统、TN 系统和 IT 系统等。系统分类表示如下：

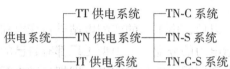

系统形式中字母的含义表示分别为

1 2—3

1——用字母表示，表示电力（电源）系统对地的关系：T 表示一点直接接地，I 表示所有带电部分绝缘；

2——用字母表示，表示用电装置外露的可导电部分对地的关系：T 表示设备外壳接地，它与系统中的其他任何接地点无直接关系；

3——用字母表示，表示中性线与保护线的组合关系：C 表示中性线与保护线是合一的，如 TN-C；S 表示中性线与保护线是严格分开的，PE 线为专用保护线，如 TN-S。

1. 供电方式的选择

在选择系统接地形式时，应根据系统安全保护具备的条件，并结合工程的实际情况来确定选用，可参照以下几项原则：

1）当由同一台发电机、配电变压器或同一段母线供电的低压电力系统，不宜同时采用两种系统接地形式。比如：在同一接地低压配电系统中，不宜同时采用 TN 和 TT 系统。

2）当在同一低压配电系统中，无法全部采用 TN 系统时，也可部分采用 TT 系统接地形式。

3）当采用 TT 系统供电时应装设能自动切除接地故障的装置（包括漏电电流动作保护装置）或经过隔离变压器供电。

2. TT 方式供电系统

TT 方式供电系统是设备的金属外壳直接接地的保护系统，称为保护接地系统，如图3-6所示。

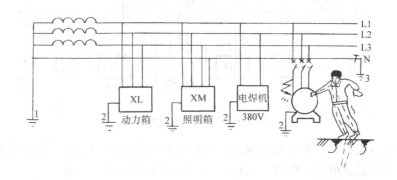

图3-6 TT方式供电系统

电气设备采用接地保护可以大大减少触电的危险性，但如果相线触及设备金属外壳时，自动断路器不一定跳闸，熔断器也不一定能熔断，故障设备的外壳对地电压高于安全电压，所以还需加装漏电断路器作保护，另外TT方式供电系统的接地装置耗材较多，因此TT方式供电系统应用较少。

目前，有些地方在临时用电时采用TT方式供电系统，增加了一根公共保护地线，可节约接地装置，如图3-7所示。图中把增加的专用保护PE线和中性线N分开了，保护PE线与中性线没有了电的直接联系；设备正常运行时，专用保护线中没有电流。TT方式供电系统适用于接地保护点很分散的地方。

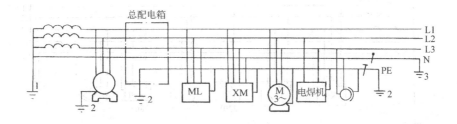

图3-7 TT方式供电系统在实用中的接法

3. TN-C方式供电系统

TN-C方式供电系统是指电源中性点接地，将电气设备的金属外壳与中性线连接的保护系统，称为接零保护系统。TN-C方式供电系统的中性线兼作接零保护线，称作保护性中性线，用PEN表示。该供电系统的示意图如图3-8所示。

当设备外壳带电时，接零保护系统将漏电电流上升为较大的短路电流，即单相对地短路故障，熔丝会熔断，断路器自动跳闸，使故障设备断电。因中性线上

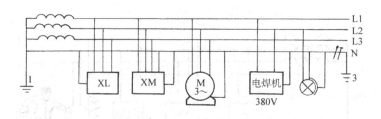

图 3-8　TN-C 方式供电系统

有不平衡电流存在，则对地有电压，保护线所连接的电器设备金属外壳有一定的电位，所以若供电中线断线，则保护接零的漏电设备外壳带电。

TN-C 方式系统使用漏电断路器时，中性线不能作为设备的保护零线。保护线上不应设置保护电器和隔离电器。如果电源的相线碰地，则设备的外壳电位升高，使中性线上的危险电位蔓延。

在 TN-C 方式供电系统中，应采用漏电保护或其他保护装置。

4. TN-S 方式供电系统

电源的中性点接地，中性线 N 和专用保护接零线 PE 严格分开的供电系统，称为 TN-S 方式供电系统，俗称三相五线制，如图 3-9 所示。当系统正常运行时，专用保护线上无电流，中性线上也没有不平衡电流。另外 PE 线有重复接地，不经过漏电断路器，所以供电可靠性高。

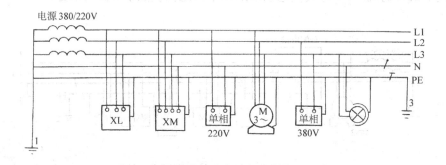

图 3-9　TN-S 方式供电系统

中性线可用作单相照明负载的回路线。接零保护可以实现将故障电流转为短路电流，使断路器自动跳闸，安全性能可靠。

5. TN-C-S 方式供电系统

在供电系统中，变压器的中性点接地，但中性点没有接出 PE 线，是"三相四线制"供电，而某些用电场所要求必须采用专用保护线 PE 时，可在场所总配电箱中分出 PE 线，该种系统称为 TN-C-S 方式供电系统，如图 3-10 所示。

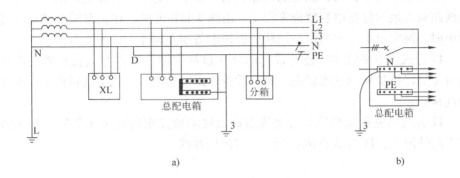

图 3-10　TN-C-S 方式供电系统
a）N 与 PE 同时接地　b）分出 PE 线，N 线接地

图 3-10a 中，总配电箱中 N 端子与 PE 端子必须实现连接；图 3-10b 中是在总配电箱中分出 PE 线，中线（N）进入总配电箱后应直接与接地装置焊接连接。

中性线 N 与专用保护线 PE 连通在一起。TN-C-S 方式供电系统是在 TN-C 的系统上变通的做法。当三相电力变压器工作接地情况良好、三相负载比较平衡时，使用 TN-C-S 系统效果较好，而当三相负载不平衡、用电场所有专用电力变压器时，必须采用 TN-S 的供电系统。

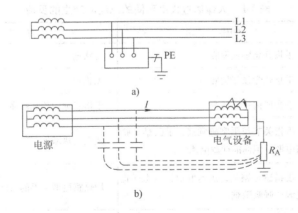

图 3-11　IT 方式供电系统
a）一般用户或不允许停电的场所　b）考虑线路对地分布电容的情况

6. IT 方式供电系统

IT 方式供电系统一般用于一级负荷用户或不允许停电的场所，如图 3-11a 所示。

如医院的手术室、地下矿井等处多采用此种方式。

在供电距离不长时，供电的可靠性高，安全性好。而在供电距离很长时，供电线路对大地的分布电容就应重视了，由图3-11b可见：在负载漏电使设备外壳带电时，漏电电流与大地形成回路，保护设备如不动作，会发生危险。

IT方式供电系统中，任何带电部分（包括中性线）严禁直接接地；电源系统对地应保持良好的绝缘状态；所有设备外露可导电部分均应通过保护线与接地极连接。

IT方式供电系统必须装设绝缘监视及接地故障报警或显示装置。在无特殊要求的情况下，IT方式供电系统不宜引出中性线。

第二节 安全用电常识

人体组织中60%以上是由具有导电性能的水分子组成的，因此人体是电的良导体。当人体接触设备的带电部分并形成电流通路时，就会有电流流过人体，导致触电。

触电对人体伤害程度的大小，取决于通过人体电流的大小、种类和途径；还取决于通过人体电流的持续时间。心脏是人体的薄弱环节，通过心脏的电流越大，时间越长，对人体的损伤便越大。触电电流的大小对人体的作用见表3-1。

表3-1 人体通过大小不同的电流时产生的反应

电流/mA	50Hz 交流电	直 流 电
0.6~1.5	手指开始感觉发麻	无感觉
2~3	手指感觉强烈发麻	无感觉
5~7	手指肌肉感觉痉挛	手指感觉灼热和刺痛
8~10	手指关节与手掌感觉痛，手已难于脱离电源，但尚能摆脱电源	感觉灼热增加
20~25	手指感觉剧痛，迅速麻痹，不能摆脱电源，呼吸困难	灼热感更增，手的肌肉开始痉挛
50~80	呼吸麻痹，心房开始震颤	强烈灼痛，手的肌肉痉挛，呼吸困难
90~100	呼吸麻痹，持续3s或更长时间后，心脏麻痹或心房停止跳动	呼吸麻痹

第三章 电工基本常识

由表 3-1 可见,交流电(50~60Hz)对人体来说最危险,根据经验,大于 10mA 的交流电流或大于 50mA 的直流电流流过人体时,就可能危及生命。人体能够摆脱的握在手中导电体的最大电流值称为安全电流,约为 10mA。

为了使电流不超过以上数值,我国规定安全电压为 6V、12V、24V、36V 及 42V 五种等级。

1. 触电形式

常见的触电形式见表 3-2。

表 3-2 常见的触电形式

触电形式	触电情况及危险程度	图示
单相触电(变压器低压侧中性点接地)	电流从一根相线经过电气设备、人体再经大地流到中性点。此时加在人体上的电压是相电压,其危险程度取决于人体与地面的接触电阻	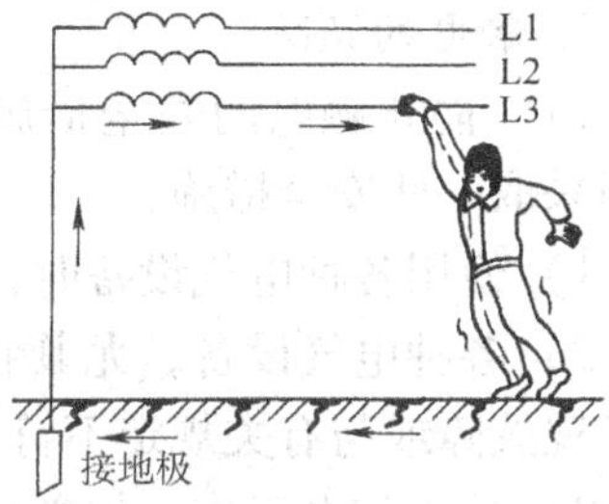
单相触电(变压器低压侧中性点不接地)	1. 在 1000V 以下,人体接触到任何一根相线时,电流经电气设备,通过人体到另外两根相线对地绝缘电阻和分布电容而形成回路。若绝缘良好,一般不会发生触电危险;若绝缘被破坏或绝缘很差,就会有触电危险 2. 在 6~10kV,由于电压高,所以触电电流大,几乎是致命的,加上电弧灼伤,情况会更严重	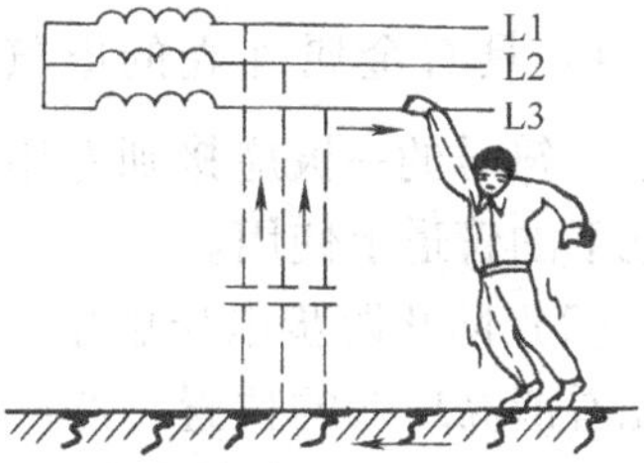
两相触电	电流从一根相线经过人体流至另一根相线,在电流回路中只有人体电阻,在这种情况下,触电者即使穿上绝缘鞋或站在绝缘台上也起不到保护作用,所以两相触电非常危险	

(续)

触电形式	触电情况及危险程度	图示
跨步电压触电	如输电线断线，则电流经过接地体向大地作半环形流散，并在接地点周围地面产生一个相当大的电场，电场强度随离断线点距离的增加而减小 距断线点1m范围内，约有60%的电压降；距断线点2～10m范围内，约有24%的电压降；距断线点11～20m范围内，约有8%的电压降	（落地带电导线、跨步电压示意图）

2. 触电的预防

（1）防止触电的安全措施 为了更好地使用电能，防止触电事故的发生，必须采取一些安全措施：

1）使用各种电气设备时，应严格遵守操作规程和操作步骤。

2）各种电气设备，尤其移动式电气设备，应建立经常或定期的检查制度，如发现故障或与有关规定不符合时，应及时加以处理。

3）禁止带电工作。如必须带电工作时，应采取必要的安全措施。带电操作必须遵循有关的安全规定，由经过培训、考试合格的人员进行，并派有经验的电气专业人员监护。

4）具有金属外壳的电气设备的电源插头一般使用三极插头，其中带有"⏚"符号的一极应接到专用的接地线上。禁止将地线接到水管、煤气管等埋于地下的管道上使用。

（2）防止跨步电压触电 当人体突然进入高电压线跌落区时，不必惊慌，首先看清高压线的位置，然后双脚并拢，作小幅度跳动，离开高压线越远越好（8m以上），千万不能迈步走，以防在两脚间产生跨步电压。

（3）电气消防知识 在发生电气设备火警时，或电气设备附近发生火警时，电工人员应运用正确的灭火知识，指导和组织群众采取正确的方法进行灭火。

1）当电气设备或电气线路发生火警时，应立即切断电源，防止火情蔓延和灭火时发生触电事故。

2）不可用水或泡沫灭火剂灭火，尤其是有油类的火警，应采用黄沙、二氧化碳、二氟二溴甲烷或干粉灭火剂灭火。

3）灭火人员不可使身体或手持的灭火器材触及有电的导线或电气设备，以防触电。灭火时，还要保持灭火器与带电体间的最小距离（10kV电源不得小于0.7m，35kV电源不得小于1m）。

第三章 电工基本常识

3. 触电的急救

触电的急救方法见表3-3。

表3-3 触电的急救方法

急救方法	实 施 方 法	图 示
使触电者迅速脱离电源	1. 附近有电源开关或插座时,应立即拉下开关或拔掉电源插头 2. 如一时找不到断开电源的开关时,应迅速用绝缘工具、干燥的木棒等将电线挑开,或用有绝缘手柄的钢丝钳剪断电线,以断开电源	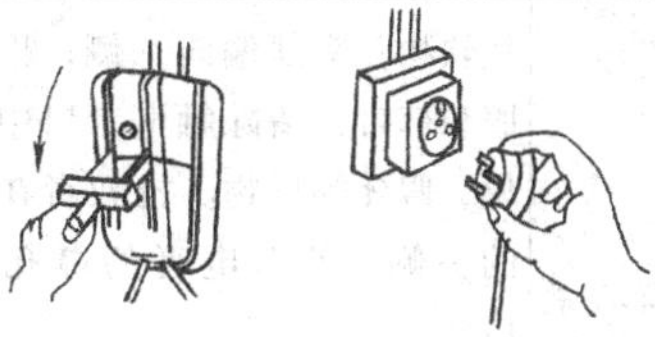  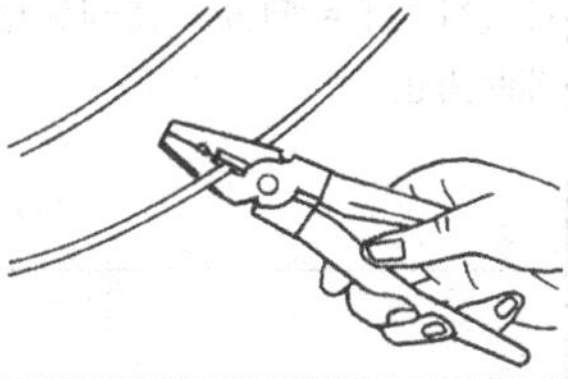
简单诊断	1. 将脱离电源的触电者迅速移至通风、干燥处,将其仰卧,松开上衣和裤带 2. 观察触电者的瞳孔是否放大。当处于假死状态时,人体大脑细胞严重缺氧,处于死亡边缘,瞳孔自行放大 3. 观察触电者有无呼吸存在,摸一摸颈部的颈动脉有无搏动	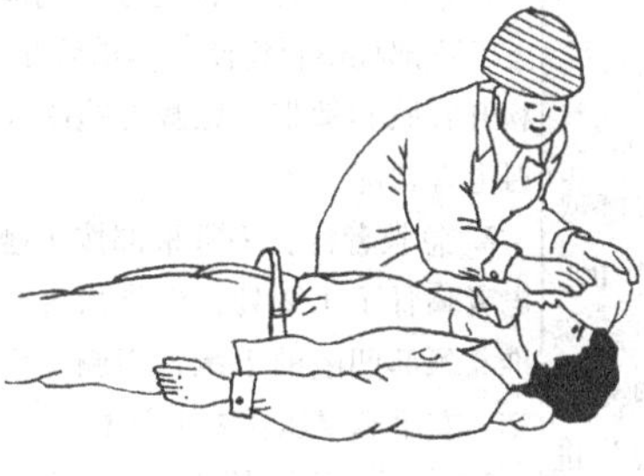 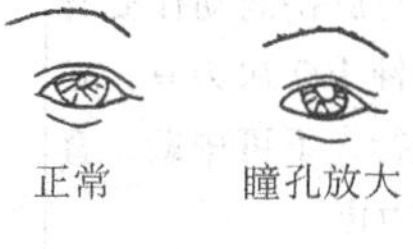 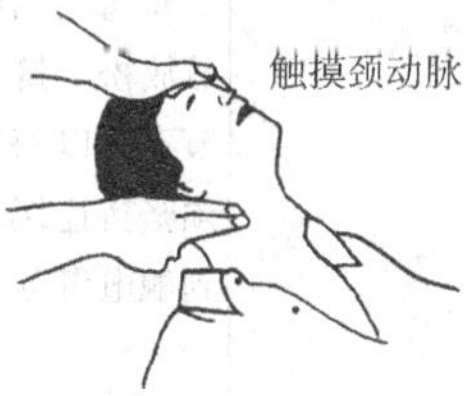 正常 瞳孔放大 触摸颈动脉

(续)

急救方法	实施方法	图 示
对"有心跳而呼吸停止"的触电者,应采用"口对口人工呼吸法"进行急救	1. 将触电者仰天平卧,颈部枕垫软物,头部偏向一侧,松开衣服和裤带,清除触电者口中的血块、假牙等异物。抢救者在病人的一侧,使触电者的鼻孔朝天后仰 2. 然后,用一只手捏紧触电者的鼻子,另一只手托在触电者颈后,将颈部上抬,深深吸一口气,用嘴紧贴触电者的嘴,大口吹气 3. 然后放松捏着鼻子的手,让气体从触电者肺部排出,如此反复进行,每5s吹气一次,坚持连续进行,不可间断,直到触电者苏醒为止	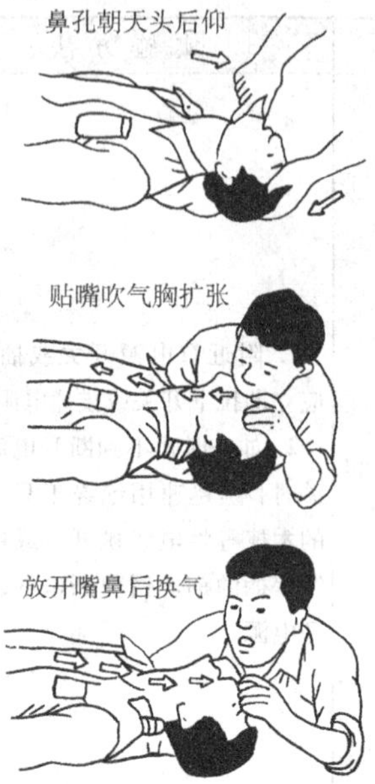 鼻孔朝天头后仰 贴嘴吹气胸扩张 放开嘴鼻后换气
对"有呼吸而心跳停止"的触电者,应采用"胸外心脏挤压法"进行急救	1. 将触电者仰卧在硬板上或地上,颈部枕垫软物使头部稍后仰,松开衣服和裤带,急救者跪跨在触电者腰部 2. 急救者将右手掌根部按于触电者胸骨下1/2处,中指指尖对准其颈部凹陷的下缘,当胸一手掌,左手掌复压在右手背上 3. 掌根用力下压5cm,然后突然放松。挤压与放松的动作要有节奏,以每分钟100次为宜,必须坚持连续进行,不可间断,直到触电者苏醒为止	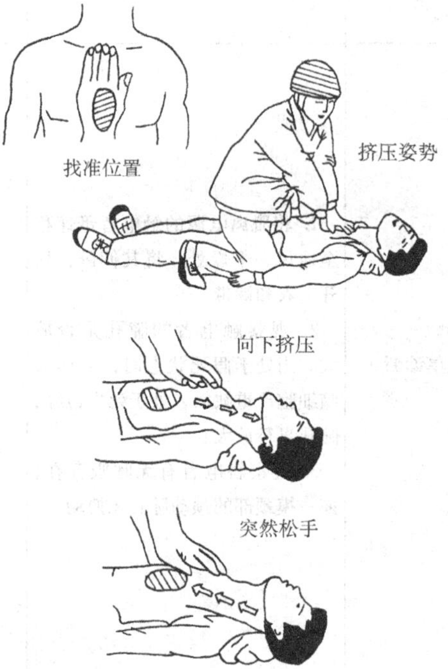 找准位置　挤压姿势 向下挤压 突然松手

42

第三章 电工基本常识

(续)

急救方法	实施方法	图 示
对"呼吸和心跳都已停止"的触电者,应同时采用"口对口人工呼吸法"和"胸外心脏挤压法"进行急救	1. 单人急救:两种方法应交替进行,即吹气2次,再挤压心脏30次,且速度都应快些 2. 两人急救:每5s吹气一次,每1s挤压一次,两人同时进行	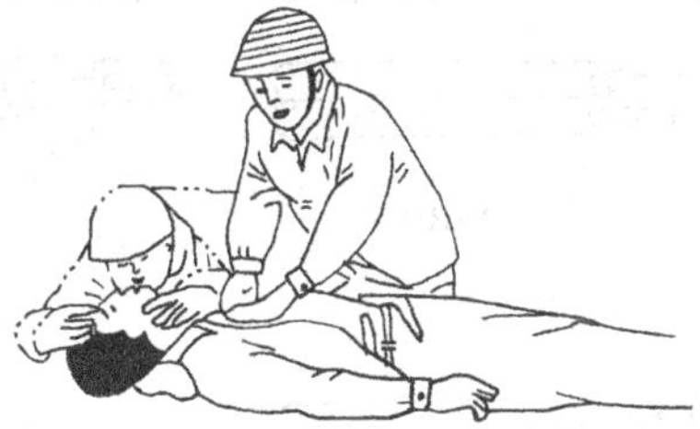
注意事项	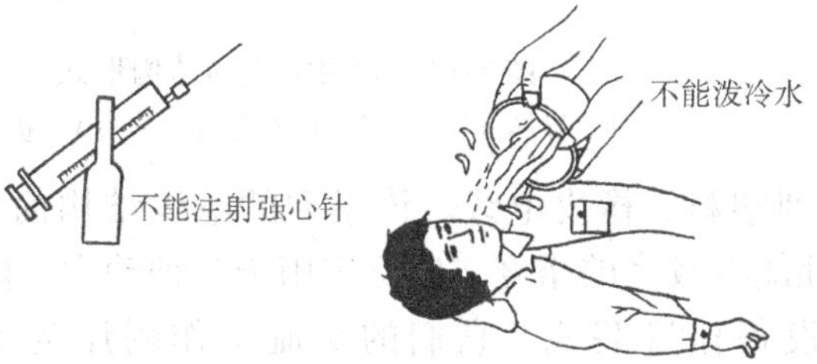	

❖❖❖ 第三节 电工材料常识

常用的电工材料是导电材料、绝缘材料、电热材料和磁性材料。

一、导电材料

1. 导电材料的特点

导电材料大部分为金属,其应具备导电性能好、不易氧化和腐蚀、容易加工和焊接、有一定的机械强度、资源丰富、价格低廉等特点。

铜和铝基本符合上述特点,因此它们是最常用的导电材料。比如架空线要具有较高的机械强度,常选用铝镁硅合金;熔丝要具有易熔断的特点,故选用铅锡合金;电光源灯丝的要求是熔点高,需选用钨丝做导电材料等。

2. 常用导线

常用导线按结构特点可分为绝缘电线、裸导线和电缆。由于使用条件和技术特性不同,导线结构差别较大,有些导线只有导电线芯;有些导线由导电线芯和绝缘层组成；还有的导线在绝缘层外面还有保护层。

（1）绝缘电线　绝缘电线是用铜或铝作导电线芯，外层敷以绝缘材料的电线。常用导线的外层材料有聚氯乙烯塑料和橡胶等。目前常用的橡皮、塑料绝缘电线见表3-4。常用电线的结构形式如图3-12所示。

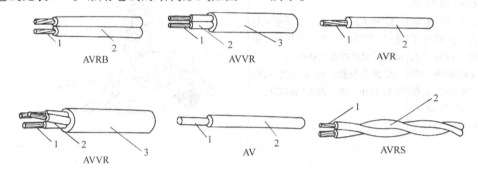

图3-12　常用电线的结构形式
1—导体（铜）　2—PVC绝缘　3—PVC护套

1）B系列塑料、橡皮电线。该系列的电线结构简单、质量轻、价格低廉、电气和力学性能有较大的裕度，广泛应用于各种动力、配电和照明线路，并用于中小型电气设备作安装线。它们的交流工作耐压为500V，直流工作耐压为1000V。常用B系列电线的结构形式如图3-13a所示。

表3-4　常用的橡皮、塑料绝缘电线

产品名称	型号		长期最高工作温度/℃	用途
	铜芯	铝芯		
橡皮绝缘电线	BX	BLX	65	用于交流500V及以下或直流1000V及以下环境，固定敷设于室内（明敷、暗敷或穿管）；可用于室外，也可作设备内部安装用线
氯丁橡皮绝缘电线	BXF	BLXF		同BX型。耐气候性好，适用于室外
橡皮绝缘软线	BXR			同BX型。仅用于安装时要求柔软的场合
聚氯乙烯绝缘软电线	BVR		65	适用于各种交流直流电气装置，电工仪表、仪器、电信设备，动力及照明线路固定敷设
聚氯乙烯绝缘电线	BV	BLV		同BVR型。且耐湿性和耐气候性较好
聚氯乙烯绝缘护套圆形电线	BVV	BLVV		同BVR型。用于潮湿的机械防护要求较高的场合，可明敷、暗敷或直接埋于土壤中

(续)

产品名称	型号 铜芯	型号 铝芯	长期最高工作温度/℃	用途
聚氯乙烯绝缘护套圆形软线	RVV		65	同BV型。用于潮湿和机械防护要求较高以及经常移动、弯曲的场合
聚氯乙烯绝缘软线	RV RVB、RVS		65	用于各种移动电器、仪表、电信设备及自动化装置接线用（B为两芯平型；S为两芯绞型）
丁腈聚氯乙烯复合物绝缘软线	RFB RFS		70	同RVB、RVS型。且低温柔软性较好
棉纱编织橡皮绝缘双绞软线、棉纱纺织橡皮绝缘软线	RXS RX		65	室内家用电器、照明电源线
中型橡套电缆	YZ			各种移动电气设备和农用机械电源线
	YZW			各种移动电气设备和农用机械电源线，且具有耐气候性和一定的耐油性能

a)

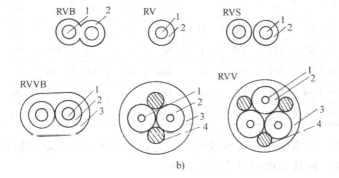

b)

图 3-13 聚氯乙烯绝缘电线
a) B系列电线 b) R系列电线
1—导体（铜） 2—PVC绝缘 3—PVC护套 4—棉纱模芯

45

2)R系列橡皮、塑料软线。该系列软线的线芯是用多根细铜线绞合而成，它除了具备B系列电线的特点外，还比较柔软，广泛用于家用电器、仪表及照明线路。常用R系列电线的结构形式如图3-13b所示。

3)Y系列通用橡套电缆。该系列电缆适用于一般场合，作为各种电动工具、电气设备、仪器和家用电器的移动电源线，所以又称为移动电缆。

电线电缆的安全电流是电线电缆的一个重要参数，是指在不超过最高工作温度的条件下，允许长期通过的最大电流值，所以又称为允许载流量。常用电线在空气中敷设时的载流量（环境温度为+25℃），见表3-5。

（2）裸导线 裸导线是只有导体（如铝、铜、钢等）而不带绝缘和护层的导电线材。常见的裸导线有绞线、软接线和型线等。按外观形态可分为单线、绞线和型线（包括型材）三类。

表3-5 BV、BLV聚氯乙烯电线长期允许载流量 （单位：A）

导线截面积/mm²	芯线股数/单股直径(mm)	固定敷设		钢管敷设				塑料管敷设			
		明线安装		一管二根线		一管三根线		一管二根线		一管三根线	
		铜	铝	铜	铝	铜	铝	铜	铝	铜	铝
1.0	1/1.13	17		12		11		10		10	
1.5	1/1.37	21	16	17	13	15	11	14	11	13	10
2.5	1/1.76	28	22	23	17	21	16	21	16	18	14
4	1/2.24	35	28	30	23	27	21	27	21	24	19
6	1/2.73	48	37	41	30	36	28	36	27	31	23
10	7/1.33	65	51	56	42	49	38	49	36	42	33
16	7/1.70	91	69	71	55	64	49	62	48	56	42
25	7/2.12	120	91	93	70	82	61	82	63	74	56
35	7/2.50	147	113	115	87	100	78	104	78	91	69
50	19/1.83	187	143	143	108	127	96	130	99	114	88
70	19/2.14	230	178	177	135	159	124	160	126	145	113
95	19/2.50	282	216	216	165	195	148	199	151	178	137

1)单线。有圆单线和扁单线两种，主要用作各种电线电缆的导电体。

2)绞线。按其结构可分为以下四种：

①简单绞线。由材质相同、线径相等的圆单线同心绞制而成，主要用于强度要求不高的架空导线。

②组合绞线。由导电线材和增强线材组合同心绞制而成，主要用于强度要求较高的架空导线。

③ 复绞线。由材质相同、线径相等的束（绞）股线同心绞制而成，可用作仪表或电气设备的软接线。

④ 特种导线。由导电线材各不同外形或尺寸的增强线材，由特种组合方式绞制而成，用于有特种使用要求的架空电力线路，如扩径导线在高压线路上可减少电晕损失和无线电干扰；自阻尼导线可使导线减振；倍容量导线可增大线路的传输容量。

在工厂供电系统中，最常用的是铝绞线、铜绞线、钢绞线和钢芯铝绞线等，常用的铝绞线截面形式如图3-14所示。

（3）电缆 电缆是一种特殊的导线，它是将一根或数根绝缘导线组合成线芯，裹上相应的绝缘层（橡皮、纸或塑料），外面再包上密闭的护套层（常为铝、铅或塑料等）。所以，电缆一般由导电线芯、绝缘层和保护层三个主要部分组成。

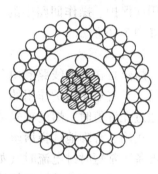

图3-14 扩径钢芯铝绞线

1) 导电线芯。导电线芯是用来输送电流的，必须具有较强的导电性能、一定的抗拉强度和伸长率、较强的耐腐蚀性，以及便于加工制造等。电缆的导电线芯一般由软铜或铝的多股绞线做成。

2) 绝缘层。绝缘层的作用是将导电线芯与相邻导体以及保护层隔离，抵抗电压、电流、电场对外界的作用，保证电流沿线芯方向传输。

电缆的绝缘层材料，有均匀质（橡胶、沥青、聚乙烯等）和纤维质（棉、麻、纸等）两类。三芯统包型电缆的结构如图3-15所示。

3) 保护层。保护层简称护层，主要作用是保护电缆在敷设和运行过程中，免遭机械损伤和各种环境因素（如日光、水、火灾、生物等）的破坏，以保持长期稳定的电气性能。保护层分为外保护层和内保护层。

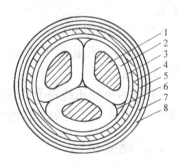

图3-15 三芯统包型电缆的结构
1—导线 2—相绝缘 3—带绝缘
4—金属护套 5—内衬垫 6—填料
7 铠装层 8 外护套

① 外保护层。外保护层是用来保护内保护层的，防止铅包、铝包等受外界的机械损伤和腐蚀，在电缆的内保护层外面包上浸过沥青混合物的黄麻、钢带或钢丝等。而没有外保护层的电缆，如裸铅包电缆，则用于无机械损伤的场合。

② 内保护层。内保护层直接包在绝缘层上，保护绝缘不与空气、水分或其他物质接触，所以要包得紧密无缝，并具有一定的机械强度，使其能承受在运输

和敷设时的机械力。内保护层有铅包、铝包、橡套和聚氯乙烯等。

电缆分为电力电缆和电器装备用电缆（如软电缆和控制电缆）。在电力系统中，最常用的电缆有电力电缆和控制电缆两种。电力电缆是指输配电能用的电缆；控制电缆则是用在保护、操作回路中的。常用电缆的结构如图3-16所示。

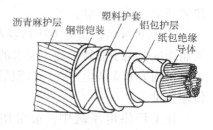

图3-16 常用电缆的结构

3. 熔丝

熔丝是在各种线路和电气设备中普遍使用的，具有短路保护作用的一种导电材料。使用时，将熔丝串联在线路中。当电流超过允许值时，熔丝首先被熔断而切断电源。常用的是熔点低的铅锡合金丝。

正确、合理地选择熔丝，对保证线路和电气设备的安全运行关系很大。当电气设备正常短时过电流时（如电动机起动时），熔丝不应熔断。选择熔丝的方法因线路不同而有差异，具体情况如下：

(1) 照明及电热设备线路

1) 在线路上总熔丝的额定电流应等于电能表额定电流的0.9~1倍。

2) 在支路上熔丝的额定电流应等于支路上所有负载额定电流之和的1~1.1倍。

(2) 交流电动机线路

1) 单台交流电动机线路上熔丝的额定电流应等于该电动机额定电流的1.5~2.5倍。

2) 多台电动机线路上的额定电流应等于线路上功率最大的一台电动机额定电流1.5~2.5倍，再加上其他电动机额定电流的总和。

二、绝缘材料

绝缘材料的主要作用是隔离带电的或具有不同电位的导体，使电流只能沿导体流动。绝缘材料在使用过程中，由于受到各种因素的长期作用，会产生一定的化学变化和物理变化，使其电气性能及力学性能变坏，这种变化称为老化。影响绝缘材料老化的因素很多，主要是环境温度，使用时温度过高会加速绝缘材料的老化过程。因此对各种绝缘材料都要规定其极限温度，以延缓老化过程，保证电气产品的使用寿命。

电工绝缘材料按极限温度划分为七个耐热等级，见表3-6。若按其应用或工艺特征，则可划分为六大类，见表3-7。

表 3-6 绝缘材料的耐热等级和极限温度

等级代号	耐热等级	极限温度/℃	等级代号	耐热等级	极限温度/℃
0	Y	90	4	F	155
1	A	105	5	H	180
2	E	120	6	C	>180
3	B	130			

表 3-7 绝缘材料的分类

分类代号	材料类别	材料示例
1	漆、树脂和胶类	如1030 醇酸浸渍漆、1052 硅有机漆等
2	浸渍纤维制品类	如2432 醇酸玻璃漆布等
3	层压制品类	如3240 环氧酚醛层压玻璃布板、3640 环氧酚醛层压玻璃布管等
4	压塑料类	如4013 酚醛木粉压塑料
5	云母制品类	如5438-1 环氧玻璃粉云母带、5450 硅有机粉带
6	薄膜、粘带和复合制品类	如6020 聚酯薄膜、聚酰亚胺等

1. 绝缘漆

(1) 浸渍漆 主要用来浸渍电机、电器的线圈和绝缘零件,以填充间隙和微孔,提高它们的电气性能及力学性能。常用的有1030 醇酸浸渍漆和1032 三聚氰胺醇酸浸渍漆,这两种都是烘干漆,都具有较好的耐油性及耐电弧性,漆膜平滑有光泽。

(2) 覆盖漆 有清漆和磁漆两种,是用来涂覆经浸渍处理后的线圈和绝缘零部件,在其表面形成连续而均匀的漆膜,作为绝缘保护层,以防止机械损伤和受大气、润滑油和化学药品的侵蚀。

常用的清漆是1231 醇酸晾干漆。它的特点是干燥快、漆膜硬度高并有弹性,电气性能较好。

常用的磁漆有1320 和1321 醇酸灰漆。1320 是烘干漆,1321 是晾干漆。它们的漆膜坚硬、光滑、强度高。

(3) 硅钢片漆 用来涂覆硅钢片表面的,以降低铁心的涡流损耗,增强防锈及耐腐蚀性能。

常用的是1611 油性硅钢片漆。它的特点是附着力强、漆膜薄、坚硬、光滑、厚度均匀,且耐油、防潮性能良好。

2. 浸漆纤维制品

(1) 玻璃纤维布 主要用作电机、电器的衬垫和线圈的绝缘。常用的是

2432醇酸玻璃漆布。它的电气性能及耐油性、防潮性都较好,机械强度高,并具有一定的防振性能。可用于油浸式变压器及热带型电工产品。

(2)漆管 主要用作电机和电器的引出线和连接线的外包绝缘管。常用的是2730醇酸玻璃漆管。它具有良好的电气性能及力学性能,耐油、耐潮性较好,但弹性较差。可用于电机、电器和仪表等设备引出线和连接线的绝缘。

(3)绑扎带 主要用来绑扎变压器铁心和代替合金钢丝绑扎电机转子绕组端部。常用的是B17玻璃纤维无纬带。由于合金钢丝价格高、比重大、绑扎工艺复杂,且钢丝箍内有感应电流会发热,钢丝及线圈之间还要绝缘,而无纬带则完全没有这样的缺点。因此,无纬带在电机工业中已得到了广泛的应用。

3. 层压制品

常用的层压制品有三种:3240层压玻璃布板、3640层压玻璃布管和3840层压玻璃布棒。这三种层压制品适于作电机的绝缘结构零件,都具有良好的力学性能和电气性能,耐油、耐潮,加工方便。

4. 压塑料

常用的压塑料有两种:4013酚醛木粉压塑料和4330酚醛玻璃纤维压塑料。它们都具有良好的电气性能和防潮性能,尺寸稳定,机械强度高,适于作电机、电器的绝缘零件。

5. 云母制品

(1)柔软云母板 柔软云母板在室温时较柔软,可以弯曲。它主要用于电机的槽绝缘、匝间绝缘和相间绝缘。常用的有5131醇酸玻璃柔软云母板及5131-1醇酸玻璃柔软粉云母板。

(2)塑料云母板 塑料云母板在室温时较硬,加热变软后可压塑成各种形状的绝缘零件。它主要用作直流电机换向器的V形环和其他绝缘零件。常用的有5230及5235醇酸塑料云母板,后者含胶量少,可用于温升较高及转速较高的电机。

(3)云母带 云母带在室温时较软,适用于电机、电器线圈及连接线的绝缘。常用的有5434醇酸玻璃云母带、5438环氧玻璃粉云母带和5430硅有机玻璃粉云母带,后者厚度均匀、柔软,固化后电气及力学性能良好,但它需要在低温下保存。

(4)换向器云母板 换向器云母板含胶量少,室温时很硬,厚度均匀,主要用作直流电机换向器的片间绝缘。常用的有5535虫胶换向器云母板及5536环氧换向器粉云母板,后者仅用于中小型电机。

(5)衬垫云母板 衬垫云母板适于用作电机、电器的绝缘衬垫。常用的有5730醇酸衬垫云母板及5737环氧衬垫粉云母板。

6. 薄膜和薄膜复合制品

（1）薄膜　电工用薄膜要求厚度薄、柔软，电气性能及机械强度高。常用的有6020聚酯薄膜，适用于电机的槽绝缘、匝间绝缘、相间绝缘，以及其他电器产品线圈的绝缘。

（2）复合膜制品　复合膜制品要求电气性能好，机械强度高。常用的有6520聚酯薄膜绝缘纸复合箔及6530聚酯玻璃漆箔，适用于电机的槽绝缘、匝间绝缘、相间绝缘，以及其他电工产品线圈的绝缘。

7. 其他绝缘材料

其他绝缘材料是指在电机、电器中作为结构、补强、衬垫、包扎及保护作用的辅助绝缘材料。这类绝缘材料品种多、规格杂，有的无统一的型号。在此简单介绍常用的一些品种。

1）电话纸主要用于电信电缆的绝缘，也可以在电机、电器中作为辅助绝缘材料。

2）绝缘纸板可在变压器油中使用。薄型的、不掺棉纤维的绝缘纸板通常称为青壳纸，主要用作绝缘保护和补强材料。

3）涤纶玻璃丝绳简称涤纶绳。它的特点是强度高、耐热性好，主要用来代替垫片和蜡线绑扎电机定子绕组端部；涤纶绳经浸漆、烘干处理后，使绕组端部形成一个整体，这样就大大提高了电机运行的可靠性，同时也简化了电机的制造工艺。

4）聚酰胺（尼龙）1010是白色半透明体，在常温时具有较高的机械强度，耐油、耐磨，电气性能较好，吸水性小，尺寸稳定。适于作插座、绝缘套、线圈骨架、接线板等绝缘零件，也可以制作齿轮等机械传动零件。

5）黑胶布带用于低压电线电缆接头的绝缘包扎。

三、电热材料

电热材料是用来制造各种电阻加热设备中的发热元件，作为电阻接到电路中，把电能转变为热能，使加热设备的温度升高。对电热材料的基本要求是电阻率高，加工性能好，在高温时具有足够的机械强度和良好的抗氧化能力。

四、磁性材料

磁性材料主要是指电阻合金，电阻合金是制造电阻元件的重要材料之一，广泛用于电机、电器、仪表及电子等工业。电阻合金除了必须具备电热材料的基本要求外，还要求电阻的温度系数低，阻值稳定。

电阻合金按其主要用途可分为调节元件用、电位器用、精密元件用及传感器用电阻合金四种。在此仅介绍前两种。

（1）调节元件用电阻合金　主要用于制造调节电流（电压）的电阻器与控制元件的绕组，常用的有康铜、新康铜、镍铬铝等。它们都具有机械强度高、抗氧化性能好及工作温度高等特点。

（2）电位器用电阻合金　主要用于各种电位器及滑线电阻，一般采用康铜、镍铬合金和滑线锰铜。滑线锰铜具有抗氧化、焊接性能好、电阻温度系数低等特点。

对于精度要求不高的电阻器，也可以用铸铁的电阻元件，它的优点是价格便宜，加工方便；其缺点是性脆易断，电阻率较低，电阻温度系数高，因此体积和质量较大。

第四节　电气识图常识

电气图是用来描述电气工程的图样。识读电气图就是要把制图者所表达的内容看懂，并通过它来指导电气安装和施工；进行故障诊断或者检修和管理电气设备。

1. 电气图连接线的表示方法

在电气图中，各元件之间都采用导线连接，起到传输电能、传递信息的作用。识图者应首先了解它的表示方法。

（1）导线的一般表示法　单根导线可用一般的图线表示。多根导线，可分别画出，也可只画一根图线，但必须加以标志。若导线少于4根，可用短划线数量代表根数；若导线多于4根，可在短划线旁加数字表示，如图3-17a所示。

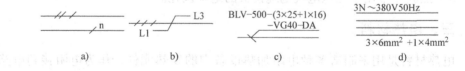

图3-17　导线表示方法
a）多根导线表示　b）交换号表示
c）导线型号、截面等表示　d）导线特征表示

要表示电路相序的变换、极性的反向、导线的交换等，可采用交换号表示，如图3-17b所示。

要表示导线的型号、截面、安装方法等，可采用短划指引线指引，加标导线属性和敷设方法，如图3-17c所示。该图表示导线的型号为BLV（铝芯塑料绝缘线）；其中3根截面积为25mm^2，1根截面积为16mm^2；敷设方法为穿入塑料管

(VG)，塑料管管径为 40mm，沿地板暗敷。

导线特征的表示方法是：横线上面标出电流种类、配电系统、频率和电压等；横线下面标出电路的导线数乘以每根导线截面积（mm²），当导线的截面不同时，可用"+"将其分开，如图 3-17d 所示。

（2）图线粗细的表示 一般而言，电源主电路、一次电路、主信号通路等采用粗线，控制回路、二次回路等采用细线表示。

（3）导线连接点的表示 导线的连接点有"T"形连接点和多线的"+"形连接点。对于"T"形连接点可加实心圆点，也可不加实心圆点，如图 3-18a 所示。对于"+"形连接点，必须加实心圆点，如图 3-18b 所示。而对于交叉不连接的，不能加实心圆点，如图 3-18c 所示。

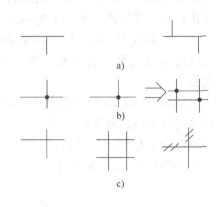

图 3-18 导线连接点示例
a）形式 1 b）形式 2 c）形式 3

（4）连接线分组和标记

1）分组：为了方便看图，对多根平行连接线，应按功能分组。若不能按功能分组，可任意分组，但每组不多于 3 条，各组间距应大于线间距。

2）标记：为了便于看出连接线的功能或去向，可在连线上方或连线中断处作信号名标记或其他标记，如图 3-19 所示。

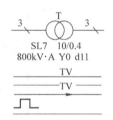

图 3-19 连接线标志示例

2. 常用的电气图

电气图的种类很多，根据各电气图所表示的电气设备、工程内容及表达形式的不同，常用的电气图可分为以下几类：

（1）电路图 电路图是按工作顺序用国标规定的电气图形符号从上到下、从左到右排列，详细表示电路、设备或成套装置的全部组成和连接关系，而不考虑其实际位置的一种简图。其目的是便于详细理解设备工作原理，便于分析和计算电路的特性和参数，所以这种电路图又称为电气原理图。

例如在图 3-20 中，当按下起动按钮 SB 时，接触器 KM 线圈获电，KM 的三

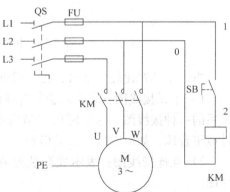

图 3-20 电动机点动控制线路图

对主触头闭合,使电动机通电运转。当松开按钮 SB 时,KM 线圈失电,电动机停止转动。可见该图表示了电动机点动控制的工作原理。

(2) 接线图 接线图是用来表示电气装置内部元件之间及其外部其他装置之间的连接关系,它是便于安装及维修人员接线、制作和检查的一种简图或表格。

例如,图 3-21 所示为点动控制电动机线路的接线图,它清楚地表示了各元件之间的实际位置和连接关系:电源(L1、L2、L3)由接线端子排 XT 引入,然后通过开关 QS 接到三只熔断器 FU,再接至接触器 KM 的主触头,最后用导线接入电动机的 U、V、W 端子。

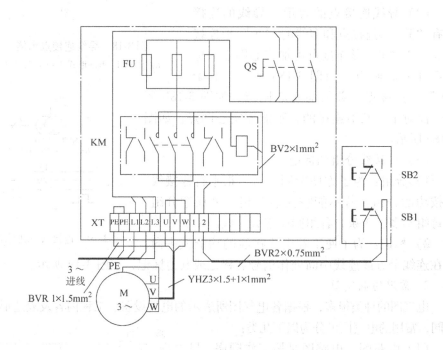

图 3-21 电动机点动控制接线图

当一个装置比较复杂时,接线图可分为以下几种:

1)单元接线图:表示成套装置或设备中一个结构单元内的各元件之间连接关系的一种接线图。这里所指"结构单元"是指在各种情况下可独立运行的组件或组合体,如电动机、开关柜等。

2)互连接线图:表示成套装置或设备的不同单元之间连接关系的一种接线图。

3)端子接线图:表示成套装置或设备的端子以及接在端子上外部接线(必

要时包括内部接线）的一种接线图。

例如，在图3-22中，标明了电源进线、按钮、位置开关、电动机、照明灯与机床电气安装板之间的连接关系；还标明了所用金属软管的直径、长度和导线根数、横截面积及颜色；同时也标明了它们与端子排之间对应的接线编号。

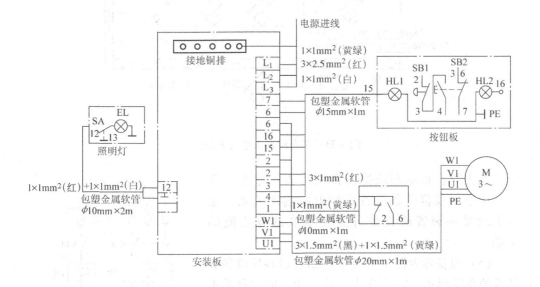

图3-22 某车间动力设备电气安装接线图

4）电线电缆配置图：表示电线电缆两端位置，必要时还包括电线电缆功能、特性和路径等信息的一种接线图。

（3）电气平面图 电气平面图是表示电气工程项目的电气设备、装置和线路的平面布置图，它一般是在建筑平面图的基础上制作出来的。常见的电气平面图有：供电线路平面图、变配电所平面图、电力平面图、照明平面图、弱电系统平面图、防雷与接地平面图等。图3-23所示为某车间的动力电气平面图，它表示了车间内供电线路和多台机床的具体位置。

（4）系统图和框图 系统图和框图是用符号或带注释的框概略表示出整个系统或分系统的基本组成、相互关系及其主要特征的一种简图。

例如：图3-24表示了电动机主电路的供电关系，它的供电过程是由电源L1、L2、L3→三相熔断器FU→接触器KM→热继电器FR→电动机。

又如：图3-25所示为某变电所供电线路图，表示这个变电所把10kV电压通过变压器变换成380V电压，经断路器QF和母线后通过FU1、FU2、FU3分别供

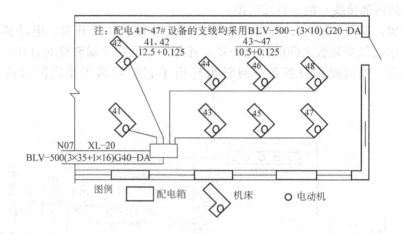

图 3-23 某车间动力电气平面图

给 3 条支路。系统图或框图常用来表示整个工程或其中某一项目的供电方式和电能输送关系,也可表示某一装置或设备各主要组成部分之间的关系。

(5) 设备布置图 设备布置图表示各种设备和装置的布置形式、安装方式以及互相之间的尺寸关系,通常由平面图、主面图、断面图、剖面图等组成。这种图按三视图原理绘制,识图方法与一般机械图大致相同。如图 3-26 所示,表示的是某建筑物内两个房间的照明平面布置图。

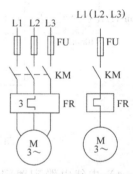

图 3-24 电动机供电系统图

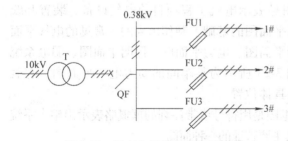

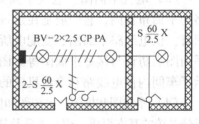

图 3-25 某变电所供电系统图　　图 3-26 某建筑物的照明平面布置图

(6) 设备元件和材料表 设备元件和材料表就是把成套装置、设备、装置中各组成部分和相应数据列成表格,来表示各组成部分的名称、型号、规格和数量等,便于识图者阅读,了解各元器件在装置中的作用和功能,从而读懂装置的工作原理。设备元件和材料表是电气图中重要的组成部分,它可置于图中的某一位置，也可单列一页或多页。表 3-8 是电动机点动控制线路的元件表。

表 3-8　电动机点动控制线路的元件明细表

代号	名称	型号	规格	数量
QS	组合开关	HZ10—25/3	三极、额定电流 25A	1
FU	螺旋式熔断器	RL1—60/25	500V、60A、配熔体额定电流 20A	3
KM	交流接触器	CJ10—10	10A、线圈电压 380V	1
SB	按钮	LA10—2H	保护式、按钮数 2	1
XT	端子	JX2—1010	10A、15 节、380V	1

（7）产品使用说明书的电气图　生产厂家往往随产品使用说明书附上电气图，供用户了解该产品的组成和工作过程及注意事项，以达到正确使用、维护和检修的目的。图 3-27 是吊扇说明书上的安装示意图，为用户安装和接线提供了参考。

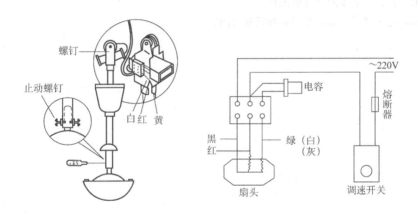

图 3-27　吊扇的安装示意图

（8）其他电气图　以上电气图是常用的主要电气图，对于较复杂的成套电气设备或装置，为了便于制造，应有局部的放大图、印制电路板图等；有时为了安装技术的保密，只给出安装或系统的功能图、流程图、逻辑图等。

根据表达的对象、用途或目的的不同，所需图的种类和数量也不一样，对于简单的装置可把电路图和接线图合二为一；对于复杂装置或电气设备可分解为几个系统，每个系统也会有以上各种类型图。

电气图作为一种工程语言，在表达清楚的前提下，越简单越好，以便于工程人员进行识读。

复习思考题

1. 我国电能常见的生产方式各有哪些特点?
2. 对于触电应如何做好预防工作?
3. 如何合理选用常用的导线?
4. 导电材料具有什么特点?举例说明有哪些导电材料?
5. 我国企业的供电方式有哪些种类?比较其特点。
6. 参观电能生产、输送和分配等环节的配套设施和设备。
7. 两人一组,分组进行触电急救的模拟抢救训练。
8. 选择常用导线的截面积与载流量。
9. 选择常用电路中熔丝的规格。
10. 电气接线图是表示什么关系的图示?分为几种形式?
11. 电气平面图是表示什么关系的图示?分为几种形式?
12. 什么是电线的允许载流量?
13. 绝缘材料的耐热等级是如何划分的?

第四章

电工基本操作技能

> **培训学习目标** 熟悉电工常用工具的正确使用方法及安全事项；熟练掌握各类导线的连接方法；掌握常用电工仪表的正确使用方法；了解常见照明装置的安装要求。

◇◇◇ 第一节 常用电工工具

电工常用工具是指一般专业电工都要用到的工具。

一、低压验电器

低压验电器是检验导线及设备是否带电的工具，是电工的必备工具。

1. 低压验电器的结构

验电器常见的有钢笔式和螺钉旋具式两种，如图4-1所示。它主要由氖管、电阻、弹簧以及头部、尾部的金属体构成。

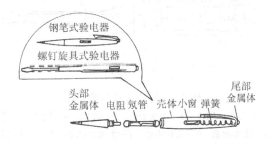

图4-1 低压验电器

使用时，手与尾部金属体接触，使观察窗背光朝向自己，用头部金属体接触被测物体。常见握法如图 4-2 所示。当被测物体与大地之间的电位差超过 60V 时，氖管就可发光。验电器的测试范围为 60～500V。

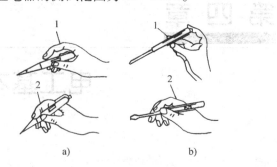

图 4-2　低压验电器的使用方法
a) 笔式握法　b) 螺钉旋具式握法
1—正确握法　2—错误握法

2. 低压验电器的作用

低压验电器除了可以检测被测物体是否带电以外，还具备以下功能：

（1）区别相线和零线　对于交流电路，使氖管发光的即为相线，正常情况下，触及零线是不会发光的。

（2）区别直流电和交流电　根据氖管内电极的发光情况，可以区分交流电和直流电，测交流电时两个电极都发光，直流电则只能使一个电极发光，且发光的一侧是直流的负极。

（3）识别相线碰壳　可根据氖管是否发光判断设备的金属外壳有没有相线碰壳现象。

另外，低压验电器还有两种常见的形式，分别是可以进行断点测量的数显式验电器以及可以测量线路通断的由发光二极管和内置电池组成的感应式验电器，其结构如图 4-3 所示。

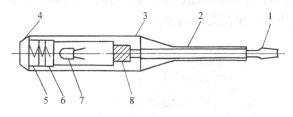

图 4-3　感应式低压验电器
1—头部金属体　2—绝缘套管　3—壳体　4—尾部金属体
5—压力弹簧　6—钮扣电池　7—发光二极管　8—限流电阻

3. 使用验电器的注意事项

1）验电器使用前，应在已知带电体上测试，证明验电器确实良好方可使用。

2）使用时，应使验电器逐渐靠近被测物体，直至氖管发光；只有氖管不发光时，人体才可以与被测体试接触。

3）螺钉旋具式验电器刀杆较长，应加套绝缘套管，避免测试时造成短路及触电事故。

二、螺钉旋具和活扳手

1. 螺钉旋具

螺钉旋具的式样和规格很多，头部形状有一字形和十字形两种，如图4-4所示。其中，一字形旋具可以得到较大转矩，但容易滑脱；十字形旋具定位较准确，故在气动或电动工具上得到广泛应用。

磁性螺钉旋具端部焊有磁性金属材料，可以吸住待拧紧的螺钉，且能准确定位、拧紧，使用很方便，目前使用也较广泛。

螺钉旋具常用规格有50mm、100mm、150mm和200mm等，电工必备的是50mm和150mm两种。

注意，使用螺钉旋具的安全知识如下：

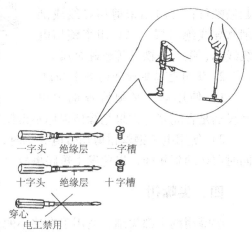

图4-4　螺钉旋具

1）电工不可使用金属杆直通柄顶的螺钉旋具，否则易造成触电事故。

2）使用螺钉旋具紧固和拆卸带电的螺钉时，手不得触及金属杆，以免发生触电事故。

3）为了避免螺钉旋具的金属杆触及皮肤或邻近带电体，应在金属杆上串套绝缘管。

2. 活扳手

活扳手用来旋紧或放松六角头螺母或六角头螺栓。其外形如图4-5所示。使用时可根据螺栓头部或螺母大小调整扳口距离，比较方便。

注意：活扳手在使用时应避免反用造成损坏，且不要将活扳手当作锤子使用。

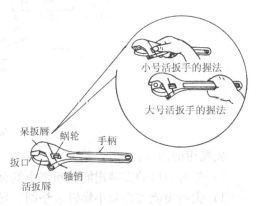

图4-5　活扳手

三、钢丝钳

钢丝钳有铁柄和绝缘柄两种,电工应使用带绝缘柄的钢丝钳,如图4-6所示。常用的规格有150mm、175mm和200mm三种。

1. 电工钢丝钳的构造和用途

电工钢丝钳由钳头和钳柄两部分组成,钳头由钳口、齿口、刀口和铡口四部分组成。钳口用来弯绞或钳夹导线线头;齿口用来紧固或起松螺母;刀口用来剪切导线或剖削软导线绝缘层;铡口用来铡切电线线芯、钢丝或铁丝等较硬金属。

2. 使用电工钢丝钳的安全知识

1)使用前,必须检查钢丝钳绝缘柄是否完好。如果绝缘柄损坏不得使用,以免带电作业时发生触电事故。

2)使用电工钢丝钳剪切带电导线时,不得用刀口同时剪切相线和零线,或同时剪切两根相线,以免发生短路事故。

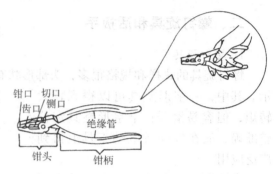

图4-6 钢丝钳

四、尖嘴钳

尖嘴钳的头部尖细,适用于在狭小的空间进行电工操作。尖嘴钳也有铁柄和绝缘柄两种,绝缘柄的耐压为500V,其外形如图4-7所示。

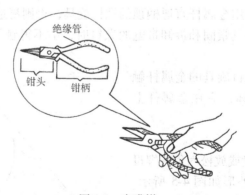

图4-7 尖嘴钳

尖嘴钳的用途:

1)带有刀口的尖嘴钳能剪断细小的金属丝。

2)尖嘴钳能夹持较小螺钉、垫圈、导线等元件。

3)装接控制电路时尖嘴钳能将单股导线弯成所需要的各种形状。

五、断线钳

断线钳又称为斜口钳,是专供剪断较粗的金属丝、线材及导线电缆时使用的。钳柄有铁柄、管柄和绝缘柄三种。其中电工用的绝缘柄断线钳如图 4-8 所示,绝缘柄的耐压为 500V。

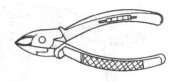

图 4-8 断线钳

六、剥线钳

剥线钳是用来剥削小直径导线绝缘层的专用工具,如图 4-9 所示。它的手柄是绝缘的,耐压为 500V。

使用剥线钳时,将被剥削导线绝缘层的长度用标尺定好后,即可把导线放入相应的刃口中,用手将两侧钳柄握紧,导线的绝缘层即被割破,且自动弹出。

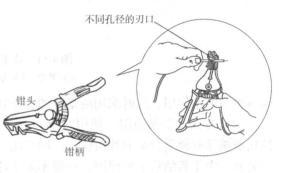

图 4-9 剥线钳

七、电工刀

电工刀是用来剖削电线线头、切割塑料木台缺口、削制木榫的专用工具,如图 4-10 所示。

注意:

1)使用电工刀时,应将刀口朝外剥削。剥削导线绝缘层时,应使刀面与导线呈较小的锐角,以免割伤导线。

2)使用时应注意避免伤手,不得传递未折进刀柄的电工刀。

3)电工刀刀柄无绝缘保护时,不能用于带电作业,以免触电。

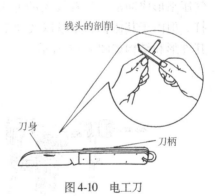

图 4-10 电工刀

八、电动工具

1. 冲击钻

冲击钻一般有两种用途:既可当作普通电钻在金属材料上钻孔,又可在砖混结构的墙面或地面等处钻孔,其外形如图 4-11 所示。

(1)作为普通电钻使用 使用时把调节开关调到标记为"旋转"的位置,

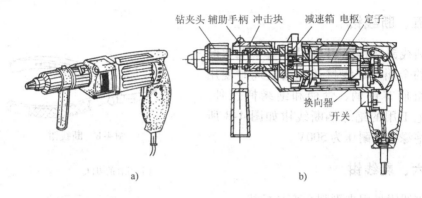

图 4-11 冲击钻
a）外形 b）结构

即可作为电钻使用，此时配用的是普通麻花钻头。

（2）作为冲击钻使用 使用时把调节开关调到标记为"冲击"的位置，并换用前端镶有硬质合金的冲击钻头，即可用来冲打砌块和砖墙等建筑材料的电器安装孔。由于其结构上的原因，一般不适于冲打穿墙孔或直径较大的墙孔。冲击钻可冲打范围通常为 6~16mm（孔径）。

2. 电锤

电锤是一种专用的墙孔冲打工具，其工作原理是通过活塞的往复运动，利用气压来形成冲击，具有较大的冲击力，一般用于大直径的墙孔或是穿墙孔的冲打。但由于其体积、重量以及冲击力、扭矩较大，故不适于小孔径墙孔的冲打。其外形和结构如图 4-12 所示。

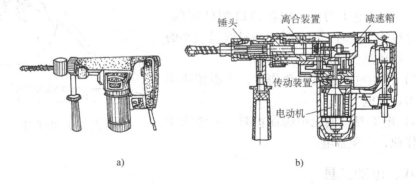

图 4-12 电锤
a）外形 b）结构

使用电锤可以大大减轻劳动强度，提高工作效率。但由于其冲击力和扭矩较大，有较大的后坐力，使用电锤进行墙孔冲打作业时，要做好防护工作，最好有专人在一旁防护,以免发生意外。

第二节 导线的连接

导线连接的质量对线路的可靠性和安全程度影响很大,也是故障的高发部位。采用正确的导线连接方法,可以降低故障的发生率,既加强了线路运行的可靠性,又可以降低劳动强度。

导线连接的基本要求有以下几点:
1) 电气接触应较好,即接触电阻要小。
2) 要有足够的机械强度。
3) 连接处的绝缘强度不低于导线本身的绝缘强度。

一、导线的剖削

导线连接前,要根据具体的连接方法及导线线径将导线的绝缘层进行剥除。常用的工具是电工刀和钢丝钳,其中电工刀常用于剥削较大线径的导线及导线外层护套,钢丝钳常用于剥削较小线径的导线。具体操作方法如图4-13~图4-17所示。

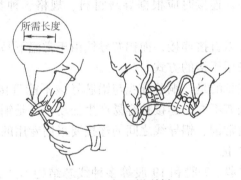

图4-13 钢丝钳剥削

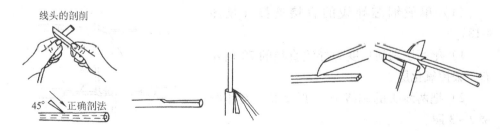

图4-14 电工刀剥削　　　　　图4-15 塑料护套线绝缘层的剥削

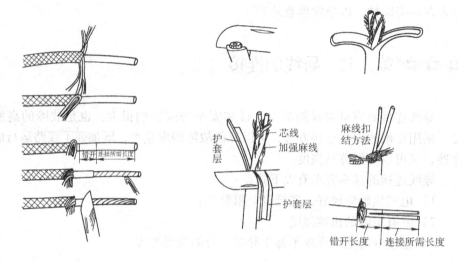

图4-16 花线绝缘层的剥削　　图4-17 橡套软线绝缘层的剥削

注意：无论采用何种工具和剥削方法，一定不能损伤导线的线芯！

二、导线的连接

导线的种类很多，连接时应根据导线材料、规格、种类等采用不同的连接方法。

铜芯导线通常可以直接连接，而铝芯导线由于常温下易氧化，且氧化铝的电阻率较高，故一般采用压接的方式。

另外，要特别注意的是，铜芯导线与铝芯导线不能直接连接。原因有两点：一是铜、铝的热膨胀率不同，连接处容易产生松动；二是铜、铝直接连接会产生电化学腐蚀现象。通常铜、铝导线之间的连接要采用专用的铜、铝过渡接头。

1. 铜芯导线的连接

常用的导线有单股、7股和19股等多种线芯结构形式，其连接方法也有所不同。

（1）单股铜芯导线的直接连接（见图4-18）

1）绝缘层剥削长度为导线直径的70倍左右，去掉氧化层。

2）把两线头的芯线成X形交叉，互相绞绕2~3圈。

3）然后扳直两线头。

4）将两个线头在芯线上紧贴并绕6圈，

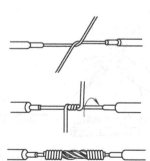

图4-18 单股铜芯导线的直线连接

用钢丝钳切去余下的芯线,并钳平芯线的末端。

这种方法适用于截面积在 2.5mm² 及以下的单股铜芯导线,对于截面积在 2.5mm² 以上的单股铜芯导线,连接时可采用绑扎的方法。

(2) 单股铜芯导线的 T 字形分支连接(见图 4-19)

1) 将支路芯线的线头与干线芯线十字相交,在支路芯线根部留出约 3~5mm,然后按顺时针方向缠绕支路芯线,缠绕 6~8 圈后,用钢丝钳切去余下的芯线,并钳平芯线末端。

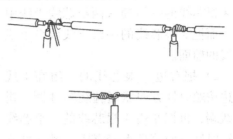

图 4-19 单股铜芯导线的 T 字形分支连接

2) 对于较小截面积(小于 1.5mm²)芯线的 T 字形分支连接,应先将分支导线在主线上环绕成结状,然后再把支路芯线线头抽紧扳直,紧密缠绕 6~8 圈;剪去多余芯线,钳平切口毛刺。

(3) 7 股铜芯导线的直接连接(见图 4-20)

1) 绝缘层剥削长度为导线直径的 21 倍左右。

2) 将割去绝缘层的芯线头散开并拉直,接着把离绝缘层最近的 1/3 线段的芯线绞紧,然后把余下的 2/3 芯线头分散成伞状,并将每根芯线拉直。

3) 把两个伞状芯线线头隔根对插,并捏平两端芯线。

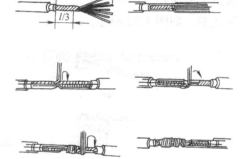

图 4-20 7 股铜芯导线的直接连接

4) 把一端的 7 股芯线按 2、2、3 根分成三组,接着把第一组的 2 根芯线扳起,垂直于芯线,并按顺时针方向缠绕。

5) 缠绕 2 圈后,将余下的芯线向右扳直,再把下边第二组的 2 根芯线扳起垂直于芯线,也按顺时针方向紧紧压住前 2 根扳直的芯线缠绕。

6) 缠绕 2 圈后,也将余下的芯线向右扳直,再把下边第三组的 3 根芯线扳起,按顺时针方向紧压前 4 根扳直的芯线向右缠绕。

7) 缠绕 3 圈后,切去每组多余的芯线,钳平线端。

8) 用同样的方法缠绕另一边芯线。

(4) 7 股铜芯导线的 T 字形分支连接(见图 4-21)

1) 把分支芯线散开钳直,接着把离绝缘层最近的 1/8 线段的芯线绞紧,把支路线头 7/8 的芯线分成两组，一组 4 根，另一组 3 根，并排齐，然后用螺钉旋具把干线的芯线撬分两组，再把支线中 4 根芯线的一组插入两组芯线干线中间，而把 3 根芯线的一组支线放在干线芯线的前面。

2) 把右边 3 根芯线的一组在干线一边按顺时针方向紧紧缠绕 3～4 圈，钳平线端，再把左边 4 根芯线的一组芯线按逆时针方向缠绕 4～5 圈后，钳平线端。

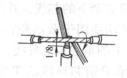

图 4-21　7 股铜芯导线的 T 字形分支连接

2. 铝芯导线的连接

先将导线连接处表面清理干净，不应存在氧化层或杂质及尘土。连接处应紧密可靠，导电性能良好，不能有任何松动。连接铝线时，表面清理后应立即连接；大截面铝线应采用压接、熔焊等连接方法，压接法是使用压线钳和压接管来完成的，如图 4-22 所示。

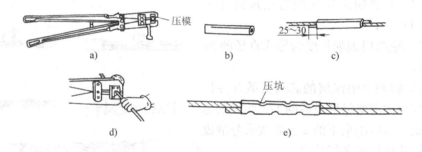

图 4-22　铝线的压接法

a) 手动冷挤压接钳　b) 压接管　c) 穿进压接管
d) 进行压接　e) 压接后的铝芯线

3. 线头与接线桩的连接

在各种用电器或电气装备上，均有接线桩供连接导线用。常用的接线桩有针孔式和螺钉平压式两种。

(1) 线头与针孔式接线桩的连接　在针孔式接线桩头上接线时，如果单股芯线与接线桩插线孔大小适宜，只要把芯线插入针孔，旋紧螺钉即可；如果单股芯线较细，则要把芯线折成双根，再插入针孔，如图 4-23a 所示。如果是多根细丝的软线芯线，必须先绞紧，再插入针孔中，切不可有细丝露在外面，以免发生短路事故。

第四章 电工基本操作技能

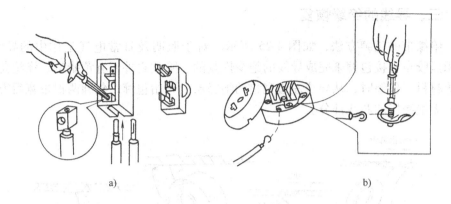

图4-23 线头与接线桩的连接
a）在针孔式接线桩的连接 b）在螺钉平压式桩头的接线

（2）线头与螺钉平压式桩头的接线 在螺钉平压式接线桩头上接线时，如果是较小截面单股芯线，则必须把线头弯成接线鼻，弯成的方向应与螺钉拧紧的方向一致，如图4-23b所示。较大截面单股芯线与螺钉平压式接线桩头上连接时，线头必须装上接线耳，通过接线耳与接线桩连接。

4. 压线帽的使用

在现代的电气照明安装及电器接线工作中，使用专用压线帽来完成导线线头的绝缘恢复已成为快捷的工艺，通常是借助于压线钳来完成的，如图4-24所示。

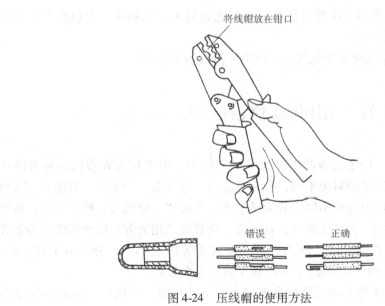

图4-24 压线帽的使用方法

三、导线的绝缘恢复

绝缘带的包缠方法,如图 4-25 所示。对于照明及日常电气工作中的导线,是用黑胶布直接包缠来完成导线的绝缘恢复的。除此之外还有黄蜡带、涤纶薄膜带等材料。包缠时,从导线左边完整的绝缘层上开始包缠,包缠两根带宽后方可进入无绝缘层的芯线部分。

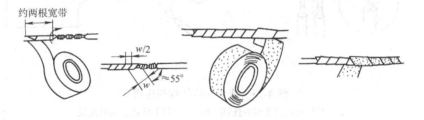

图 4-25 导线绝缘层的包缠

包缠时,黑胶布与导线保持约 45°的倾斜角,每圈压叠带宽的 1/2。也可包缠一层黄蜡带后,将黑胶布接在黄蜡带的尾端,按另一斜叠方向包缠一层黑胶布,也应每圈叠压前面带宽的 1/2。

导线绝缘恢复时的注意事项如下:

1) 在 380V 线路上恢复导线绝缘时,先包缠 1~2 层黄蜡带,然后包缠 1 层黑胶布。

2) 在 220V 线路上恢复导线绝缘时,先包缠 1 层黄蜡带,再包缠 1 层黑胶布,或只包两层黑胶布。

3) 绝缘带存放时要避免高温,也不可接触油类物质。

◆◆◆ 第三节 常用电工仪表

在电气线路、用电设备的安装与维修工作中,电工仪表起着极为重要的作用。电工仪表按测量的对象不同,分为电流表、电压表、功率表、电能表、欧姆表等;按仪表工作原理的不同,分为磁电式、电磁式、电动式、感应式等;按被测电量的种类不同,分为交流表、直流表、交直流两用表等;按使用性质和装置方法的不同,分为固定式、便携式等;按误差等级的不同,分为 0.1 级、0.2 级、0.5 级、1.0 级、1.5 级、2.5 级和 4 级共七个等级。

电工仪表的准确度等级是指在规定条件下使用时,可能产生的基本误差占满刻度的百分数。它表示了该仪表基本误差的大小。在前述的七个误差等级中,数字越小者,准确度等级越高,基本误差越小。0.1~0.5级仪表的准确度等级较高,多用于实验室作为校检仪表;1.5级以下的仪表准确度等级较低,多用于工程上的检测与计量。这里主要介绍常用的万用表、绝缘电阻表和钳形电流表。

一、指针式万用表

万用表是一种多功能、多量程的便携式电工仪表。一般的万用表可以测量直流电流、直流电压、交流电压和电阻,有些万用表还可以测量电容、电感、功率、晶体管直流放大系数 h_{FE} 等。

万用表分为指针式和数字式两种。现以 MF47 型万用表为例,介绍指针式万用表的工作原理、使用方法及注意事项。图 4-26 所示为常用的 MF47 型和 MF500 型万用表。

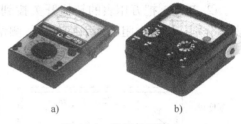

图 4-26 常用的万用表
a) MF47 型 b) MF500 型

1. 工作原理

万用表是利用欧姆定律和电阻串联分压、并联分流等原理来工作的。万用表的基本原理是利用一只灵敏度高的磁电式直流电流表(微安表)作为表头。当微小电流通过表头时,就会有电流指示。但表头不能通过大电流,所以必须在表头上并联与串联一些电阻进行分流或降压,从而测出电路中的电流、电压和电阻。指针式万用表的测量原理如图 4-27 所示。

(1)测量直流电流 如图 4-27 所示,在表头上并联一个适当的电阻 R_0 进行分流,就可以扩展电流量程。改变电阻的阻值,就能改变电流测量范围。

(2)测量直流电压 如图 4-27 所示,在表头上串联一个适当的电阻 R_2 进行降压,就可以扩展电压量程。改变电阻的阻值,就能改变电压测量范围。

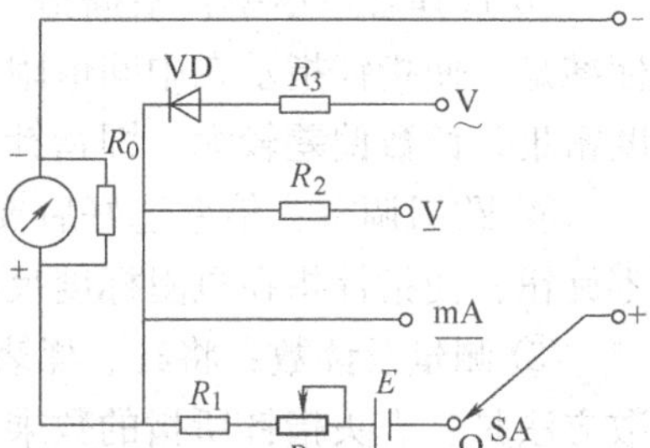

图 4-27 指针式万用表的测量原理

(3)测量交流电压 如图 4-27 所示,因为表头是直流表,所以测量交流时,需加装二极管 VD 形成半波整流电路,将交流电进行整流变成直流电后再通过表头,这样就可以根据直流电的大小来测量交流电压。扩展交流电压量程的方法与直流电压量程相似。

(4)测量电阻 如图 4-27 所示,在表头上并联和串联适当的电阻,同时串接一节电池,使电流通过被测电阻,根据电流的大小,就可测量出电阻值。改变分流电阻的阻值，就能改变电阻的量程。

2. 使用方法

(1) 测量电阻

1) 操作步骤：

① 机械调零：将万用表水平放置好；查看万用表的指针是否指在左端的零刻度上，如图 4-28 所示；若指针不指在左端的零刻度上，则用一字形螺钉旋具调整机械调零螺钉，使之指零。

② 初测：把万用表的转换开关拨到 $R \times 100$ 挡，如图 4-29 所示，将红、黑表笔分别接被测电阻的两引脚，进行测量。观察指针的指示位置。

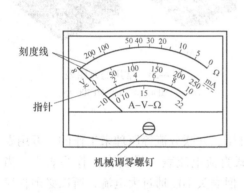

图 4-28　万用表表头　　　　图 4-29　万用表的转换开关及挡位

③ 选择合适倍率：根据指针所指的位置选择合适的倍率。合适倍率的选择标准是：使指针指示在中间值附近。最好不使用刻度左边 1/3 的部分，这部分刻度密集，读数偏差较大。即指针尽量指在欧姆挡标度尺的 1/2～2/3。

④ 欧姆调零：倍率选好后要进行欧姆调零，将两表笔短接后，转动欧姆调零旋钮，使指针指在电阻标度尺右边的 "0" Ω 处。

⑤ 测量及读数：将红、黑表笔分别接触电阻的两端，读出电阻值大小。读数方法是：表头指针所指的数乘以所选的倍率值即为所测电阻的实际阻值。例如选用 $R \times 100$ 挡测量，指针指示 30，则被测电阻值为：$30 \times 100\Omega = 3000\Omega = 3k\Omega$。

2) 注意事项：

① 当电阻连接在电路中时，必须将电路的电源断开，决不允许带电测量。

② 万用表内干电池的正极与面板上 "−" 号插孔相连，干电池的负极与面板上的 "+" 号插孔相连。在测量电解电容和晶体管等有极性元器件的电阻时，要注意表笔的极性。

③ 每换一次倍率挡，都要重新进行欧姆调零。

第四章 电工基本操作技能

④ 禁止用万用表电阻挡直接测量高灵敏度表头内阻。因为这样做可能使流过表头的电流超过其承受能力（微安级）而烧坏表头。

⑤ 禁止用两只手同时捏住表笔的金属部分测电阻，否则会将人体电阻并接于被测电阻而引起测量误差，因为这样测得的阻值是人体电阻与待测电阻并联后的等效电阻的阻值，而不是被测电阻的阻值。

⑥ 测量安装在电路板上的电阻时，应将电阻的一只引脚焊开后测量，否则会出现较大偏差。

⑦ 测量完毕，应将转换开关及时置于交流电压最高挡或空挡位。

(2) 测量直流电压 MF47 型万用表的直流电压挡有 0.25V、1V、2.5V、10V、50V、250V、500V、1000V、2500V 九挡。测量直流电压时首先估计一下被测直流电压的大小，然后将转换开关拨至适当的电压量程，将红表笔接被测电压 "+" 端，即高电位端，黑表笔接被测电压 "-" 端，即低电位端；然后根据所选量程与标直流符号 "DC" 标度线（标度盘的第二条线）上的指针所指数字，来读出被测电压的大小。

测量直流电压的操作步骤如下：

1) 更换转换开关至合适挡位：首先弄清楚被测电压是直流电还是交流电，将转换开关转到对应的电压挡。若不清楚被测电压极性可按先用最高直流电压挡试测。若指针动，说明是直流电；若指针不动（说明此时所测电压可能因量程太大或是交流电），则转至最高交流电压挡再试测。

2) 选择合适量程：根据被测电路中电源电压高低，估计一下被测直流电压的大小选择量程。若不清楚电压值，应先用最高电压挡试触测量，后逐渐换用低电压挡直到找到合适的量程为止。

电压挡合适量程的标准是：指针尽量指在标度盘的满偏刻度的 2/3 以上位置（注意与电阻挡合适倍率标准有所区别）。

3) 测量方法：测量电压时应使万用表与被测电路相并联。将万用表红表笔接被测电路的高电位端，即直流电流流入该电路端；黑表笔接被测电路的低电位端，即直流电流流出该电路端。例如：测量干电池的电压时，应将红表笔接干电池的正极端，黑表笔接干电池的负极端。

4) 正确读数：

① 找到所读电压标度尺：直流电压挡标度线应是表盘中的第二条标度线。表盘第二条标度线左侧标有 V 符号，表明该标度线可用来读交直流电压、电流。

② 选择合适的标度尺：在第二条标度线的下方有三组不同的标度尺，0-50-100-150-200-250、0-10-20-30-40-50、0-2-4-6-8-10。根据所选用不同量程选择合适标度尺，例如：测量 12V、36V 电压时可选用 0-10-20-30-40-50 这一标度尺；测量 220V 电压时可选用 0-50-100-150-200-250 这一标度尺。

③ 确定最小标度单位：根据所选用标度尺来确定最小标度单位。例如：用 0-50-100-150-200-250 标度尺时，每一小格代表 5 个单位；用 0-2-4-6-8-10 标度尺时，每一小格代表 0.2 个单位。

④ 读出指针示数大小：根据指针所指位置和所选标度尺读出示数大小。例如：指针指在 0-50-100-150-200-250 标度尺的 100 向右过 2 小格时，读数为 110。

⑤ 读出电压值大小：根据示数大小及所选量程读出所测电压值大小。

注意：读数时，视线应正对指针，即只能看见指针实物而不能看见指针在弧形反光镜中的像。另外，若被测的直流电压大于 1000V 时，则可将 1000V 挡扩展为 2500V 挡，应将转换开关置 1000V 量程，红表笔从原来的"＋"插孔中取出，插入标有 2500V 的插孔中即可测 2500V 以下的高电压了。

(3) 测量交流电压　MF47 型万用表的交流电压挡有 10V、50V、250V、500V、1000V、2500V 六挡。测量交流电压的方法与测量直流电压的方法基本相同，不同之处就是转换开关要放在交流电压挡，而红黑表笔搭接时不需要分高、低电位了。

(4) 测量直流电流

1) 机械调零：和测量电阻、电压一样，在使用前先对万用表进行机械调零。

2) 选择量程：根据被测电路中电源的电流大致估计一下被测直流电流的大小，选择量程。若不清楚电流的大小，应先用最高电流挡测量，逐渐换用低电流挡，直至找到合适的电流挡。

3) 测量方法：测量电流时，应将万用表串联在被测电路中。测量时，应断开被测支路，将万用表红、黑表笔串接在被断开的两点之间。特别注意：电流表不能并联接在被测电路中，这样做很危险，极易烧坏万用表。同时注意红、黑表笔的极性，红表笔要接在被测电路的电流流入端，黑表笔接在被测电路的电流流出端。

4) 正确使用刻度和读数：万用表测直流电流时选择表盘标度线同测电压时一样，都是第二道（第二道标度线的右边有 mA 符号）。其他标度特点、读数方法同测量电压一样。

如果测量的电流大于 500mA 时，可选用 5A 挡。操作方法是：将转换开关置 500mA 挡量程，红表笔从原来的"＋"插孔中取出，插入万用表右下角标有 5A 的插孔中，即可测 5A 以下的大电流了。

5) 注意事项：

① 测电流时转换开关的位置一定要置电流挡处。

② 万用表与被测电路之间的连接必须是串联关系。

③ 不能带电测量。测量中人手不能碰到表笔的金属部分，以免触电。

二、数字式万用表

数字式万用表采用液晶显示器作为读数装置，具有体积小、测量精度高、使用安全可靠、测量简便的特点。在测量直流电流时，数字式万用表能自动转换或显示极性。

数字式万用表按用途和功能分类，可分为普及型、智能型、多重显示和专用数字仪表等；按照其量程转换方式分类，可分为手动量程式、自动量程式和手动/自动量程数字式；按照其形状大小分，可分为袖珍式和台式两种。

1. 工作原理

数字式万用表的内部采用专用集成电路芯片，其结构简单，功耗小、可靠性高。这种万用表的类型虽多，但测量原理基本相同。在此以袖珍式 DT830 型数字式万用表为例进行说明，其外形及面板如图4-30所示。

DT830 型数字式万用表采用 9V 叠层电池供电，采用 LCD 液晶显示数字，最大显示数字为 ±1999，属于 $3\frac{1}{2}$ 位万用表。它主要由外围电路、双积分 A/D 转换器及显示器组成。其中，A/D 转换、计数、译码等电路都是由大规模集成电路芯片 ICL7106 构成的。

（1）直流电压测量电路　如图4-31所示为数字式万用表直流电压测量电路。该电路由电阻分压器所组成的外围电路和基本表构成。它可以把基本量程为 200mV 的量程扩展为五量程的直流电压挡。

图4-30　数字式万用表

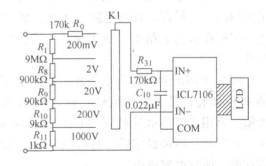

图4-31　数字式万用表直流电压测量电路

（2）直流电流测量电路　如图4-32所示为数字式万用表直流电流测量电路。图中 VD1、VD2 为保护二极管，当基本表 IN+、IN- 两端电压大于 200mV 时，VD1 导通，当被测量电位端接入 IN- 时，VD2 导通，从而保护了基本表的正常工作。$R_2 \sim R_5$、RC 分别为各挡的取样电阻，它们共同组成了电流—电压转换器（I/U），即测量时，被测电流在取样电阻上产生电压，该电压输入至 IN+、IN-

两端,从而得到了被测电流的量值。若合理地选配各电流量程的取样电阻,就能使基本表直接显示被测电流量的大小。

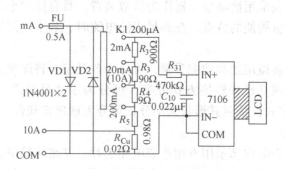

图 4-32 数字式万用表直流电流测量电路

2. 使用方法

(1) 交、直流电压的测量 将电源开关置于 ON 位置,根据需要将量程开关拨至 DCV(直流)或 ACV(交流)合适量程,红表笔插入 V/Ω 孔,黑表笔插入 COM 孔,然后将两只表笔连接到被测点上,直流可以不考虑正负极,液晶显示器上便直接显示被测点的电压。在测量仪器仪表的交流电压时,应当用黑表笔去接触被测电压的低电位端(信号发生器的公共地或机壳),从而减小测量误差。

(2) 交、直流电流的测量 将量程开关拨至 DCA(直流)或 ACA(交流)范围内的合适量程,红表笔插入 A 孔,黑表笔插入 COM 孔,通过两只表笔将万用表串联在被测电路中。使用完毕,应将红表笔从电流插孔中拔出,插入电压插孔。

(3) 电阻的测量 将量程开关拨至 Ω 范围内的合适量程,红表笔(正极)插入 V/Ω 孔,黑表笔(负极)插入 COM 孔。如果被测电阻超出所选量程的最大值,万用表将显示过量程"1",这时应选择更高的量程。对大于 1MΩ 的电阻,要等待几秒钟稳定后,再读数。当检查内部线路阻抗时,要保证被测线路电源切断,所有电容放电。

注意:数字式万用表在电阻挡及检测二极管、检查线路通断时,红表笔插入 V/Ω 孔,为高电位;黑表笔插入 COM 孔,为低电位。

三、绝缘电阻表

绝缘电阻表是由一台手摇发电机和磁电式比率表组成的,是一种专门用来测量电机绕组、变压器绕组及电缆等设备绝缘电阻的高阻表。它的高压电源是由手摇发电机产生的,有500V、1000V、2500V等几种。

绝缘电阻表的种类很多,常用绝缘电阻表的外形如图4-33所示。

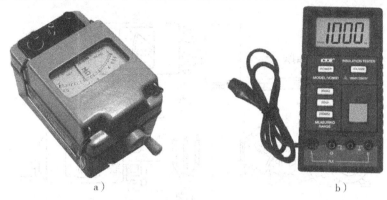

图4-33 绝缘电阻表
a) 指针式 b) 数字式

1. 选用原则

1) 100V以下的电气设备或线路,采用250V绝缘电阻表。

2) 100~500V的电气设备或线路,采用500V绝缘电阻表。

3) 500~3000V的电气设备或线路,采用1000V绝缘电阻表。

4) 3000~10000V的电气设备或线路,采用2500V绝缘电阻表。

2. 使用方法

绝缘电阻表有三个接线柱,如图4-34所示,上端两个较大的接线柱上分别标有"接地"(E)和"线路"(L),在下方较小的一个接线柱上标有"保护环"(或"屏蔽")(G)。

(1) 测量前的准备工作

1) 切断被测设备电源,并接地进行放电。

2) 所有用绝缘电阻表测量过的电气设备,也要及时放电后方可进行再次测量。

3) 测量前要对绝缘电阻表进行开路和短路检查,即在绝缘电阻表未接入被测电阻之前摇动手把,使发电机达到额定转速,观察指针是否指在"∞"位置;然后再将"L"和"E"短路,缓慢摇动手把观察指针是否在"0"位置。若不符合要求应对其检修后再使用。

(2) 线路对地的绝缘电阻 将绝缘电阻表的E接线柱可靠地接地,将L接线柱接到被测线路上,如图4-34a所示。连接好后,顺时针摇动绝缘电阻表,转速逐渐加快,保持在约120r/min后匀速摇动,当转速稳定,表的指针也稳定后,指针所指示的数值即为被测物的绝缘电阻值。

使用时，E、L两个接线柱也可以任意连接，即E可以与被测物相连接，L可以与接地体连接（即接地），但G接线柱决不能接错。

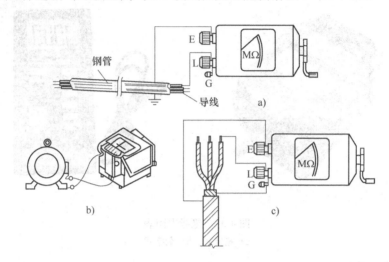

图4-34　绝缘电阻表的接线方法
a）测量线路的绝缘电阻　b）测量电动机的绝缘电阻　c）测量电缆的绝缘电阻

（3）测量电动机的绝缘电阻　将绝缘电阻表E接线柱接机壳（即接地），L接线柱接到电动机某一相的绕组上，如图4-34b所示，测出的绝缘电阻值就是某一相的对地绝缘电阻值。

（4）测量电缆的绝缘电阻　测量电缆的导电线芯与电缆外壳的绝缘电阻时，将E接线柱与电缆外壳相连接，L接线柱与线芯连接，同时将G接线柱与电缆壳、芯之间的绝缘层相连接，如图4-34c所示。

3. 注意事项

1）测量时绝缘电阻表水平放置，切断外电源。转动绝缘电阻表把手保持转速120r/min左右。若发现指针指零，就立即停止转动。

2）测量时被测电路接L端，电器外壳、变压器铁心或电机底座接E端。测量电缆芯与电缆外皮绝缘电阻时，除将L端接缆芯、E端接电缆外皮外，应将芯、皮之间的绝缘材料接G端。

3）要求绝缘电阻等级不同的电器应选用不同规格的绝缘电阻表。

4）测量后必须待绝缘电阻表停止转动、被测物接地放电后，方能拆除绝缘电阻表与被测电器之间的连接导线，以免触电或因电容放电而损坏绝缘电阻表。

5）测量前，对所用绝缘电阻表应进行开路及短路试验，以判别该仪表工作是否正常。开路试验时，测试端子不接导线，摇动手柄至规定速度，测量值应为

"∞"；短路试验时，两个测试端子用导线短接，慢慢摇动手柄，测量值应为"0"。

6）测量相间或相线与地线之间的绝缘电阻必须在 0.5MΩ 以上。

四、钳形电流表

使用万用表测量电流时，必须将两表针与被测电路串联。在实际操作时，就得断开通电线路，很不方便。而钳形电流表却是一种不需断开电路就可直接测量电路交流电流的便携式仪表，在电气检修中使用非常方便，应用相当广泛。目前常用的钳形电流表多为小型化、组合型结构，如图4-35所示。

钳形电流表的工作部分主要由一只电磁式电流表和穿心式电流互感器组成。穿心式电流互感器铁心制成活动开口，且成钳形，故名钳形电流表。穿心式电流互感器的二次绕组缠绕在铁心上且与交流电流表相连，它的一次绕组即为穿过互感器中心的被测导线。旋钮实际上是一个量程选择开关，扳手的作用是开合穿心式互感器铁心的可动部分，以便使其钳入被测导线。

图 4-35　钳形电流表

a）指针式　b）数字式

1. 使用方法

测量电流时，按动扳手，打开钳口，将被测载流导线置于穿心式电流互感器的中间，当被测导线中有交变电流通过时，交流电流的磁通在互感器二次绕组中感应出电流，该电流通过电磁式电流表的线圈，使指针发生偏转，在表盘标度尺上指出被测电流值。

2. 注意事项

1）指针式钳形电流表测量前，应检查电流表指针是否指向零位；否则，应进行机械调零。

2）测量前，应检查钳口的开合情况，要求钳口可动部分开合自如，两边钳口结合面接触紧密。如钳口上有油污和杂物，应用溶剂洗净；若有锈斑，应轻轻擦去。测量时务必使钳口接合紧密，以减少漏磁通，提高测量准确度。

3）测量时，量程选择旋钮应置于适当位置，以便在测量时使指针超过中间刻度，以减少测量误差。如事先不知道被测电路电流的大小，可先将量程选择旋钮置于最高挡，然后再根据指针偏转情况将量程旋钮调整到合适位置。

4）当被测电路电流太小，即使在最低量程挡指针偏转角（指针式/钳形表）

都不大时，为提高测量准确度，可将被测载流导线在钳口部分的铁心柱上缠绕几圈后进行测量，将指针指示数除以穿入钳口内导线的根数即得实测电流值。

5）测量时，应使被测导线置于钳口内中心位置，以利于减小测量误差。

6）不使用钳形表时，应将其量程选择旋钮旋至最高量程挡，以免下次使用时，不慎损坏仪表。

第四节　常用照明装置

一、常用电气照明设备

在工业生产和民用生活的电气照明中使用的电光源按发光原理可分为两大类：一类是热辐射光源，如白炽灯、碘钨灯；另一类是气体放电型光源，如荧光灯、高压水银荧光灯、高压钠灯等。

1. 白炽灯

白炽灯具有结构简单、使用方便、成本低廉、点燃迅速和对电压适应范围宽的特点，但由于其直接由钨丝发光，发光效率较低，只有近2%~3%的电能转换为可见光，且光色较差。故一般用于对光色要求不高的场合，如走廊、楼梯间等，另外，在移动灯具及信号指示中，白炽灯也得到广泛应用。

灯泡的灯头有螺口式和插（卡）口式两种，其结构如图4-36所示。普遍应用的螺口灯头在电接触和散热方面，都比插口式灯头好得多。插口式灯头具有振动时不易松脱的特点，在移动灯具中（如车辆照明），应用较广。

图4-36　白炽灯泡构造

1—插口灯头　2—螺口灯头　3—玻璃支架　4—引线　5—灯丝　6—玻璃壳

功率40W以上的灯泡，将玻璃壳内抽成真空后充入氩气或氮气等惰性气体，使钨丝不易挥发。白炽灯不耐振动，平均寿命一般为1000h左右。白炽灯照明线路的常见故障分析见表4-1。

表 4-1　白炽灯照明线路的常见故障分析

故障现象	产生原因	检修方法
灯泡不亮	1. 灯泡钨丝烧断 2. 电源熔断器的熔丝烧断 3. 灯座或开关接线松动或接触不良 4. 线路中有断路故障	1. 调换新灯泡 2. 检查熔丝烧断的原因并更换熔丝 3. 检查灯座和开关的接线并修复 4. 用验电器检查线路的断路处并修复
开关合上后熔断器熔丝烧断	1. 灯座内两线头短路 2. 螺口灯座内中心铜片与螺旋铜圈相碰短路 3. 线路中发生短路 4. 用电器发生短路 5. 用电量超过熔丝容量	1. 检查灯座内两线头并修复 2. 检查灯座并调整中心铜片 3. 检查导线绝缘是否老化或损坏并修复 4. 检查用电器并修复 5. 减小负载或更换熔断器
灯泡忽亮忽暗或忽亮忽熄	1. 灯丝烧断，但受振动后忽接忽离 2. 灯座或开关接线松动 3. 熔断器熔丝接头接触不良 4. 电源电压不稳定	1. 更换灯泡 2. 检查灯座和开关并修复 3. 检查熔断器并修复 4. 检查电源电压
灯泡发强烈的白光，并瞬时或短时烧坏	1. 灯泡额定电压低于电源电压 2. 灯泡钨丝有搭丝，从而使电阻减小，电流增大	1. 更换与电源电压相符合的灯泡 2. 更换新灯泡
灯光暗淡	1. 灯泡内钨丝挥发后积聚在玻璃壳内，表面透光度减低，同时由于钨丝挥发后变细，电阻增大，电流减小，光通量减小 2. 电源电压过低 3. 线路因年久老化或绝缘损坏而存在漏电现象	1. 正常现象不必修理 2. 提高电源电压 3. 检查线路，更换导线

2. 荧光灯

荧光灯是普遍应用的一种室内照明光源，多用于教室、图书馆、商场、地铁等对显色性要求较高的场合。

（1）荧光灯的基本结构　荧光灯由灯管、镇流器、辉光启动器、灯架和灯座等组成。

灯管由玻璃管、灯丝和灯丝引出脚等组成，其结构如图 4-37 所示。在灯丝上涂有电子粉，玻璃管内抽成真空后充入水银和氩气，管壁涂有荧光粉。辉光启动器由

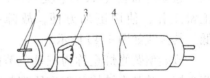

图 4-37　荧光灯管的构造
1—灯脚　2—灯头
3—灯丝　4—玻璃管

氖泡（玻璃泡）、纸介电容、出线脚和外壳等组成，如图4-38所示。纸介电容可以消除当辉光启动器断开时产生的无线电波对周围无线电设备的干扰。镇流器是带有铁心的电感线圈。

(2) 荧光灯的工作原理　荧光灯的电路图如图4-39所示。

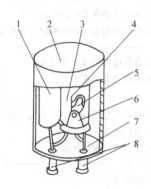

图4-38　辉光启动器
1—电容器　2—外壳　3—玻璃泡
4—静触片　5—动触片　6—涂铷化物　7—绝缘底座　8—插头

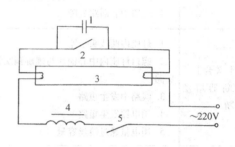

图4-39　荧光灯电路
1—辉光启动器电容器　2—U形双金属片
3—灯管　4—镇流器　5—开关

当荧光灯通电后，电源电压经镇流器、灯丝，在辉光启动器的"∩"形动、静触片间产生电压，引起辉光放电，放电时产生的热量使动触片膨胀，与静触片相接，从而接通电路，使灯丝预热并发射电子，此时，由于动、静触片的接触，使两片间电压为零而停止辉光放电，动触片冷却并复位脱离静触片。断开瞬间，镇流器两端由于产生自感现象而出现反电动势，此电动势加在灯管两端，使灯管内的惰性气体被电离而引起两极间弧光放电，激发产生紫外线，紫外线激发灯管内壁上的荧光粉，从而发出近似日光的灯光。

目前，许多新型的荧光灯已得到广泛应用，从灯管形状来分，有 U 形、环形等多种，用作装饰的彩色荧光灯由于改变了荧光粉的化学成分，所以发光颜色有多种。

另外，电子镇流器已经基本取代了电感式镇流器，它具有节电、起动电压较宽、起动时间短（0.5s）、无噪声、无频闪现象等特点，可以在 15～60℃ 范围内正常工作，使用更加方便，故障率低。其接线如图4-40所示。

节能型荧光灯全称为三基色节能荧光灯，其基本结构和工作原理都与荧光灯相同。但由于其采用了发光效率更高的三基色荧光粉，故其节能效

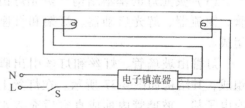

图4-40　采用电子镇流器的荧光灯接线

果更佳。一只 7W 的三基色节能荧光灯发出的光通量与一只 40W 白炽灯发出的光通量相当。与普通荧光灯比较具有发光效率高、体积小、形式多样、使用方便等优点，如图 4-41 所示。

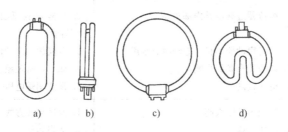

图 4-41　节能型荧光灯
a）U 形　b）H 形　c）O 形　d）W 形

荧光灯照明线路的常见故障分析见表 4-2。

表 4-2　荧光灯照明线路的常见故障分析

故障现象	产生原因	检修方法
不能发光或发光困难，灯管两头发亮或灯光闪烁	1. 电源电压太低 2. 接线错误或灯座与灯脚接触不良 3. 灯管老化 4. 镇流器配用不当或内部接线松脱 5. 气温过低 6. 辉光启动器配用不当，接线断开、电容器短路或触点熔焊	1. 不必修理 2. 检查线路和接触点 3. 更换新灯管 4. 修理或调换镇流器 5. 加热或加罩 6. 检查后更换
灯管两头发黑或生黑斑	1. 灯管陈旧，寿命将终 2. 电源电压太高 3. 镇流器配用不合适 4. 如系新灯管，可能因辉光启动器损坏而使灯丝发光物质加速挥发 5. 灯管内水银凝结，属正常现象	1. 调换灯管 2. 测量电压并适当调整 3. 更换适当镇流器 4. 更换辉光启动器 5. 将灯管旋转 180°安装
灯管寿命短	1. 镇流器配合不当或质量差，使电压失常 2. 受到剧烈振动，致使灯丝振断 3. 接线错误致使灯管烧坏 4. 电源电压太高 5. 开关次数太多或灯光长时间闪烁	1. 选用适当的镇流器 2. 换新灯管，改善安装条件 3. 检修线路后使用新管 4. 调整电源电压 5. 减少开关次数，及时检修闪烁故障

(续)

故障现象	产生原因	检修方法
镇流器有杂声或电磁声	1. 镇流器质量差，铁心未夹紧或沥青未封紧 2. 镇流器过载或其内部短路 3. 辉光启动器不良，起动时有杂声 4. 镇流器有微弱声响 5. 电压过高	1. 调换镇流器 2. 检查过载原因，调换镇流器，配用适当灯管 3. 调换辉光启动器 4. 属于正常现象 5. 设法调整电压
镇流器过热	1. 灯架内温度太高 2. 电压太高 3. 线圈匝间短路 4. 过载，与灯管配合不当 5. 灯光长时间闪烁	1. 改进装接方式 2. 适当调整 3. 处理或更换 4. 检查调换 5. 检查闪烁原因并修复

3. 碘钨灯

碘钨灯多应用于照度要求和悬挂高度均较高的室内、外照明场所。它具有结构简单、体积小等优点，但也存在使用寿命不长和工作温度高等缺点。

碘钨灯的外壳为耐高温的圆柱状石英管，两端灯脚为电源触点，管内中心是螺旋状灯丝（即钨丝），放置在灯丝支持架上，灯管内抽成真空后，充入微量碘，如图 4-42 所示。

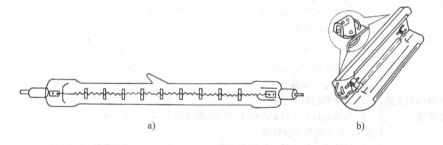

图 4-42 碘钨灯
a) 灯管 b) 灯架

碘钨灯的接线如图 4-42 所示。通电后，当灯管内温度升高到 250～1200℃ 后，碘和灯丝蒸发出来的钨化合成具有挥发性的碘化钨。而碘化钨在靠近灯丝的高温（1400℃）处，又被分解成碘和钨，钨留在灯丝表面，碘又回到温度较低的位置，如此依次循环往复，从而大大提高了灯管的发光效率，并延长了灯丝的使用寿命。

安装碘钨灯时，灯管必须保持水平，且水平线倾斜角应小于4°，否则会破坏碘钨正常循环，缩短灯管的使用寿命。因灯管发光时周围的温度很高，所以必须将其安装在专用的有隔热装置的金属灯架上。接线时，靠近灯架处的导线要加套耐高温管。

4. 高压汞灯

高压汞灯又称为高压水银荧光灯，是一种气体放电光源。与白炽灯相比，高压汞灯的光色好、发光效率高，而且比普通荧光灯结构简单、使用和维护方便。高压汞灯多用于生产车间、街道、广场、车站和建筑工地等场所。常用的高压汞灯按结构分类有照明荧光高压汞灯（GGY 系列）和自镇流式高压汞灯（GLY 和 GFLY 系列）两种类型。

（1）高压汞灯的结构　照明荧光高压汞灯主要由放电管、玻璃外壳和灯头等组成，内壁涂有荧光粉。放电管内有辅助电极和引燃极，管内还充有汞和氩气，其结构如图 4-43a 所示。

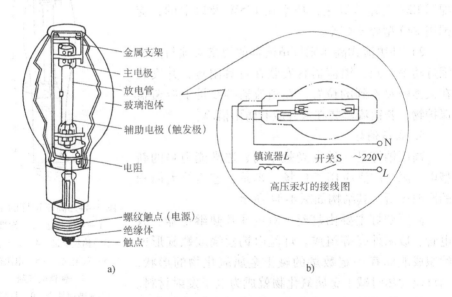

图 4-43　高压汞灯的结构
a）照明荧光高压汞灯　b）高压汞灯接线图

当电源接通后，引燃极和辅助电极间首先产生辉光放电，使放电管温度上升，水银逐渐蒸发，当达到一定程度时，主、辅两电极间产生弧光放电，使放电管内汞汽化而产生紫外线，从而激发玻璃外壳内壁的荧光粉，发出较强的荧光，灯管稳定工作。由于灯泡工作时放电管内汞蒸汽的压力较高，故称这种灯为高压汞灯。

由于引燃极上串联一个较大的电阻（15～100kΩ），当主、辅两极间放电导通后，辅助极和引燃极之间停止放电。

自镇式高压汞灯内部串联灯丝，无需外接镇流器，旋入配套灯座即可使用。通电后，高压汞灯的引燃极与辅助电极之间放电，促使水银蒸发，同时使灯丝发热，帮助主、辅两极间引起弧光放电。灯丝具有助燃的作用，还起到降压、限流和改善光色的作用。

另外，还有一种常用GYZ型号的反射型高压汞灯，灯泡内具有铝反射层，可以把90%的光通定向反射。

高压汞灯起动时间长，需要点燃8～10min才能正常发光。当电压突然降落5%时会熄灯，再点燃时间为5～10min，且能正常发光。高压汞灯的接线如图4-43b所示。

(2) 高压汞荧光灯的安装要求

1) 高压汞荧光灯功率在125W及其以下的，应配用E27型瓷质灯座；功率在175W及以上的，应配用E40型瓷质灯座。

2) 外镇流式高压汞灯镇流器的规格必须与高压汞灯功率一致，镇流器宜安装在灯具附近，并安装在人体触及不到的位置，在镇流器接线桩上应覆盖保护物，若镇流器装在室外应有防雨措施。

5. 高压钠灯

高压钠灯是一种发光效率高、透雾能力强的新型电光源，广泛应用于广场、车站、道路等大面积的照明场所，其结构如图4-44所示。

高压钠灯主要由灯丝、双金属片热继电器、放电管、玻璃外壳等组成。灯丝由钨丝绕成螺旋形或编织成能储存一定数量的碱土金属氧化物的形状，当灯丝发热时碱土金属氧化物就成为电子发射材料。放电管是用于钠不起反应的高温半透明氧化铝陶瓷或全透明刚玉做成，放电管内充有氙气、汞滴和钠。把放电管和玻璃外壳之间抽成真空，以减少环境气候的影响。双金属片热继电器是用两种热膨胀系数不同的金属压接做成的。

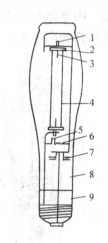

图4-44 高压钠灯的结构
1—铌排气管　2—铌帽
3—钨丝电极　4—放电管
5—双金属片　6—电阻丝
7—钡钛吸气剂
8—玻璃外壳　9—灯帽

高压钠灯电路如图4-45所示。通电后，电流经过镇流器、热电阻、双金属片常闭触头而形成通路，此时放电管内无电流。随后热电阻发热，使热继电器常闭触头断开，在断开瞬间镇流器线圈产生3kV的脉冲电压，与电源电压一起加到放电管两端，使管内氙气电离放电，从而使汞变成蒸气而放电。随着管内温度

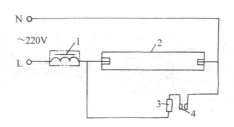

图 4-45　高压钠灯电路
1—镇流器　2—放电管　3—热电阻　4—双金属片

的进一步升高,钠也逐渐变为蒸气状态,5min 左右开始放电而放射出较强的金黄色光。

高压钠灯属于节能型电光源。因紫外线少,故不招飞虫。灯泡熄灭后,必须冷却一段时间,待管内汞蒸气气压降低后,方可再起动使用,所以该灯不能用于有迅速点亮要求的场所。

高压钠灯的管压、功率及光通量随电源电压的变化而变化,且比其他气体放电灯变化大,当电源电压上升或下降5%以上时,由于管压的变化,容易引起灯自行熄灭。灯泡破碎后要及时妥善处理,以防止汞中毒。

6. 金属卤化物灯

金属卤化物灯是气体放电灯的一种,结构和高压汞灯相似,是在高压汞灯的基础上发展起来的,所不同的是石英内管中除了充有汞、氩之外,还充有能发光的金属卤化物(以碘化物为主),放电时,利用金属卤化物的循环作用,不断向电弧提供金属蒸气,向电弧中心扩散,因为有金属原子参加,被激发的原子数目大大增加,而且金属原子在电弧中受激发而辐射该金属特征的光谱线,以弥补高压汞蒸气放电辐射光谱中的不足。所以其发光效率显著提高。由于金属的激发电位比汞低,放电以金属光谱为主。如果选择几种不同的金属,按一定的配比,就可以获得不同的颜色。其外形如图4-46所示。

金属卤化物灯的特点是:

1)发光效率高,且光色接近自然光。

2)显色性好,即能让人真实地看到被照物体的本色。

3)紫外线辐射少,但无外壳的金属卤化物灯紫外线辐射较强,应增加玻璃外罩,或悬挂高度不低于14m。

4)电压变化将影响到光效和光色的变化,甚至电压突降时会自行熄灭,所以要求使用场所的电压变化不宜超过额定值的±5%。

5)在应用中除了要配专用变压器外,1kW 的钠铊铟灯还应配专用的触发器

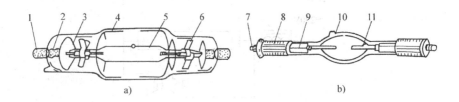

图 4-46 金属卤化物灯
a) 钠铊铟金属卤化物灯 b) 镝金属卤化物灯
1、7—灯脚 2—引线 3—云母片 4、10—玻璃泡体
5—放电管 6—支架 8—灯头 9—铝箔 11—电极

才能点燃。

常用的金属卤化物灯有钠铊铟灯、管形镝灯等,主要用在要求高照度的场所、繁华街道及要求显色性好的大面积照明地方。

常用电光源的特性见表 4-3。

表 4-3 常用电光源的特性

特性参数	白炽灯	荧光灯	碘钨灯	高压汞灯	高压钠灯	金属卤化物灯
额定功率/W	10~1000	6~125	500~2000	50~1000	250~400	400~1000
平均寿命/h	1000	2000~3000	1500~5000	3000	2000	2000
起动稳定时间	瞬时	1~3s	瞬时	4~8min	4~8min	4~8min
再起动时间	瞬时	瞬时	瞬时	5~10min	10~20min	10~15min
功率因数	1	0.4~0.9	1	0.44~0.67	0.44	0.4~0.61
光源色调	偏红色	日光色	偏红色	淡色~绿色	金黄色	白色光
所需附件	无	镇流器、起辉器	无	镇流器	镇流器	镇流器、触发器

二、常用电气照明用具

1. 灯座

灯座又称为灯头,使用品种繁多,常用的灯座见表 4-4。常用灯座的耐压为 250V,E27 型负载功率为 300W,E40 型负载功率为 1000W,可按使用场所进行选择。

第四章 电工基本操作技能

表 4-4 常用的灯座

名称	灯座型号	外形	名称	灯座型号	外形
螺口吊灯座	E27 螺口外径螺口灯座	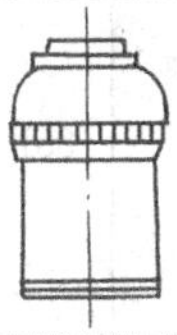	管接式瓷制螺口灯座	E27	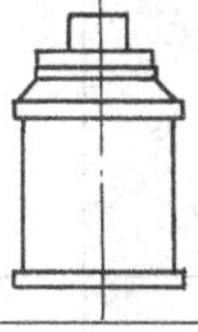
插口吊灯座	2C22 插口灯座	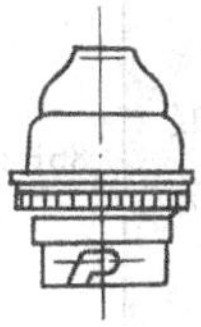	悬吊式铝壳瓷螺口灯座	E27	
防水螺口吊灯座	E27	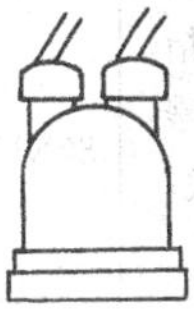	螺口平灯座	E27	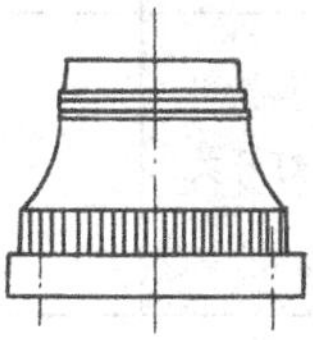
带开关螺口吊灯座	E27	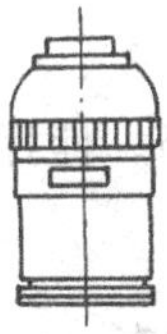	插口平灯座	2C22	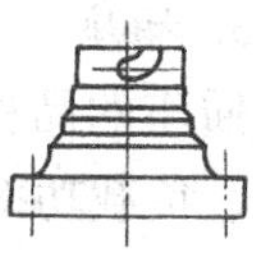
带拉链开关螺口吊灯座	E27	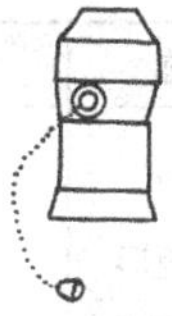	瓷制螺口平灯座	E27	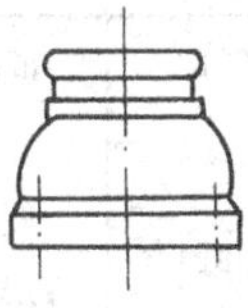

2. 开关

开关的品种很多，常用的开关见表4-5，可按使用场所进行选择。

表 4-5 常用的开关

名称	常用型号	外形	名称	常用型号	外形
拉线开关	—	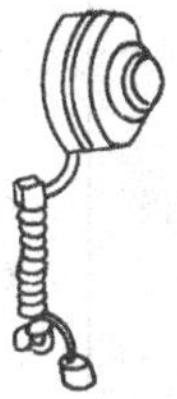	暗装单联单控开关	86K11—6	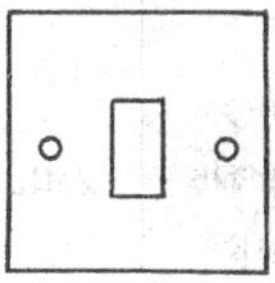

(续)

名称	常用型号	外　形	名称	常用型号	外　形
平开关	—		暗装防溅型单联开关	86K11F10	
防水式拉线开关	—		暗装双联单控开关	86K21—6	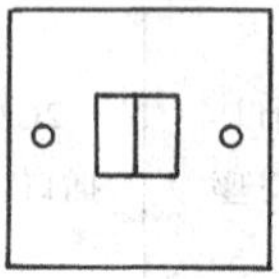
台灯开关	—	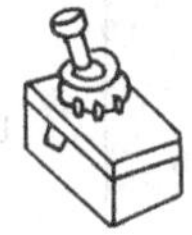	暗装带指示灯防溅型单联开关	86K11FD10	

3. 插座

插座的品种也很多，常用的插座见表4-6。使用时应根据安装方式、安装场所、负载功率大小等参数合理选择型号。

表4-6　常用的插座

名称	常用型号	外　形	名称	常用型号	外　形
单相圆形两极插座	YZM12—10		单相矩形两极插座	ZM12—10	
单相矩形三极插座	ZM13—10 ZM13—20		双联单相两极、三极插座	ZM223—10	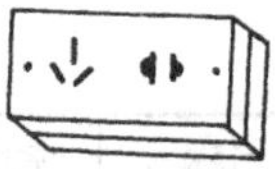
带开关单相两极插座	ZM12—TK6		三相四极插座	ZM14—15 ZM14—25	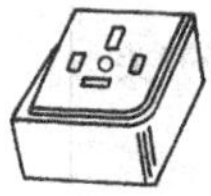

(续)

名称	常用型号	外形	名称	常用型号	外形
暗式通用两极插座	86Z12T10		暗式通用五孔插座	86Z223—10	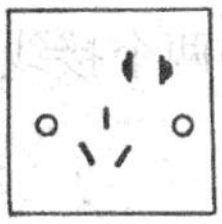
带指示灯、开关暗式三极插座	86Z13KD10		防溅暗式三极插座	86Z13F10	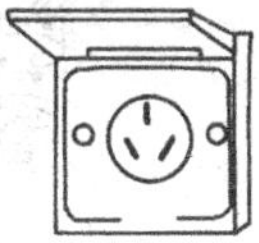

4. 灯具

灯具的种类也繁多，常用的灯具见表4-7。使用时应根据安装场所、安装方式、灯泡形状及功率等参数合理选择型号。

表4-7 常用的灯具

名 称	外 形	名 称	外 形
配照型		广照型	
深照型		斜照型	
防爆型		立面投光型	

三、常用照明装置的安装

（1）灯座的安装

1）平灯座的安装。平灯座上有两个接线桩，一个与电源的中性线连接；另一个与来自开关的一根（相线）连接。为了使用安全，应把电源的中性线的线头连接在连接螺纹圈的接线桩上，把来自开关的连接线线头连接在连接中心簧片的接线桩上，如图4-47所示。

2）吊灯座的安装。吊灯灯座必须用两根绞合的塑料软线或花线作为与挂线盒（又称为吊线盒）的连接线。当塑料软线穿入挂线盒盖孔内时，为使其能承受吊灯的重量，应打个结扣。然后分别接到两个接线桩上，罩上挂线盒盖。接着将下端塑料软线穿入吊灯座盖孔内，也打个结扣，再把两个接线头连接到吊灯座上的两个接线桩上，最后罩上灯座盖即可。具体安装方法如图 4-48 所示。

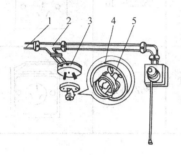

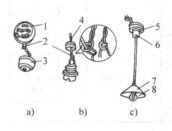

图 4-47 螺口平灯座的安装
1—中性线 2—相线
3—圆木 4—螺口灯座
5—连接开关接线柱

图 4-48 吊灯座的安装
a) 挂线盒内接线 b) 吊灯座安装 c) 装成的吊灯
1—接线盒底座 2—导线结扣 3、6—挂线盒罩盖
4—吊灯座盖 5—挂线盒 7—灯罩 8—灯泡

（2）开关的安装

为了用电的安全，照明灯具接线时应将相线接进开关。

1）单联开关的安装。拉线开关和平开关安装时都要注意方向，拉线开关的拉线应自然下垂，平开关应让色点位于上方。

2）双联开关的安装。双联开关一般用与两处控制一只灯的线路。双联开关控制一只灯的接线如图 4-49 所示。

（3）插座的接线 插座的接线图如图 4-50 所示。图中单相三孔插座的接线规定为：左孔接工作零线，右孔接相线（俗称"左零右火"），中间孔接保护线 PE。

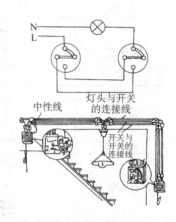

图 4-49 双联开关的接线

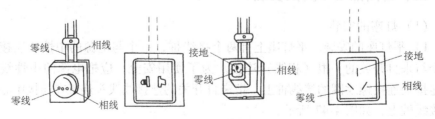

图 4-50 明装、暗装插座的接线

第四章　电工基本操作技能

工程中采用 TN-S 方式供电系统（即三相五线制）供电时，有专用保护线 PE，常用的插座接线方法如图 4-51 所示。三相四线插座的上中孔接保护线 PE，下面三个孔分别为 L1、L2、L3 三根相线。

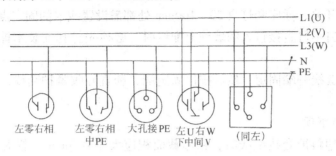

图 4-51　在 TN-S 方式供电系统中插座的连接

第五节　室内线路的配线方式

室内线路常用的配线方式有塑料护套线配线、线管配线、线槽配线和桥架配线等。选择配线方式时，应根据室内环境的特征和安全要求等因素决定。

一、塑料护套线配线

塑料护套线是一种具有塑料保护层的双芯或多芯绝缘导线，具有防潮、线路造价低和安装方便等优点，可以直接敷设在墙壁、空心板及其他建筑物表面，此种方式广泛用于室内电气照明线路及小容量生活、生产等配电线路的明线安装。

塑料护套线配线是一种使用塑料线卡作为导线的支持物配线方式，其中线卡的形式如图 4-52a 所示。

（1）配线方法　如图 4-52 所示。

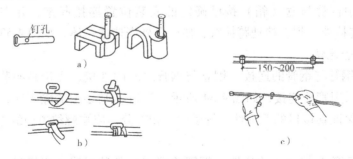

图 4-52　塑料护套线配线

1) 确定线路走向及各电器的安装位置。

2) 用弹线袋划线，按护套线的安装要求，每隔200~300mm划出固定线卡的位置。

3) 在距开关、插座和灯具50~100mm处都需设置线卡的固定点。

4) 在铁钉不可直接钉入的墙壁上配线时，必须先打孔安装木榫，以确保线路安装紧固。

5) 将护套线一端固定，然后按住固定端，勒直并收紧护套线，依次固定各个线卡。

(2) 注意事项

1) 使用塑料护套线配线时，铜芯截面积应大于 $0.5mm^2$，铝芯截面积应大于 $1.5mm^2$。

2) 护套线不可在线路上直接连接，可通过瓷接头、接线盒或借用其他电器的接线柱连接。

3) 护套线转弯时，转弯弧度要大，以免损伤导线，转弯前后应各用一个线卡支持。

4) 护套线路与地面间的距离不得小于 0.15m；穿越楼板距离地面低于 0.15m 处，应加钢管或硬塑料管保护，以免导线受到损伤。

二、线管配线

线管配线有耐潮、耐腐、导线不易受机械损伤等优点，适用于室内外照明和动力线路的配线。所用管材有钢管和塑料管两种，安装形式有明装和暗装。其中，暗装需要在土建时预埋好线管和接线盒。

1. 线管配线的方法

线管明装时要求横平竖直、管路短、弯头少。暗装时，首先要确定好线管进入设备器具盒（箱）的位置，计算好管路敷设长度，再进行配管施工。在配合土建施工中将管与盒（箱）按已确定的安装位置连接起来，并在管与管、盒（箱）的连接处，焊上接地跨接线，使金属外壳连成一体，如图4-53所示。

2. 线管连接

(1) 钢管与钢管的连接　钢管与钢管之间的连接，无论是明装管还是暗装管，最好采用管箍连接，如图4-54所示。管口毛刺必须清除干净，避免损伤导线。为了保证管接口的严密性，管子的丝扣部分，应顺螺纹方向缠上麻丝，再用管钳拧紧。

(2) 钢管与接线盒的连接　钢管的端部与各种接线盒连接时，应在接线盒内各加一个薄形螺母（或锁紧螺母），如图4-55所示。

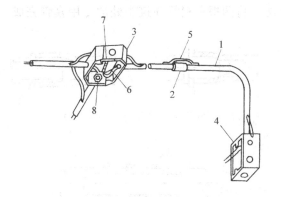

图 4-53　线管暗装示意图

1—线管　2—管箍　3—灯位盒　4—开关　5—跨接地线
6—导线　7—接地导线　8—锁紧螺母

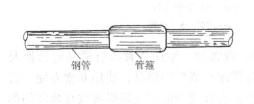

图 4-54　管箍连接钢管　　　　图 4-55　钢管与接线盒的连接

(3) 硬塑料管的连接

1) 加热连接法。直径为 50mm 及以下的塑料管可用直接加热连接法。连接前先将管口倒角，然后用喷灯、电炉等热源对插接段加热软化后，趁热插入外管并迅速冷却，如图 4-56 所示。

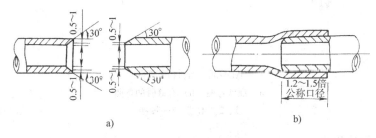

图 4-56　塑料管的直接加热连接

a) 塑料管口倒角　b) 塑料管的直接插入

2）套管连接法。将两根塑料管在接头处加专用套管完成，如图 4-57 所示。

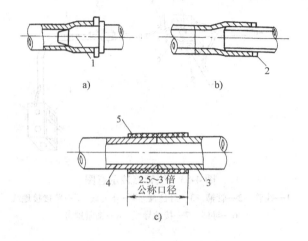

图 4-57　塑料管的套管连接
a）胀管插接　b）接口焊接　c）套管连接
1—成形模　2—焊缝　3、4—接管　5—套管

（4）弯管　钢管的弯曲通常用专用的弯管器。常用弯管器有简易弯管器及液压弯管器。其中液压弯管器根据不同管径配有成型的模具，使用非常方便。需要注意的是，薄壁管在弯曲时管内要灌沙；有缝管弯曲时应将焊缝放在弯曲的侧边，如图 4-58 所示。

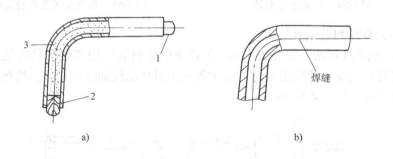

图 4-58　钢管的弯曲
a）灌沙弯曲　b）有缝管的弯曲
1、2—木塞　3—黄沙

3. 线管的固定

（1）线管明线敷设　线管明线敷设时应采用管卡支持，在线管进入开关、灯座、插座和接线盒孔前 300mm 处和线管弯头两边，都需要用管卡加以固定，

如图 4-59 所示。

（2）线管在墙内暗线敷设　线管在砖墙内暗线敷设时，一般在土建砌砖时预埋，否则应先在砖墙上留槽或开槽，然后在砖缝里打入木榫并用铁钉固定。

4. 扫管穿线

1）穿线前先清扫线管，用压缩空气或在钢丝上绑擦布，将管内杂质和水分清除。

2）导线穿入线管前，应在线管口套上护圈，截取导线并剖削两端导线绝缘层，做好导线的标记，然后将所有导线按图 4-60 所示方法与钢丝引线缠绕，两人操作，其中一人将导线送入，另一人在另一端慢慢牵拉，直到穿入完毕，如图 4-61 所示。

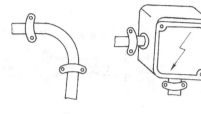

图 4-59　管卡固定

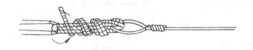

图 4-60　导线与引线的缠绕

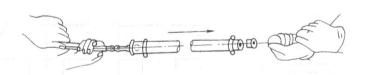

图 4-61　导线穿入管内的方法

三、线槽配线

线槽配线方式广泛用于电气工程安装、机床和电气设备的配电板或配电柜等的明装配线，也适用于电气工程改造时更换线路以及各种弱电、信号线路在吊顶内的敷设。常用的塑料线槽材料为聚氯乙烯，由槽底和槽盖组合而成。线槽具有安装维修方便、阻燃等特点。

塑料线槽的选用，可根据敷设线路的情况选用合适的线槽规格。

线槽配线时，应先铺设槽底，再敷设导线（即将导线放置于槽腔中），最后扣紧槽盖。可用塑料胀管（见图 4-62）来固定槽底。各种线槽的敷设方法如图 4-63 和图 4-64 所示。注意：槽底接缝与槽盖接缝应尽量错开。

图 4-62 塑料胀管
a）塑料胀管的结构　b）塑料胀管安装

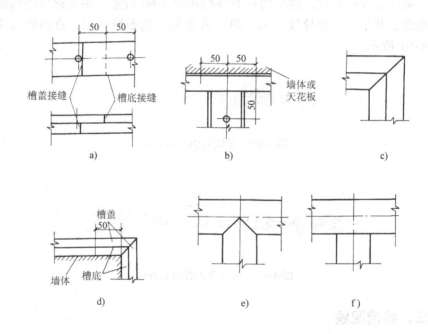

图 4-63 常用塑料线槽的敷设方法
a）槽底和槽盖的对接做法　b）顶三通接头槽底做法
c）槽盖平拐角做法　d）槽底和槽盖外拐角做法
e）、f）槽盖分支接头做法

四、桥架配线

桥架配线由于其零部件标准化、通用化、架空安装及维修较方便，因此广泛应用于工业电气设备、厂房照明及动力、智能化建筑的自控系统等场所。桥架由

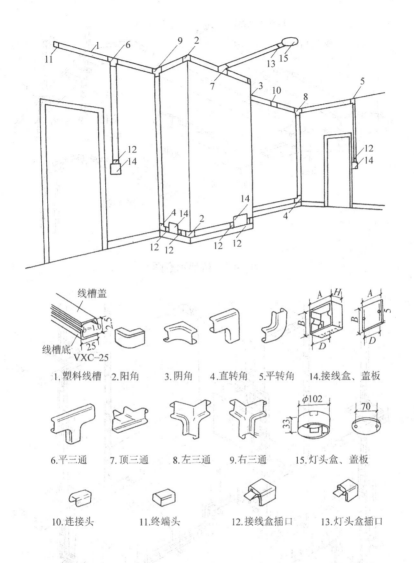

图 4-64 线槽明敷照明

1.5mm 厚的轻型钢板冲压成形并进行镀锌或喷塑处理。它的规格型号种类繁多，但结构大致相同。桥架上面配盖，并配有托盘、托臂、二通、三通、四通弯头、立柱、变径连接头等辅件，如图 4-65 所示。

桥架配线的安装形式很多，主要有悬空安装、沿墙或柱安装、地坪支架安装等几种。图 4-66 所示为桥架配线的组合安装形式。

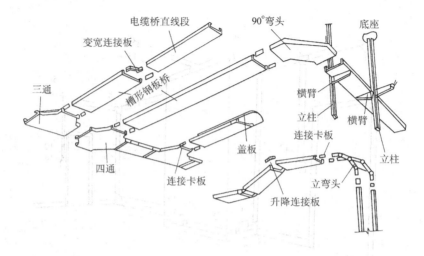

图 4-65 桥架示意图

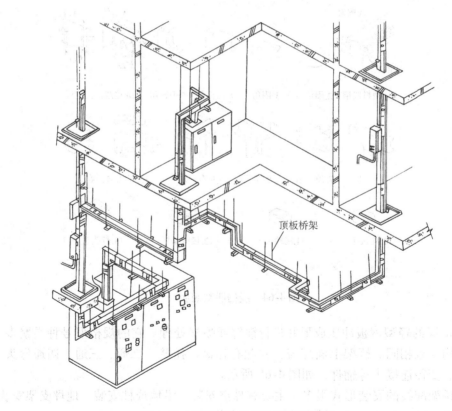

图 4-66 桥架配线的组合安装示意图

第六节 室外线路的敷设方式

室外电气线路可分为架空线路和电缆线路两类。因为架空线路的成本低、安装便捷，易于发现故障，所以在输电和工厂供电系统的进线（10kV电网）及中小型电力用户线路（220/380V电网）中广泛应用。

一、架空线路

1. 架空线路组成

架空线路由导线、电杆、绝缘支承物（即绝缘子）、横担等组成。

（1）电杆　电杆有木杆、钢筋混凝土杆两种，按用途分为直线杆（中间杆）、耐张杆、转角杆、终端杆、跨越杆等。电杆装置的示意图如图4-67所示。

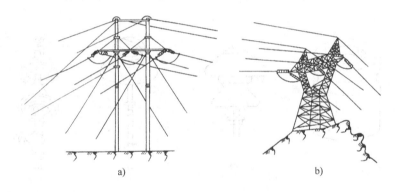

图4-67　电杆装置的示意图
a）转角杆　b）耐张杆塔

（2）横担　横担安装在电杆的上端，用来固定架设导线的绝缘子。按材质分，有木横担、铁横担和陶瓷横担3种，如图4-68所示。工业企业常用铁横担，由角钢制成，安装前均需要镀锌，以防生锈。陶瓷横担是最近几年的新产品，有良好的电气绝缘性能，但由于陶瓷易碎，施工时要注意。

（3）绝缘子　绝缘子用来紧固导线，保护导线对地的绝缘。绝缘子有低压绝缘子和高压绝缘子两类，常见的低压绝缘子如图4-69所示，其绑扎方法如图4-70所示。

（4）拉线　用来减小电杆在架线后的受力不平衡，加强电杆的稳定性，改善电杆的受力状况，常见有尽头拉线、转角拉线、人字拉线、高桩拉线、自身拉

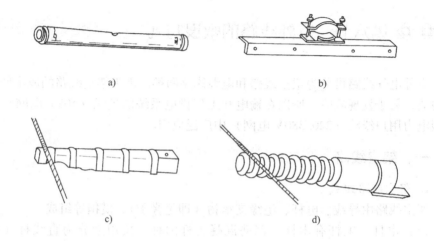

图 4-68 横担的类型
a）木横担　b）铁横担　c）马蹄形瓷横担　d）圆形瓷横担

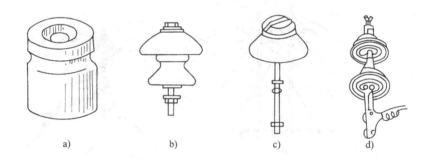

图 4-69 低压绝缘子
a）鼓形绝缘子　b）蝶形绝缘子　c）针式绝缘子　d）悬式绝缘子

线等，如图 4-71 所示。

另外，有时还可以用来紧固横担、绝缘子、导线的抱箍、线夹、穿心螺栓等。

2. 线路安装要求

厂区的架空线，通常在同一电杆上架设多种线路，此时对这些线路的排列方式及它们之间的距离都有一定的要求。

架空线路相序的排列应遵循以下原则：在同一根横担上进行架设时，面向负荷，从左侧起，导线的排列次序为 L1、N、L2、L3 或 L1、N、L2、L3、PE，如图 4-72 所示。

第四章 电工基本操作技能

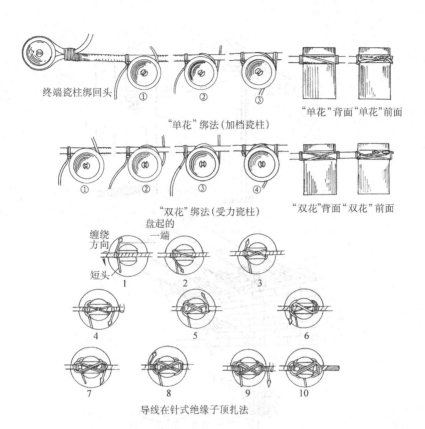

图 4-70　低压绝缘子的绑扎方法

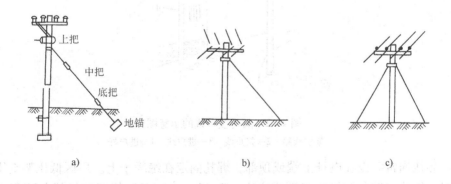

图 4-71　拉线的类型

a) 普通拉线　b) 转角拉线　c) 人字拉线

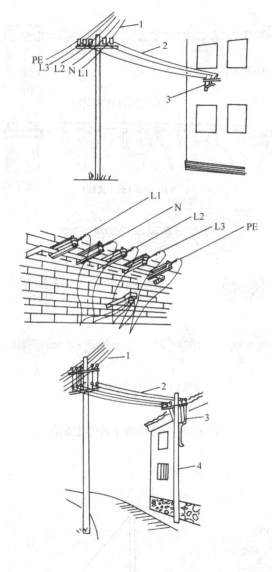

图 4-72 负荷接户线的示意图
1—架空线路　2—接户线　3—进户线　4—进户杆

导线通常架设在电杆上端或顶部，绑扎固定在绝缘子上。厂区低压架空用导线时，铝线和钢芯铝线的截面积应不小于 $16mm^2$，10kV 线路的铝线截面积应不小于 $35mm^2$，钢芯铝线截面积应不小于 $25mm^2$。配电线路电杆的杆距一般不超过 35m。

二、电缆敷设

电缆线路与架空线路相比，具有较高的运行可靠性，不易受外界影响，不占用地面上的空间，有利于环境美观，目前在城市架线方式中广泛应用。而在易燃、易爆或有腐蚀性气体的场所，也只能采用电缆敷设的方式。

电缆的敷设方法很多，主要有直埋铺砂盖砖或盖混凝土板敷设、电缆沿地沟内敷设、电缆穿钢管直埋、电缆沿建筑物明敷、电缆沿电缆托盘或电缆桥架敷设等。

1. 直埋敷设

将电缆直接埋于室内外地面以下，是一种比较简单而又经济的敷设方法，适用于交通不十分密集、电缆根数不多和不宜使用架空线路的地方。在电气安装工程中，应用最多的是直埋敷设，如图4-73所示。直埋敷设时的电缆根数一般限制在6根电缆以内，超过6根则采用电缆沟内预埋金属支架，支架可设在两侧。由于埋在地面以下，泥土温差变化不大，这对改善电缆的工作状况有一定好处，因而已得到广泛的应用。

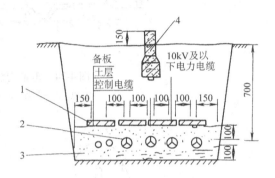

图4-73　直埋敷设
1—盖砖或混凝土板　2—电缆　3—砂子　4—方向桩

直埋敷设必须采用铠装电缆，电缆埋入的深度要求大于700mm，电缆沟深不小于800mm，电缆的上下各有100mm厚的砂子（或过筛土），上面盖砖或混凝土盖板。地面上在电缆拐弯处或进建筑物要埋设方向桩，以备日后施工时参考。电缆沟内敷设进入室内的电缆沟时，要装设金属网（网孔不大于$10mm^2$），以防小动物进入室内。

直埋电缆进入外墙时要穿金属密封管。施工时要注意使电缆路径尽量短，少拐弯，避免与其他管道交叉，电缆长度要留出1.5%~2%的余量，且要作波浪形埋设，以适应热冷变化的影响。

2. 电缆沟（或电缆隧道）敷设

当电缆的种类和数量均较多时，可采用此种敷设方式，如图4-74所示。一般高压电缆放在最上层，低压电缆放在中层，下层为控制电缆。在施工时应将电缆的金属外皮、电缆头、保护钢管和金属支架等可靠接地。同时，电缆应留有一定的余量以利于检修作业。在容易积灰、积水的场所不宜采用电缆沟敷设。电缆在隧道内的敷设方法如图4-75所示。

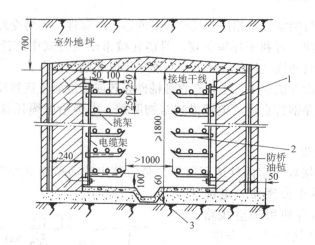

图4-74 电缆沟敷设
1—电缆 2—支架 3—排水沟

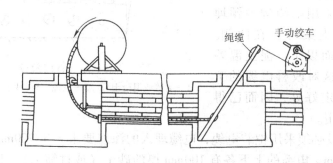

图4-75 电缆在隧道里敷设方法示意图

第七节 低压配电装置

一、量电、配电装置的安装

1. 电能表的安装要求

1）电能表与配电装置通常要求安装在一处。用于安装电能表的木板应为实木板，必须坚实干燥，不应有裂缝，拼接处要紧密平滑。木板可以和配电板共用一块，正面及四周边缘必须涂漆防潮。

2）电能表要安装在干燥、无振动和无腐蚀气体的场所。表板的下沿离地一般不低于 1.3m，但大容量表板的下沿离地允许放低到 1~1.2m，但不可低于 1m。

3）为了保证配电装置的操作安全，有利于线路的走向简洁而不混乱，电能表应安装在配电装置的左方或下方，切不可装在右方或上方。如需并列安装多只电能表时，两表间的中间距离不得小于 200mm。

4）电能表安装时应垂直于地面，不可出现横向或纵向的歪斜，否则影响转盘转动的准确性。

2. 电能表的总线安装要求

电能表的总线是指从进户总熔断器盒至电能表的这一段线。电能表总线的安装要求如：

1）电能表总线截面积的选用方法与进户线相同，但最小截面积不得小于 2.5mm^2，并规定应采用铜芯电线，不得采用铝芯电线，也不准采用软线。

2）电能表总线中间不准有接头，但三相四线制表或三个组合使用的单相电能表，其中性线允许采用"T"字形连接。

3）电能表总线必须明线敷设，如系塑料绝缘线则应采用线夹支持，如系护套线则应采用线卡支持，不准把导线穿入表板背后，也不准采用任何暗设的安装形式。

4）电能表总线应敷设在电能表左侧；电能表出现的要求与上述总线各点要求相同，并敷设在右侧，不可装反。

5）电能表总线的沿线敷设长度，一般不应超过 10m。

3. 电能表的安装和接线

(1) 单相电能表的安装和接线

1）现将表板用螺钉固定，螺钉的位置应选在能被表盖住的区域，以形成拆板先拆表的操作程序。

2）将电能表上端的一只螺钉拧入表板，然后挂上电能表。

3）调整电能表位置使其符合安装要求，与墙面和地面垂直，后将电能表下端的两个螺钉拧上，在调整表后完全拧紧。

4）单相电能表安装后，必须按图接线，各种电能表的接线端子均按由左至右的顺序排列编号。单相电能表有两种接线方式：一种是 1、3 接进线（电源线），2、4 接出线（负载线）；另一种是 1、2 接进线，3、4 接出线。国产单相电能表统一规定采用 1、3 进线，2、4 出线，如图 4-76 所示。电能表接线完毕，在接电前，应由供电部门把接线端子盒加铅封处理，用户不可擅自打开。单相电能表安装后的配电板如图 4-77 所示。

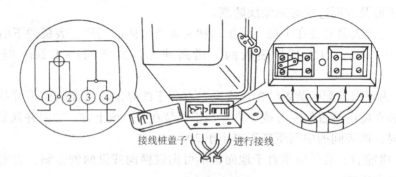

图 4-76 单相电能表接线

(2) 三相四线制电能表的安装和接线 对于较大容量的照明用户,一般采用三相四线制供电。三相四线制进户的照明电路规定采用三相四线制电能表进行量电。

三相四线制电能表有 8 个接线柱,按由左向右编序,1、3、5 接线柱是电源相线的接线柱,2、4、6 是电能表的相线出线的接线柱。7 为电源中性线 N 的进线接线柱,8 为电能表的中性线出线的接线柱,如图 4-78 所示。

三相四线制电能表安装后的配电板如图 4-79 所示。

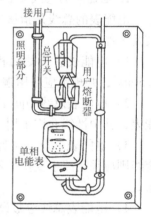

图 4-77 单相电能表配电板

(3) 新型电能表的应用 近年来,各种新型电能表已快步进入千家万户。在此,简要介绍几种由我国自主研发的新型电能表。

1) 静止式电能表:这种电能表继承传统感应式电能表的优点,借助于先进的电子电能计量机理,采用全密封、全屏蔽的结构型式。它具有良好的抗电磁干扰性能,是一种集节电、可靠、轻巧、高精度、高过载、防窃电等为一体的新型电能表。按电压等级分为单相电子式、三相电子式和三相四线电子式等;按用途可分为单一式和多功能式(有功型、无功型和复合型)等。

静止式电能表的原理框图如图 4-80 所示。它由分流器取得电流采样信号,分压器取得电压采样信号,经乘法器得到电压和电流乘积信号,再经变换器产生一个频率与电压电流乘积成正比的计算脉冲,通过处理器分频,驱动步进电动机,使计度器计量。

静止式电能表的安装与使用,与一般机械式电能表大致相同,但其接线宜粗,避免因接触不良而发热烧毁。静止式电能表的安装接线如图 4-81 所示。

2) 长寿式机械电能表:这种电能表是在充分吸收国内外电能表设计、选材

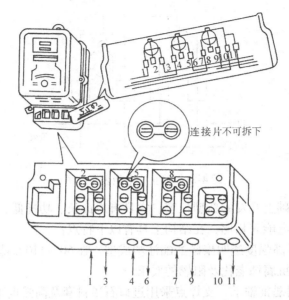

图 4-78 三相四线制电能表的接线

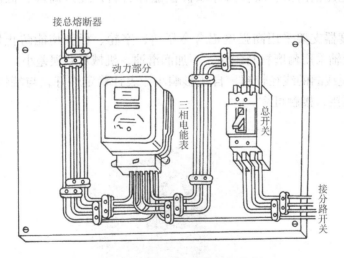

图 4-79 三相四线制电能表的配电板

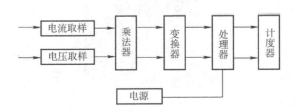

图 4-80 静止式电能表工作原理框图

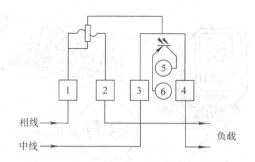

图4-81 静止式电能表接线图

和制造经验的基础上开发的新型仪表。它具有寿命长、功耗低、负载宽、精度高等优点，与普通电能表相比，在结构上具有以下特点：

① 表壳采用高强度透明聚碳酸酯注塑成型，在60～110℃范围内不变形，能达到密封防尘、抗腐蚀老化及阻燃的要求。

② 轴承采用磁推轴承，支撑点采用进口石墨衬套及高强度不锈钢针组成。

③ 阻尼磁钢由铝、镍、钴等双极强磁性材料，经过高温、低温老化处理，性能稳定。

④ 计度器支架采用高强度铝合金压铸，字轮、标牌均能防止紫外线辐射，不褪色，轮轴采用耐磨材料制作，不加润滑油，机械负载误差小。

⑤ 电流线圈的线径较粗，自热影响小，表计稳定性好，与端钮盒连接接头采用银焊压接，接触可靠。

图4-82 新型单相电子式电能表

3) 电子式预付费电能表：又称为 IC 卡表或磁卡表，其外形如图 4-82 所示。它是采用最新微电子技术研制的新型电能表，其用途是计量频率为 50Hz 的交流有功电能，同时完成先买电后用电的预付费用电管理及负荷控制功能。另外还具有以下控制功能：

① 当剩余电量小于一级告警值时声光告警，小于二级告警值时拉闸告警（插入 IC 卡后可恢复），提醒用户急时购电。

② 当功率值超过定值后自动断电，插入 IC 卡后可恢复。

③ 实行一户一卡制，具有良好的防伪性，当 IC 丢失时，可进行补卡操作。

④ 当电表需要销户时，可用清除卡将该电能表的信息清除。

⑤ 采用光耦隔离输出检测信号、发光二极管指示用电。

IC 卡预付费电能表由电能计量和微处理器两个主要功能块组成。电能计量功能块使用分流—倍增电路，产生表示用电多少的脉冲序列，送至微处理器进行电能计量；微处理器则通过电卡接头与电能卡（IC 卡）传递数据，实现各种控制功能，其工作原理框图如图 4-83 所示。

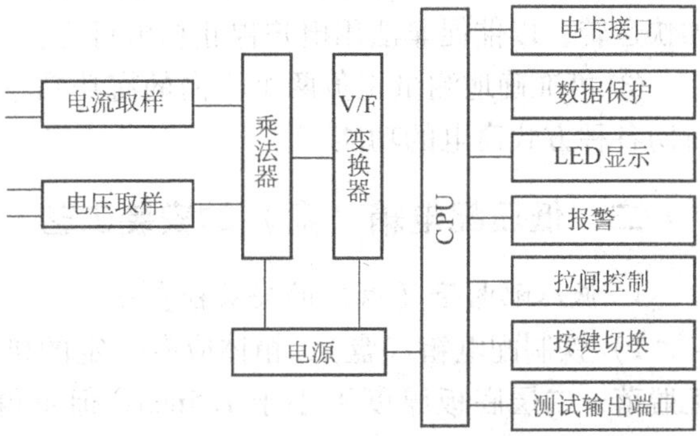

IC 卡预付费电能表也有单相和三相之分。单相预付费电能表的接线如图 4-84 所示。

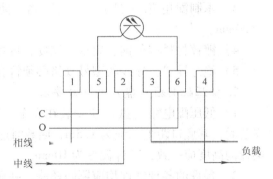

图 4-83 电卡预付费电能表工作原理框图

4) 单相载波电能表（机电一体化电能表）：它以原有感应式电能表为基础，配以采集模块，采用光电转换取样，应用模糊调制扩频技术、现代通信技术，将用户用电信息通过低压传送到智能抄表集中器进行存储，电管理部门通过电话网可读取集中器所存储的信息，实现远程自动抄表。它具有以下控制功能：

图 4-84 单相电卡预付费电能表接线

① 可靠性高、负荷宽、功耗低、体积小、重量轻、便于安装和管理。

② 精度不受频率、温度、电压、高次谐波的影响，启动电流小、无潜动，寿命长达 20 年以上。

③采用无线抄表方式,可实现无线抄表及功能设置,使抄表人员足不入户就可抄读到电表内的数据,大大方便了供电部门对用户电力的抄收管理工作。

④特别适用于电表因安装原因而不易人工抄读的场合,并可方便的组成无线自动抄表系统。

5)防窃电电能表:这是一种集防窃电与计量功能于一体的新型电能表,可有效地防止违章窃电行为,堵住窃电漏洞,给用电管理带来了极大的方便。

防窃电电能表主要有以下特点和控制功能:

①采用双绕组双电流线圈,双向累加计度器,实现双向计量电能功能。

②当用户按规定接线方式正常使用时,其性能和参数与普通表相同;若不按规定接线企图窃电时(如负向倒转或一相一地等),就会增加超度数计量,即加快运转,以催促非法用电户停止窃电行为。

③可准确地测量正负两个方向的有功功率,且以同一个方向累计电能,具有防各种方式窃电的功能。

二、低压配电箱(盘)的安装工艺

1. 低压配电箱(盘)的安装检查

1)铁制配电箱(盘):箱体应有一定的机械强度,周边平整无损伤,油漆无脱落,二层底板厚度不小于1.5mm,但不得采用阻燃型塑料板做二层底板,箱内各种器具应安装牢固,导线排列整齐,压接牢固。

2)塑料配电箱(盘):箱体应有一定的机械强度。周边平整无损伤,塑料二层底板厚度不应小于5mm。

3)木制配电箱(盘):应刷防腐、防火涂料,木制板盘面厚度不应小于20mm。

4)镀锌材料有角钢、扁铁、铁皮、自攻丝、螺栓、垫圈、圆钉等。

5)绝缘导线:导线的型号规格必须符合设计要求,并有产品合格证。

2. 低压配电箱(盘)的安装要求

1)低压配电箱(盘)应安装在安全、干燥、易操作的场所。配电箱(盘)安装时,其底口距地一般为1.5m;明装时底口距地1.2m;在同一建筑物内,同类盘的高度应一致,允许偏差为10mm。

2)预埋的各种铁件均应刷防锈漆,并做好明显可靠的接地。导线引出面板时,面板线孔应光滑无毛刺,金属面板应装设绝缘保护套。

3)配电箱(盘)带有器具的铁制盘面和装有器具的门及电器的金属外壳均应有明显可靠的PE保护地线(PE线为黄绿相间的双色线也可采用编织软铜线),但PE保护地线不允许利用箱体或盒体串接。

4) 配电箱（盘）配线排列整齐，并绑扎成束，在活动部位应固定。盘面引出及引进的导线应留有适当余度，以便于检修。

5) 导线剥削处不应损伤线芯或线芯过长，导线压头应牢固可靠，多股导线不应盘圈压接，应加装压线端子（有压线孔时除外）。如必须穿孔用顶丝压接时，多股导线应镀锡后再压接，不得减少导线股数。

6) 垂直装设的低压断路器及熔断器等电器上端接电源，下端接负荷。横装时左侧（面对盘面）接电源，右侧接负荷。

7) 配电箱（盘）上的电源指示灯，其电源应接至总开关的进线侧，并应装单独熔断器（电源侧）。盘面闸具位置应与支路相对应，其下面应装设卡片框，并标明路别及容量。

8) 配电箱（板）内的交流、直流或不同电压等级的电源，应具有明显标志。

9) TN-C 低压配电系统中的中性线 N 应在箱体或盘面上，引入接地干线处做好重复接地。

10) 照明配电箱（板）内，应分别设置中性线 N 和保护地线（PE 线）汇流排，中性线 N 和保护地线应在汇流排上连接，不得绞接，并应有编号。

11) 当 PE 线所用材质与相线相同时，应按热稳定要求选择截面积不应小于表4-8 规定的最小截面积要求。

表4-8 PE 线的最小截面积

相线线芯截面积/mm²	PE 线最小截面积/mm²	相线线芯截面积/mm²	PE 线最小截面积/mm²
$S \leqslant 16$	S	$16 < S \leqslant 35$	16
$35 < S \leqslant 400$	$S/2$	$400 < S \leqslant 800$	200

注：用此表若得出非标准截面积时，应选用与之最接近的标准截面导体。但不得小于：裸铜线 4mm²，裸铝线 6mm²，绝缘铜线 1.5mm²，绝缘铝线 2.5mm²。

12) 配电箱（盘）上的母线其相线应涂颜色标识，A 相（L1）应涂黄色；B 相（L2）应涂绿色；C 相（L3）应涂红色；中性线 N 相应涂淡蓝色；保护地线（PE 线）应涂黄绿双色相间。

13) PE 保护地线若不是供电电缆或电缆外护层的组成部分时，按机械强度要求，截面积不应小于下列数值：有机械性保护时为 2.5mm²；无机械性保护时为 4mm²。

14) 配电箱（盘）上电具、仪表应牢固、平正、整洁、间距均匀、铜端子无松动、启闭灵活，零部件齐全。其排列间距应符合表 4-9 中的规定。

表 4-9 电具、仪表排列间距要求

间距	最小尺寸/mm	
仪表侧面之间或侧面与盘边	60 以上	
仪表顶面或出线孔与盘边	50 以上	
闸距侧面之间或侧面与盘边	30 以上	
上下出线孔之间	40 以上（隔有卡片框） 20 以上（未隔卡片框）	
插入式熔断器顶面或底面与出线孔	插入式熔断器规格/A	
	10～15	20 以上
	20～30	30 以上
	60	50 以上
仪表、胶盖闸顶部或底面与出线孔	导线截面积/mm²	
	10 及以下	80
	16～25	100

15) 照明配电箱（板）应安装牢固、平整，其垂直偏差不应大于 3mm；安装时，照明配电箱（板）四周应无空隙，其面板四周边缘应紧贴墙面，箱体与建筑物、构筑物接触部分应涂防腐漆。

16) 配电箱（盘）面板较大时，应有加强衬铁，当宽度超过 500mm 时，箱门应作双开门。

3. 明装配电箱（盘）的固定方法

1) 在混凝土墙或砖墙上固定明装配电箱（盘）时，采用暗配管及暗分线盒和明配管两种方式。如有分线盒，先将盒内杂物清理干净，然后将导线理顺，分清支路和相序，按支路绑扎成束。待箱（盘）找准位置后，将导线端头引至箱内或盘上，逐个剥削导线端头，再逐个压接在器具上，同时将 PE 保护地线压在明显的地方，并将箱（盘）调整平直后进行固定。

在电具、仪表较多的盘面板安装完毕后，应先用仪表校对有无差错，调整无误后试送电，并将卡片框内的卡片填写好，编好序号。

2) 在木结构或轻钢龙骨板墙上固定配电箱（盘）时，应采用加固措施。如配管在护板墙内暗敷设，并有暗接线盒时，要求盒口应与墙面平齐，在木制板墙处应做防火处理，可涂防火漆或加防火材料衬里进行防护。

4. 暗装配电箱（盘）的固定方法

根据预留孔洞尺寸先将箱体找好标高及水平尺寸，并将箱体固定好，然后用水泥砂浆填实周边并抹平齐，待水泥砂浆凝固后再安装盘面和贴脸。如箱底与外墙平齐时，应在外墙固定金属网后再做墙面抹灰。不得在箱底板上抹灰。

安装盘面要求平整，周边间隙均匀对称，箱门平正、不歪斜，固定螺钉垂直受力均匀。

5. 低压配电箱（盘）的绝缘摇测

配电箱（盘）全部电器安装完毕后，用 500V 绝缘电阻表对线路进行绝缘摇测。摇测项目包括相线与相线之间，相线与中性线之间，相线与保护地线之间，中性线与保护地线之间。

摇测时，应两人进行，并应做好记录，作为技术资料存档。绝缘电阻值馈电线路必须大于10MΩ，二次回路必须大于10MΩ。

6. 低压配电箱（盘）的送电操作

1）将电源送至室内，经验电、校相无误。

2）对各路电缆摇测合格后，检查配电箱总开关处于"断开"位置，再进行送电，开关试送3次。

3）检查配电箱三相电压是否正常。

三、组合式变电所

组合式变电所是一种新型设备，它把变配电系统进行一体化组合。它具有体积小；安装、维修方便；经济效益高等优点。它适用于城市建筑、生活小区、中小型工厂等场所。

由我国自行设计的箱式变电站取各国之长，如 ZBW 系列组合式变电站，适用于 6～10kV 单母线和环网供电系统，容量为 50～1600kV·A 的独立箱式变电装置。它是由 6～10kV 高压变电室、10/0.4kV 变压器室和 220/380V 低压室组合的金属结构体。

箱式变电站有高压配电装置、电力变压器和低压配电装置三部分组成。其特点是结构紧凑，运输及移动比较方便，常用高压电压为 6～35kV，低压为 0.4/0.23kV。箱壳内的高、低压室设有照明灯，箱体有防雨、防晒、防尘、防锈、防潮、防小动物等措施。箱式变电站门的内侧有主回路电路图、控制回路电路图、操作程序及使用注意事项给用户提供方便。

ZBW—315—630kV·A 型组合变电所是常见的一种袖珍式组合变电所，其外形如图 4-85 所示。

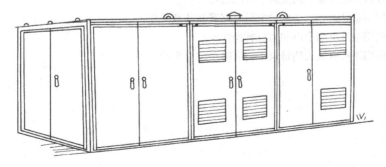

图 4-85　ZBW—315—630kV·A 型组合变电所的外形

常见的组合变电所按主开关容量和结构可分为以下几种：

对于袖珍式成套配电站，变压器容量在 150kV·A 以下的，高压室有负荷开关和高压熔断器；变压器容量在 300kV·A 以下的，高压室有隔离开关、真空断路器或少油断路器。对于中型变电站，变压器容量在 500kV·A 以下的，高压室由多种高压开关柜组成，主要元件有真空断路器柜或少油断路器柜。

小容量变电站的高压室、变压器室和低压室一般制成一体。中等容量的变电站把上述三室制成两体或三体。而大容量变电站都制成切块组合式，以便于运输和安装。高低压室元件的安装方式有固定式和手车式安装。

低压室的主要元件是 DW15 和 DZ30 系列的自动断路器，多路负荷馈电、电缆输出。在双路和环路供电可以增设自动减载备用互投电源，以减少停电事故。有的低压室还设有用来提高功率因数的无功补偿电容柜。

复习思考题

1. 低压验电器有哪些用途？
2. 使用电工刀时应注意哪些问题？
3. 进行导线连接时有哪些基本要求？
4. 室内线路常用的配线方式有哪些？简述其特点。
5. 室外线路常用的配线方式有哪些？简述其特点。
6. 用低压验电器区分相线和中性线，以及检验电气设备金属外壳是否带电。
7. 分别用电工刀及钢丝钳进行导线绝缘层剖削的练习。
8. 选用 1.5mm² 的铜芯硬线，分别进行直线与分支连接的练习。
9. 选用 25mm² 的 7 股铜芯导线，进行直线连接的练习。
10. 常用照明灯具、电器（各种开关、灯具、插座、吊线盒等）的安装、配线，配线方式分别采用塑料护套线、硬塑料管及塑料线槽。
11. 进行单相电能表的安装、接线练习。
12. 进行三相电能表的安装、接线练习。
13. 使用指针式万用表测量电阻时有哪些注意事项？
14. 使用绝缘电阻表时如何进行操作？
15. 使用钳形电流表测量电流时有哪些注意事项？

第五章

电机与变压器的工作原理及其应用

> **培训学习目标**　熟悉三相异步电动机的结构、原理与使用知识；掌握三相异步电动机定子绕组首末端判别的常用方法；掌握单相异步电动机的结构、原理与使用知识；熟悉直流电动机的结构、原理与使用知识；熟悉小型变压器的使用与维修常识。

◆◆◆ 第一节　三相异步电动机的原理与使用

交流电机分异步电机和同步电机两大类。异步电机一般作电动机用，拖动各种生产机械作功。同步电机分为同步发电机和同步电动机两类。

根据使用电源不同，异步电动机可分为三相和单相两种型式。三相异步电动机具有结构简单、运行可靠、制造方便等优点，因而在机械制造、工农业生产、交通运输等各行业中得到广泛应用。单相异步电动机主要应用于人类日常生活中的各种家用电器（如电风扇、电冰箱等）。

目前广泛使用的三相异步电动机为 Y 系列。Y 系列交流异步电动机符合国际电工委员会（IEC）标准，技术指标先进，并且能国际通用。随着电力电子技术的发展，交流变频电源的性能和可靠性日臻完善，交流电动机已广泛采用变频调速的控制方式。

一、三相异步电动机的基本结构

三相异步电动机由定子和转子两部分组成。因转子结构不同，它可分为笼型转子和绕线转子两种类型。三相笼型异步电动机的结构如图 5-1 所示。

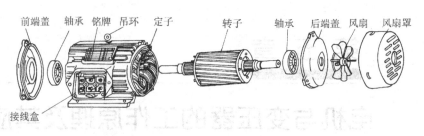

图 5-1 三相笼型异步电动机的结构

1. 三相异步电动机的定子

定子主要由定子铁心、定子绕组和机座三部分组成。定子的作用是通入三相对称交流电后产生旋转磁场以驱动转子旋转。

(1) 定子铁心　它是电动机磁路的一部分，为减少铁心损耗，一般由 0.35~0.5mm 厚的导磁性能较好的硅钢片叠成圆筒形状，安装在机座内。

(2) 定子绕组　它是电动机的电路部分，它嵌放在定子铁心的内圆槽内。定子绕组分单层和双层两种。一般小型异步电动机采用单层绕组，大中型异步电动机采用双层绕组。

电动机的定子绕组一般采用漆包线绕制而成，分三组分布在定子铁心槽内，构成对称的三相绕组。三相绕组有 6 个出线端，分别用 U1、U2；V1、V2；W1、W2 表示，连接在电动机机壳上的接线盒中，其中 U1、V1、W1 是三相绕组的首端，U2、V2、W2 是三相绕组的末端。三相定子绕组可以是星形（Y联结）或是三角形（△联结），如图 5-2 所示。使用者应根据电动机铭牌中规定的联结方式进行接线。若使电动机反转时，可将任意两相电源线头调换一次位置。

(3) 机座　它是电动机的外壳和支架，用来固定和支撑定子铁心和端盖。

2. 三相异步电动机的转子

转子主要由转子铁心、转子绕组和转轴三部分组成。转子的作用是产生感应电动势和感应电

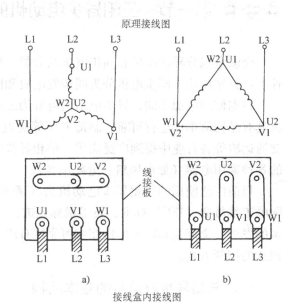

图 5-2　三相异步电动机的接线
a) 电动机星形联结　b) 电动机三角形联结

流,形成电磁转矩,实现机电能量的转换,从而带动负载机械转动。

转子铁心和定子铁心、气隙一起构成电动机的磁路部分。转子铁心也用硅钢片叠压而成,压装在转轴上。气隙是电动机磁路的一部分,它是决定电动机运行质量的一个重要因素。气隙过大将会使励磁电流增大,功率因数降低,电动机的性能变坏;气隙过小,则会使运行时转子铁心和定子铁心发生碰撞。一般中小型三相异步电动机的气隙为 0.2~1.0mm,大型三相异步电动机的气隙为 1.0~1.5mm。

因异步电动机转子绕组的结构型式不同可分为笼型转子和绕线转子两种。

(1) 笼型转子 笼型转子绕组由嵌在转子铁心槽内的裸导条(铜条或铝条)组成。导条两端分别焊接在两个短接的端环上,形成一个整体。如去掉转子铁心,整个绕组的外形就像一个笼子,由此而得名。中小型电动机的笼型转子一般都采用铸铝转子,即把熔化了的铝浇铸在转子槽内而形成笼型。大型电动机采用铜导条。

(2) 绕线转子 绕线转子绕组与定子绕组相似,由嵌放在转子铁心槽内的三相对称绕组构成,绕组作星形联结,三个绕组的尾端连接在一起,三个首端分别接在固定在转轴上且彼此绝缘的三个铜制集电环上,通过电刷与外电路的可变电阻相连,用于起动或调速,如图5-3所示。

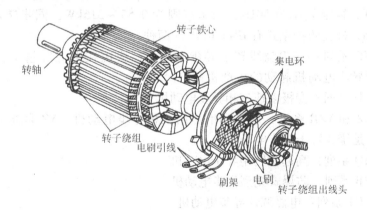

图5-3 三相绕线转子异步电动机的转子结构

3. 三相异步电动机的铭牌

每台电动机上都装有一块铭牌,上面标注了电动机的额定值和基本技术数据,如图5-4所示。额定值是制造厂对电机在额定工作条件下所规定的量值。电机按铭牌上所规定的额定值和工作条件运行,称为额定运行。铭牌上的额定值与有关技术数据是正确选择、使用和检修电动机的依据。

型号 Y132S2—2	额定电压 380V	联结方式 △
额定功率 7.5kW	额定电流 15A	工作方式 连续
额定转速 2890r/min	温升 80℃	绝缘等级 B
额定频率 50Hz	防护等级 IP44	重量 ××kg
××电机制造有限公司	产品编号××	出厂日期×年×月

图 5-4 三相异步电动机的铭牌

下面对铭牌中的各数据加以说明：

(1) 型号 异步电动机的型号主要包括产品代号、设计序号、规格代号和特殊环境代号等。产品代号表示电动机的类型，用汉语拼音大写字母表示；设计序号是指电动机产品设计的顺序，用阿拉伯数字表示；规格代号是用机座中心高、铁心外径、机座号、机座长度、铁心长度和极数等表示。如：

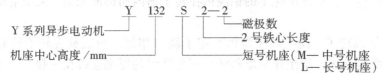

我国生产的异步电动机主要产品系列有：

1) Y系列：一般用途的小型笼型全封闭自冷式三相异步电动机。其额定电压为380V，额定频率为50Hz，功率范围为0.55~315kW，同步转速为600~3000r/min，外壳防护型式有IP44和IP23两种。

2) YR系列：三相绕线转子异步电动机，应用在电源容量小、不能用同功率笼型异步电动机起动的生产机械上。

3) YD系列：变极多速三相异步电动机。

4) YZ和YZR系列：起重和冶金用三相异步电动机，YZ是笼型异步电动机，YZR是绕线转子异步电动机。

5) YQ系列：高起动转矩异步电动机。

6) YB系列：防爆式笼型异步电动机。

7) YCT系列：电磁调速异步电动机。

(2) 额定电压和联结方式 额定电压是指加在电动机定子绕组上的线电压有效值，单位为V或kV。Y系列三相异步电动机的额定电压统一为380V。

联结方式是指电动机在额定电压下，三相定子绕组采用△联结还是Y联结。Y系列三相异步电动机规定额定功率在3kW及以下的为Y联结，4kW及以上的为△联结。有的电动机铭牌上标有两种电压值，如380/220V，同时应标有两种电流值及Y/△两种联结。

(3) 额定电流 指电动机轴上输出额定功率时，电动机定子绕组中的线电流值，单位为A或kA。

(4) 额定功率 指在额定状态下运行时，电动机轴上输出的机械功率，单位为 W 或 kW。

对于三相异步电动机，其额定功率为

$$P_\text{N} = \sqrt{3}U_\text{N}I_\text{N}\cos\varphi_\text{N}\eta_\text{N} \tag{5-1}$$

式中 η_N——电动机的额定效率；

$\cos\varphi_\text{N}$——额定功率因数。

对于 380V 的异步电动机来说，其 η_N 和 $\cos\varphi_\text{N}$ 的乘积大致在 0.8 左右，代入式 (5-1) 可得

$$I_\text{N} \approx 2P_\text{N} \tag{5-2}$$

式 (5-2) 中 P_N 的单位为 kW，I_N 的单位为 A，由此可以估算它的额定电流（约 1kW 电机 2A 电流）。

(5) 额定频率 指加在定子绕组上允许的电源频率，国产电动机的额定频率为 50Hz。

(6) 额定转速 指额定运行时电动机的转速，单位为 r/min。

(7) 额定效率 指电动机在额定负载时的效率，等于额定状态下输出功率与输入功率的比值，即

$$\eta_\text{N} = \frac{P_\text{N}}{P_1} \tag{5-3}$$

(8) 绝缘等级 指电动机定子绕组所用的绝缘材料的等级。电动机所允许的最高工作温度与所选用绝缘材料的等级有关，见表 3-6。目前，一般电动机采用较多的是 B 级绝缘和 E 级绝缘，发展趋势是采用 F 级和 H 级绝缘。

电动机的使用寿命主要是由它的绝缘材料决定，当电动机的工作温度不超过其绝缘材料的最高允许温度时，绝缘材料的使用寿命可达 20 年左右，若超过最高允许温度，则绝缘材料的使用寿命将大大缩短，一般是每超过 8℃，寿命将缩短 1/2。

因此，绝缘材料的最高允许温度是一台电动机带负载能力的限度，而电动机的额定功率正是这个限度的具体体现。电动机的额定功率实际是指在环境温度 40℃、长期连续工作，其温度不超过绝缘材料最高允许温度时的最大输出功率。

(9) 温升 温升是指允许电动机绕组温度高出周围环境温度的最大温差。电动机发热是因在实现能量变换的过程中，电动机内部产生了损耗并变成热量从而使电动机的温度升高。我国规定环境温度以 40℃ 为标准。

电动机一旦有了温升，就要向周围散热，温升越高，散热越快，当电动机在单位时间内向周围散发的热量等于其损耗所产生的热量时，电动机的温度就不再上升，即处于发热与散热的动平衡状态。

电动机在额定状态下运行时，温升是不会超出允许值的，只有在长期过载运

行或故障运行时，才会因电流超出额定值而使温升高出允许值。

（10）防护等级 电动机外壳防护等级的标志，是以字母"IP"和其后面的两位数字表示的。"IP"为国际防护的缩写。IP后的第一位数字表示第一种防护型式（防尘）的等级，共分5个等级，它是指防止人体接触电动机内的带电或转动部分和防止固体异物进入电动机内部的防护等级。第二个数字代表第二种防护型式（防水）的等级，共分7个等级，是指防止水进入电动机内部程度的防护等级。

二、三相异步电动机的拆装

电动机在使用中因故障检查或日常维护等原因，需要进行拆卸与装配。只有掌握正确的拆卸与装配技术，才能保证电动机的修理质量。

（1）电动机拆卸前的准备工作

1）准备好拆卸工位与拆卸电动机的专用工具，如图5-5所示。

2）做好相应记录和标记。在线头、端盖、刷握等处作好标记；记录好联轴器或带轮与端盖之间的距离。

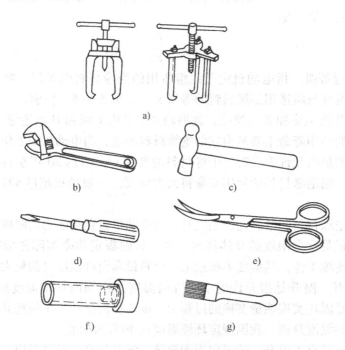

图5-5 拆卸电动机的常用工具
a）拉具 b）活扳手 c）锤子 d）螺钉旋具
e）弯头长柄剪刀 f）钢铜套 g）毛刷

(2) 电动机的拆卸步骤

1) 切断电源后,首先拆除电动机的电源线,并用黑胶布包好电源线端头。

2) 卸下传动带,拆卸地脚螺栓,将螺母、垫圈等小零件用小盒装好,以免丢失。

3) 拆卸带轮或联轴器。

4) 卸下风罩和风扇。

5) 拆卸轴承盖和端盖(绕线转子应先提起和拆除电刷、电刷架及引出线)。

6) 抽出或吊出转子。

对于旧系列(如 JO2 系列)的电动机或新电动机需进行拆卸时,可按如图 5-6 所示的顺序进行。

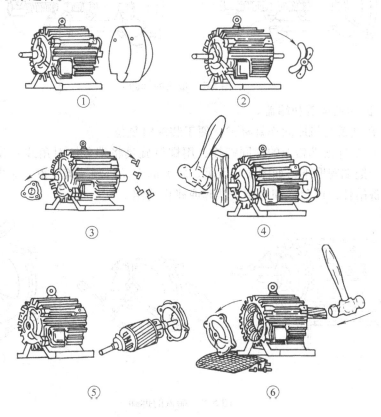

图 5-6 电动机的拆卸步骤

(3) 电动机主要零部件的拆卸方法

1) 拆卸带轮(或联轴器)。

① 用笔标好带轮的正反面,以免安装时装反。

② 在带轮（或联轴器）的轴伸端作好标记，如图5-7所示。

③ 松下带轮上的压紧螺钉或销子。

④ 按图5-7的方法装好拉具（拉具螺杆的中心线要对准电动机轴的中心线），转动拉具的丝杆（掌握好转动的力度），把带轮或联轴器慢慢拉出（切忌硬拆）。对于带轮或联轴器较紧的电动机，若无法拉出时，可先在螺钉孔内注入煤油，或用喷灯在带轮四周均匀加热，使其膨胀后再拉出。在拆卸过程中，严禁用锤子直接敲击带轮，以免造成带轮或联轴器碎裂，或使转轴变形。

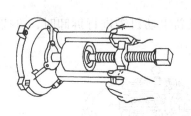
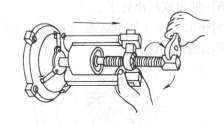

图5-7 带轮的拆卸

2) 拆卸轴承盖和端盖。

① 在端盖与机座间作好标记，便于装配时复位。

② 逐个拧松端盖上的紧固螺栓，用螺钉旋具将端盖按对角线一先一后的向外扳撬，把端盖取下，如图5-8所示。较大的电动机因端盖较重，应先把端盖用起重设备吊住，以免拆卸时端盖跌碎或碰伤绕组。

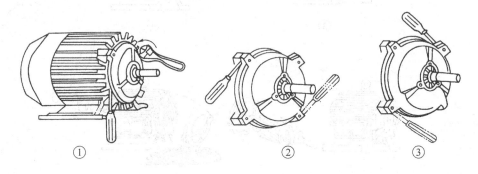

图5-8 端盖的拆卸

3) 刷架、风罩和风扇叶的拆卸。

① 绕线转子异步电动机的电刷在拆卸前应先作好标记，便于复位。然后松开刷架弹簧，抬起刷握，卸下电刷，取下电刷架。

② 封闭式电动机的带轮或联轴器拆除后，松开风罩的固定螺钉，取下风罩，再将风扇的定位销或定位螺钉拆下或松开。用锤子在风扇叶四周轻轻敲打，慢慢

将扇叶拉下，小型电动机的风扇后轴承处不需要加注润滑油，更换时可随转子一起抽出。若风扇是塑料制成，可用热水或热风加热使塑料风扇膨胀后再旋下。

4）轴承的拆卸。拆卸轴承有两种方法：一种是用轴承拉具，如图 5-9 所示，将拉具的抓钩紧紧地扣住轴承内圈，然后把轴承慢慢卸下来；另一种是敲打法，如图 5-10 所示，将转子垂直放置，轴承与转子间用隔板架置，转子上部垫铜棒，用铁锤敲打铜棒拆卸轴承。

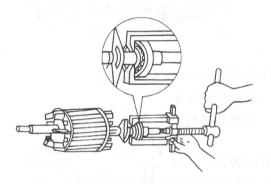

图 5-9　用拉具拆卸电动机的轴承

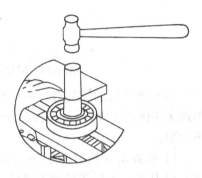

图 5-10　用敲打法拆卸轴承

若安装轴承时，可将轴承套在转轴上，用一个内径略大于轴的铁圆筒套装在转轴上，筒壁应能很好地顶住轴承内圈，用铁锤均匀敲打套筒直至到位，如图 5-11 所示。

5）拆卸转子。端盖拆下后，可抽出转子。此时，必须仔细，不能碰伤绕组、风扇、铁心和轴颈等。对于小型电动机，可单人双手抽出，也可双人取出，如图 5-12 所示。对于大中型的电动机，转子较重，可在轴上另套一加长钢管，并用起重绳索一端套在转子轴上，另一端套在钢管上，借助起重机械，将转子吊住平移取出，如图 5-13 所示。

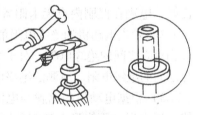

图 5-11　安装轴承的方法

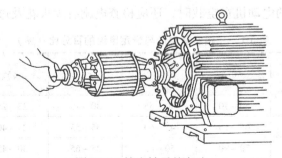

图 5-12　抽出转子的方法

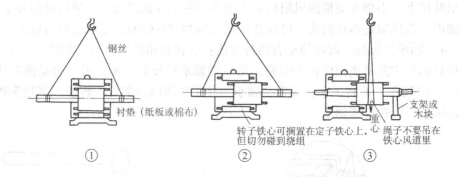

图 5-13 用起重设备吊抽电动机转子的方法

（4）电动机的装配与检验　装配电动机时可按拆卸工序的逆步骤进行。装配后的电动机应进行以下检验：

1）检查电动机的转子转动是否轻便灵活，如图 5-14 所示，若转子转动不灵活，应调整端盖紧固螺栓的松紧程度，使之转动灵活。检查绕线转子电动机的刷握位置是否正确，电刷与集电环接触是否良好，电刷在握刷内有无卡阻等。

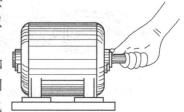

图 5-14 检查电动机转动情况

2）检查电动机的绝缘电阻值，用绝缘电阻表测电动机定子绕组相与相之间、各相对壳之间的绝缘电阻；对于绕线转子异步电动机，还应检查转子绕组及绕组对壳之间的绝缘电阻。所测的绝缘电阻值应在 0.5MΩ 以上，说明绝缘情况良好。

3）根据电动机的铭牌与电源电压正确接线，并在电动机外壳上安装好接地线，通电后，用钳形电流表分别检测三相电流是否平衡。三相空载电流的偏差值应小于 10%；三相空载电流与额定电流的百分比可参照表 5-1 进行比较。

4）用转速表测量电动机转速。

5）电动机通电空转半小时后，检测机壳和轴承处的温度，观察有无振动和噪声。绕线转子的电动机在空载时，还应检查电刷有无火花及过热现象。

表 5-1　三相空载电流与额定电流的百分比（%）

极数	功率/kW				
	<0.5	<2.2	<10	<55	<125
2	50~70	40~55	30~45	23~25	18~30
4	65~85	45~60	35~55	25~40	20~30
6	70~90	50~65	35~65	30~45	22~33
8	75~90	50~70	37~70	35~50	25~35

(5) 考核项目的成绩评定　进行拆装三相异步电动机技能训练时，成绩评定依据见表 5-2。

表 5-2　拆装三相异步电动机的成绩评定

项目	配分	评分标准	扣分	得分
拆装前标记	10 分	标记有误每处扣 5 分		
拆装工具使用	20 分	使用不当每次扣 5 分		
拆装电动机	60 分	拆装工序及操作有误每处扣 5 分		
安全操作	10 分	出现安全事故或违反实验规程扣 10 分		
操作工时	1h	成　绩		

三、三相异步电动机定子绕组的首末端判别

当电动机的三相定子绕组引出线的标记遗失或首末端不清时，可用万用表和电池来进行判别。

(1) 电池法

1) 将万用表转换开关置于电阻 "$R \times 10$" 挡，测量引出线端间的电阻，以便区分三相绕组，并假设编号为 U1、U2；V1、V2；W1、W2。

2) 将万用表转换开关置于 "mA" 挡，选用最小量程时指针偏转明显。将任意一相绕组的两个线端（如 W1、W2）并接到万用表两表笔间，如图 5-15 所示；再将另一相绕组（如 V1、V2）的其中一端接电池的负极，另一端去碰触电池的正极，同时注意观察表针的瞬时偏转方向。

如果表针正偏（向右偏转），则与电池正极触碰的那根线端确定为末端（标明 V2），与电池负极相接的线端为首端（标明 V1）。如果表针反偏（向左偏转），则该绕组的首末端与上述判断相反。

3) 万用表与绕组的接线不动，用上述同样的方法判别第三相绕组的首末端，此种方法是利用变压器的电磁感应原理实现的。

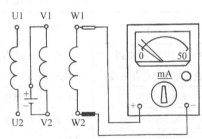

图 5-15　用万用表和电池法判别绕组首末端

(2) 剩磁法　其接线如图 5-16 所示。

1) 将万用表转换开关置于电阻 "$R \times 10$" 挡，测量引出线端间的电阻，区分开三相绕组，并假设编号为 U1、U2；V1、V2；W1、W2。

2) 将万用表转换开关置于最小量程的 "mA" 挡或最大量程的 "μA" 挡。将三相绕组并联连接，如图 5-16 所示，将假定的 U1、V1、W1 连接在一起，另

外三端连接一起，再并接到万用表两表笔间。

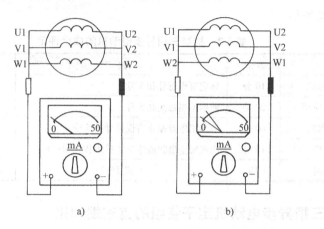

图 5-16 用剩磁法判别定子绕组首末端
a) 首末端并接在一起 b) 首末端混合并接

3) 用手转动电动机的转子，观察万用表指针的偏转，如图5-16a所示。若指针不动，则说明三个首端假定正确（则三个末端假定也正确）；若指针偏转，如图5-16b所示，则对调其中一相或两相绕组的两线端后重新试验，直到表针不动为止。

（3）考核项目的成绩评定　进行判别电动机定子绕组首末端技能训练时，成绩评定依据见表5-3。

表 5-3　判别定子绕组首末端的成绩评定

项　　目	配　分	评分标准	扣分	得分
测量各相绕组的电阻	10 分	测量有误每相扣 3 分		
测量各相绕组的首末端	60 分	测量有误每相扣 20 分		
万用表操作	20 分	测量挡位有误每次扣 5 分		
安全操作	10 分	出现安全事故或违反安全规程扣 10 分		
操作工时	20min	成绩		

四、三相异步电动机的常见故障与检修

三相异步电动机的常见故障多种多样，产生的原因也较为复杂。检查电动机时，一般按照先外后里、先机后电、先听后检的顺序。先检查电动机的外部是否有故障，后检查电动机内部；先检查机械方面，再检查电气方面；先听使用者介绍使用情况和故障情况，再动手检查；先缩小故障范围，再正确地找出故障

第五章 电机与变压器的工作原理及其应用

原因。

三相异步电动机的常见故障与检修方法见表 5-4。

表 5-4 三相异步电动机的常见故障与检修方法

故障现象	产生原因	检修方法
通电后，不能起动或有异常声音	1. 熔丝烧断 2. 电源断路 3. 开关或起动设备接触不良 4. 定子、转子相擦 5. 轴承损坏或有异物卡住 6. 定子铁心或其他零件松动 7. 负载过重或负载机械卡阻 8. 绕组连线错误 9. 定子绕组断路或短路	1. 更换熔丝 2. 查出断路处，重新接好 3. 修复开关或起动设备，使其正常 4. 找出相擦的原因，校正转轴 5. 清洗、检查或更换轴承 6. 重新复位、焊牢或紧固 7. 减轻负载，检查负载机械和传动装置 8. 重新正确连线 9. 检查绕组断路和接地处，重新接好
转速低，转矩小	1. △联结错接为Y联结 2. 笼型的转子端环、笼条断裂或脱焊 3. 定子绕组局部断路或短路 4. 绕线转子的绕组断路	1. 改正接线 2. 焊补修接断条或更换绕组 3. 找出故障处，进行处理或更换绕组 4. 找出断路处进行处理或更换绕组
过热或冒烟	1. 负载过大 2. 断相运行 3. 绕组受潮 4. 转子和定子严重相擦 5. 定子铁心硅钢片间绝缘损坏 6. 绕组有短路和接地 7. 电源电压过低或三相电压相位差过大	1. 减轻负载或更换功率较大的电动机 2. 检查线路和绕组中断路或接触不良处，重新接好 3. 对绕组进行烘干处理 4. 校正转子铁心或轴，或更换轴承 5. 对铁心进行绝缘处理或适当增加每槽匝数 6. 修理或更换故障绕组 7. 查出电压不稳定的原因
轴承过热	1. 装配不当使轴承受力不均 2. 轴承内有异物或缺少润滑油 3. 轴承损坏 4. 传动带过紧或联轴器装配不良 5. 轴承标准不合适	1. 重新装配 2. 清洗轴承并让人新的润滑油 3. 更换轴承 4. 适当调松传动带，修理联轴器或更换轴承 5. 选配标准合适的新轴承

第二节 单相异步电动机的拆装与维修

一、单相异步电动机的铭牌

单相异步电动机的铭牌如图5-17所示。

单相电容运行异步电动机			
型号	D02—6314	电流	0.94A
电压	220V	转速	1400r/min
频率	50Hz	工作方式	连续
功率	90W	标准号	
编号、出厂日期××××			××电机厂

图5-17 单相异步电动机的铭牌

（1）型号 表示该产品的种类、技术指标、防护结构型式及使用环境等。

我国单相异步电动机的系列代号前后经过三次重大的更新，见表5-5。目前生产的B02、C02、D02系列，均采用IEC国际标准，其功率等级与机座号的对应关系与国际通用，有利于产品的出口及与进口产品相替代。该系列产品电动机外壳防护型式均为IP44（封闭式），采用E级绝缘，接线盒在电动机顶部，便于接线与维修。

近年来，我国又研制生产了新型的YC系列单相电容起动异步电动机。

表5-5 小功率单相异步电动机产品系列代号

基本系列产品名称	20世纪60年代前	20世纪70年代	20世纪80~90年代
单相电阻起动异步电动机	JZ	B0	B02
单相电容起动异步电动机	JY	C0	C02
单相电容运行异步电动机	JX	D0	D02
单相电容起动与运行异步电动机	—	—	E
单相罩极电动机	—	—	F

（2）电压 是指电动机在额定状态下运行时加在定子绕组上的电压，单位为V。根据国家标准规定，电源电压在±5%范围内变动时，电动机应能正常工作。电动机使用的电压一般为标准电压，我国单相异步电动机的标准电压有12V、24V、36V、42V和220V等。

(3) 频率　是指加在电动机上的交流电源的频率，单位为 Hz。由单相异步电动机的转速与交流电源的频率直接有关，频率越高转速也越高。因此，电动机应接在规定频率的交流电源上使用。我国交流电源频率为 50Hz，国外有 60Hz 的。

(4) 功率　是指单相异步电动机轴上输出的机械功率，单位为 W。铭牌上标出的功率是指电动机在额定电压、额定频率和额定转速下运行时输出的功率，即额定功率。

我国常用的单相异步电动机的标准额定功率为：6W、10W、16W、25W、40W、60W、90W、120W、180W、250W、370W、550W 及 750W。

(5) 电流　在额定电压、额定功率和额定转速下运行的电动机，流过定子绕组的电流值，称为额定电流，单位为 A。电动机在长期运行时的电流不允许超过该电流值。

(6) 转速　电动机在额定状态下运行时的转速，单位为 r/min。每台电动机在额定运行时的实际转速与铭牌规定的额定转速有一定的偏差。

(7) 工作方式　是指电动机的工作是连续式还是间断式。连续运行的电动机可以间断工作，但间断运行的电动机不能连续工作，否则会烧损电动机。

二、单相异步电动机的分类

常用的单相异步电动机种类繁多，其结构特点、等效电路及应用见表 5-6。

表 5-6　单相异步电动机的结构特点、等效电路及应用

名　称	结　构　特　点	等　效　电　路	应　用
电阻分相式电动机	1. 定子绕组由主绕组、副绕组两部分组成 2. 主绕组线径粗、匝数多、电阻小；副绕组线径细、匝数少、电阻大 3. 起动结束后，副绕组被自动切除	（开关 S、电阻 R、电动机 M 1~、主绕组、副绕组、L、N）	小型鼓风机、研磨机、搅拌机、小型钻床、医疗器械、电冰箱等
电容分相式电动机	1. 定子绕组由主绕组、副绕组两部分组成 2. 主绕组线径粗、匝数多、电阻小；副绕组线径细、匝数少、电阻大 3. 起动结束后，副绕组被自动切除	（开关 S、电容 C、电动机 M 1~、主绕组、副绕组、L、N）	小型水泵、冷冻机、压缩机、电冰箱、洗衣机等

（续）

名称	结构特点	等效电路	应用
电容运转式电动机	1. 定子绕组由主绕组、副绕组两部分组成 2. 主绕组线径粗、匝数少、电阻小；副绕组线径细、匝数多、电阻大 3. 副绕组参与运行		电风扇、排气扇、电冰箱、洗衣机、空调器、复印机等
电容起动、运转式电动机	1. 定子绕组由主绕组、副绕组两部分组成 2. 副绕组中串入起动电容器 C 3. 起动结束后，一组电容被切除，另一组电容与副绕组参与运行		电冰箱、水泵、小型机床等
罩极式电动机	结构简单、制造成本低；功率因数低、效率低，但堵转能力强 定子由一组绕组组成，定子铁心的一部分套有罩极铜环		鼓风机、电唱机、仪器仪表电动机、电动模型等

三、单相异步电动机的拆装

1. 单相异步电动机的结构形式

单相异步电动机与三相异步电动机的结构相似，但因使用场合不同，其结构形式也有所差异，常见电动机的结构形式有以下几类：

（1）内转子结构　电动机转子位于电动机内部，主要由转子铁心、转子绕组和转轴组成。定子位于电动机外部，主要由定子铁心、定子绕组、机座、前后端盖和轴承等组成，图5-18所示为常见的内转子结构的台扇电动机。

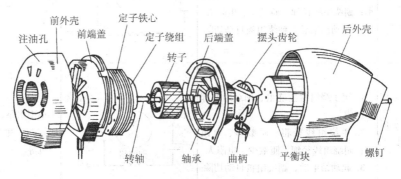

图5-18　电容运行台扇电动机结构

(2) 外转子结构 电动机的定子铁心及定子绕组置于电动机内部,转子铁心、转子绕组压装在上、下端盖内。两端盖间用螺钉联接,并借助轴承与定子铁心及定子绕组一起组合成一台完整的电动机。电动机工作时,上下端盖及转子铁心与转子绕组一起转动,图5-19所示为外转子结构的吊扇电动机。

(3) 凸极式罩极电动机结构 它又可分为集中励磁罩极电动机和分别励磁罩极电动机两类,如图5-20、图5-21所示。其中集中励磁罩极电动机的外形与单相变压器相似,套装于定子铁心上的定子绕组接交流电源,转子绕组产生电磁转矩而转动。

2. 单相异步电动机的拆装方法

检修电动机前,必须先对电动机进行拆卸。在排除故障并复原后,再对电动机进行清洗和加注润滑油,随后进行装配。单相电动机的拆装比较简单,在拆卸前先仔细观察被拆电动机的外部结构,从而确定拆卸的顺序。

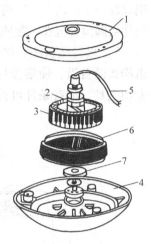

图5-19 电容运行吊扇电动机结构
1—上端盖 2、7—挡油罩
3—定子 4—下端盖
5—引出线 6—外转子

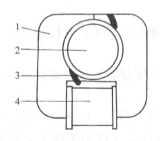

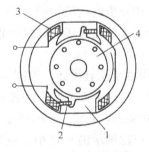

图5-20 凸极式集中励磁罩极电动机结构
1—凸极式定子铁心 2—转子
3—罩极 4—定子绕组

图5-21 凸极式分别励磁罩极电动机结构
1—凸极式定子铁心 2—罩极
3—定子绕组 4—转子

(1) 常用拆卸方法

1) 敲打定子铁心法。如端盖正面有孔,可用此法拆卸,即把定子铁心与前端盖组件一起放在一个钢套筒上,如图5-22所示。套筒内径应稍大于定子铁心外径,用一根铜棒插入后端盖的孔内,与定子铁心端面相接触,在定子铁心四周用锤子敲打铜棒,直到定子铁心及定子绕组脱离前端盖。用此法拆卸时,钢套筒下面要垫上棉纱等软物,以防定子铁心掉下时损伤绕组。

2) 撞击法。如端盖正面无孔,则可用此法拆卸,即将定子铁心及前端盖组件倒放在一个圆筒上，圆筒底部也要垫上棉纱等软物，如图5-23所示。用双手将该组件与圆筒合抱在一起撞击，依靠定子铁心及绕组的质量，使其与前端盖脱离。

3) 敲打端盖法。将定子铁心伸出端盖的部分用台虎钳夹紧，随后用铜棒敲击端盖的台沿，使端盖与定子铁心脱离，注意不能损伤端盖。此法较简单且不需专用工具，如有条件可首先采用。

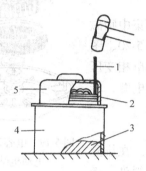

图5-22 敲打定子铁心法
1—铜棒 2—定子 3—棉纱 4—套筒 5—端盖

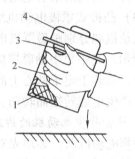

图5-23 撞击法
1—棉纱 2—圆筒 3—定子 4—端盖

(2) 轴承的拆装 外转子电动机（吊扇）的轴承一般为滚动轴承，其拆装方法与三相异步电动机相同。

内转子式单相异步电动机的轴承一般为圆柱形滑动轴承，其拆卸方法一般有两种：

1) 用轴承拉具拆卸。如图5-24所示，将拉具定位后，只需旋动轴承拉杆上部的螺母，拉杆下面的凸台即能把轴承慢慢拉出。

2) 用敲击法拆卸。如图5-25所示，用锤子敲击铜棒，该铜棒直径较小的部分其尺寸应比轴承内孔稍小，铜棒直径较大部分的尺寸应小于端盖上的轴承孔径，锤子敲击铜棒时用力应垂直、均匀，轻敲慢打，以免引起端盖变形。

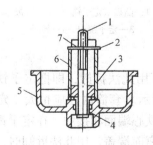

图5-24 用轴承拉具拆卸轴承
1—轴承拉杆 2—垫圈 3—滑块 4—轴承
5—端盖 6—套筒 7—螺母

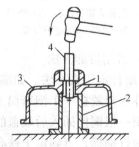

图5-25 用敲击法拆卸轴承
1—轴承 2—套筒 3—端盖 4—铜棒

圆柱形滑动轴承在安装时，首先应将轴承内外和端盖上的轴承孔清洗干净，然后将浸透机油的油毡放入端盖轴承孔的油毡槽内，在滑动轴承的内外涂上机油，再将轴承均匀地压或打入端盖的轴承孔内，要注意保证轴承与端盖轴承孔之间的同心度，不能偏斜。

四、单相异步电动机的常见故障与检修

多种单相异步电动机的常见故障具有一定的相通性，其常见故障与检修方法见表5-7。

表5-7　单相异步电动机的常见故障与检修方法

故障现象	产生原因	检修方法
电源电压正常，但通电后电动机不转	1. 定子绕组或转子绕组开路 2. 离心开关触头未闭合 3. 电容器开路或短路 4. 转轴卡住 5. 定子与转子相碰	1. 定子绕组开路可用万用表查找，转子绕组开路用短路测试器查找 2. 检查离心开关触头、弹簧等，加以调整或修理 3. 更换电容器 4. 清洗或更换轴承 5. 找出原因对症处理
电动机接通电源后熔丝熔断	1. 定子绕组内部接线错误 2. 定子绕组有匝间短路或对地短路 3. 电源电压不正常 4. 熔丝选择不当	1. 用指南针检查绕组接线 2. 用短路测试器检查绕组是否有匝间短路，用绝缘电阻表测绕组对外壳的绝缘电阻 3. 用万用表测量电源电压 4. 更换合适的熔丝
电动机温度过高	1. 定子绕组有匝间短路或对地短路 2. 离心开关触头不断开 3. 副绕组与主绕组接错 4. 电源电压不正常 5. 电容器变质或损坏 6. 定子与转子相摩擦 7. 轴承不良	1. 用短路测试器检查绕组是否有匝间短路，用绝缘电阻表测绕组对壳的绝缘电阻 2. 检查离心开关触头、弹簧等，加以调整或修理 3. 测量两组绕组的直流电阻，电阻大者为副绕组 4. 用万用表测量电源电压 5. 更换电容器 6. 找出原因对症处理 7. 清洗或更换轴承
电动机运行时噪声大或振动过大	1. 定子与转子轻度相碰 2. 转轴变形或转子不平衡 3. 轴承故障 4. 电动机内部有杂物 5. 电动机装配不良	1. 找出原因对症处理 2. 如无法调整，则需更换转子 3. 清洗或更换轴承 4. 拆开电动机，清除杂物 5. 重新装配

(续)

故障现象	产生原因	检修方法
电动机外壳带电	1. 定子绕组在槽口处绝缘损坏 2. 定子绕组端部与端盖相碰 3. 引出线或接线处绝缘损坏与外壳相碰 4. 定子绕组槽内绝缘损坏	1. 寻找绝缘损坏处,再用绝缘材料与绝缘漆加强绝缘 2. 同上 3. 同上 4. 重新嵌线
电动机绝缘电阻降低	1. 电动机受潮或灰尘较多 2. 电动机过热后绝缘老化	1. 拆开后清扫并进行烘干处理 2. 重新浸漆处理

第三节 直流电动机的使用与维护

直流电机是通过磁场的耦合作用实现机械能与直流电能相互转换的一类旋转式电机。将机械能转变成直流电能的电机称为直流发电机,将直流电能转变成机械能的电机称为直流电动机。本节主要讲述工业现场使用较多的直流电动机。

一、直流电动机的结构

目前,我国使用的直流电动机主要有 Z2 和 Z4 两种系列,其外形如图 5-26 所示。两种系列电动机的内部结构大致相同,主要由定子和转子两大部分组成,其结构如图 5-27 所示。

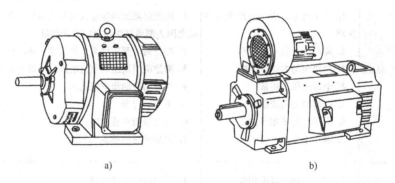

a)
b)

图 5-26 直流电动机的外形
a) Z2 系列直流电动机 b) Z4 系列直流电动机

图 5-27a 中,定子由机座、主磁极、换向极、前端盖、后端盖、电刷装置等组成;转子由电枢铁心、电枢绕组、换向器、转轴、风扇等组成。图 5-27b 表示

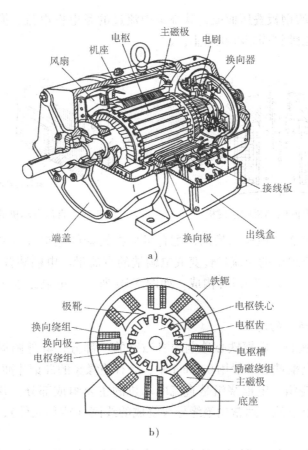

图 5-27 直流电动机的结构
a) 结构组成 b) 结构示意图

了直流电动机的横剖面结构示意图。

1. 直流电动机的定子

(1) 机座 机座既可以固定主磁极、换向极、端盖等,又是电动机磁路的一部分(称为磁轭)。机座一般用铸钢或厚钢板焊接而成,具有良好的导磁性能和机械强度。

(2) 主磁极 主磁极的作用是产生气隙磁场,由主磁极铁心和主磁极绕组(励磁绕组)构成,如图 5-28 所示。主磁极铁心一般由 1.0~1.5mm 厚的低碳钢板冲片叠压而成,包括极身和极靴两部分。极靴做成圆弧形,以使磁极下气隙磁通较均匀。极身上面套励磁绕组,绕组中通入直流电流。整个磁极用螺钉固定在机座上。

(3) 换向极 换向极用来改善换向,由铁心和套在铁心上的绕组构成,如图 5-29 所示。换向极铁心一般用整块钢制成,如换向要求较高,则用

1.0~1.5mm 厚的钢板叠压而成，其绕组中流过的是电枢电流。换向极装在相邻两主极之间，用螺钉固定在机座上。

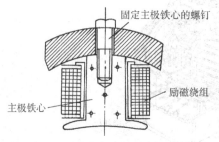

图 5-28 直流电动机的主磁极

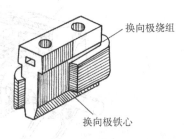

图 5-29 直流电动机的换向极

（4）电刷装置　电刷与换向器配合可以把转动的电枢绕组电路和外电路连接，并把电枢绕组中的交流量转变成电刷端的直流量。电刷装置由电刷、刷握、刷杆、刷杆座、弹簧、铜辫等构成，如图 5-30 所示。电刷组的个数，一般等于主磁极的个数。

2. 直流电动机的转子

（1）电枢铁心　电枢铁心是电动机磁路的一部分，其外圆周开槽，用来嵌放电枢绕组。电枢铁心一般用 0.5mm 厚、涂有绝缘漆的硅钢片冲片叠压而成。

（2）电枢绕组　电枢绕组是直流电动机的主要组成部分，其作用是感应电动势和通过电枢电流。通常用绝缘导线绕成的线圈（或称元件），按一定规律连接而成。

（3）换向器　换向器是由紧压在一起的梯形铜片构成的一个圆筒形结构，片与片之间用一层薄云母绝缘，电枢绕组各元件的始端和末端与换向片按一定规律连接，如图 5-31 所示。

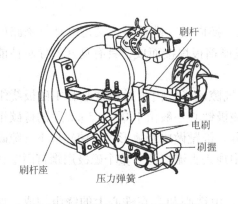

图 5-30 直流电动机的电刷装置

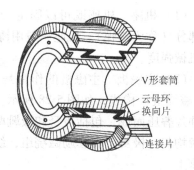

图 5-31 换向器

3. 直流电动机的铭牌

每台直流电机的铭牌上面标注了电机的额定值和基本技术数据,如图 5-32 所示。

型号 Z2-112	励磁方式 并励	励磁电压 220V
额定电压 220V	额定电流 635A	额定功率 125kW
额定转速 1000r/min	效率 85%	工作方式 连续
绝缘等级 B 级	重量 1550kg	产品编号 ××
××电机厂	出厂日期×年×月	

图 5-32 直流电动机的铭牌

(1) 型号 直流电机型号表明电机的主要特点,通常由三部分构成:第一部分为产品代号;第二部分为规格代号;第三部分为特殊环境代号,如:

```
              Z  2 — 11 2
一般用途的中小型电机         电枢铁心长度号
设计代号:第二次改型设计       机座号
```

我国生产的直流电动机主要产品除了 Z2、Z3、Z4 等系列外,还有以下几种:

1) ZJ 系列:精密机床用直流电动机。
2) ZTD 系列:中速电梯用直流电动机。
3) ZTDD 系列:低速电梯用直流电动机。
4) ZA 系列:防爆安全型直流电动机。
5) ZZJ 系列:冶金起重用直流电动机。
6) ZT 系列:广调速直流电动机。
7) ZQ 系列:直流牵引电动机。
8) ZH 系列:船用直流电动机。

(2) 额定电压 是指在额定工作时,电机出线端的平均电压。对直流电动机而言是指输入额定电压;对直流发电机而言则是输出额定电压。单位为 V 或 kV。

(3) 额定电流 是指电机在额定电压条件下,运行于额定功率时的电流。对电动机而言,是指带额定负载时的输入电流;对发电机而言,是指带额定负载时的输出电流。电流的单位为 A 或 kA。

(4) 额定容量 是指在额定电压条件下,电机所能供给的功率。对电动机而言是指电动机轴上输出的额定机械功率;对发电机而言是指向负载端输出的电功率。额定功率的单位为 W 或 kW。

(5) 额定转速 是指电机在额定电压、额定电流条件下,且电机运行于额定功率时电机的转速,单位为 r/min。

(6) 额定效率 是指电机在额定条件下,输出功率与输入功率的百分比,其计算公式与交流电动机的相同。

(7) 励磁方式 直流电动机的主磁场产生的方式不同,可分为永久磁铁励磁和励磁绕组励磁两大类。除功率较小的直流电动机用永久磁铁励磁外,广泛采用的是励磁绕组励磁,其励磁方式可分为他励式、自励式(并励式、串励式和复励式)等多种,如图 5-33 所示。在自励式直流电动机中,并励式应用较为广泛。

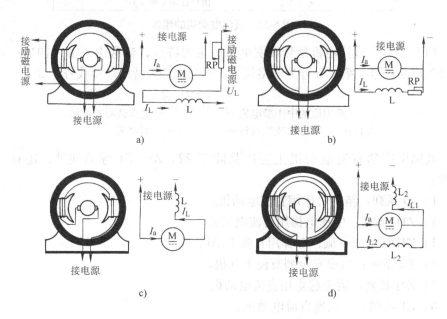

图 5-33　直流电动机的励磁方式
a) 他励式　b) 并励式　c) 串励式　d) 复励式

二、直流电动机的拆装

在拆卸直流电动机前应在端盖与机座的连接处、刷架等处做好明显的标记,便于装配。

(1) 拆卸步骤　如图 5-34 所示。

1) 拆除电动机接线盒内的连接线。

2) 拆下换向器端盖(后端盖)上通风窗的螺栓,打开通风窗,从刷握中取出电刷,拆下接到刷杆上的连接线。

3) 拆下换向器端盖的螺栓、轴承盖螺栓,并取下轴承外盖。

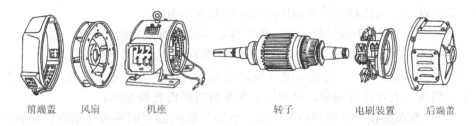

前端盖　　风扇　　机座　　　　　转子　　　　电刷装置　　后端盖

图 5-34　Z2 系列直流电动机的解体步骤

4）拆卸换向器端盖。拆卸时在端盖下方垫上木板等软材料，以免端盖落下时碰裂，用锤子通过铜棒沿端盖四周边缘均匀地敲击。

5）拆下轴伸端端盖（前端盖）的螺栓，把连同端盖的电枢从定子内小心地抽出来，注意不要碰伤电枢绕组、换向器及磁极绕组；并用厚纸或布将换向器包好，用绳子扎紧。

6）拆下前端盖上的轴承盖螺栓，并取下轴承外盖。

7）将连同前端盖在内的电枢放在木架上或木板上，并用纸或布包好。

直流电动机保养或修复后的装配顺序与拆卸顺序相反，并按所做标记校正电刷的位置。

（2）考核项目的成绩评定　进行直流电动机拆装技能训练时，成绩评定见表 5-8。

表 5-8　拆装直流电动机的成绩评定

项　目	配分	评分标准	扣分	得分
拆卸电动机	20 分 10 分 10 分	拆卸方法不正确，每次扣 5 分 碰伤绕组或损坏零部件，每件扣 5 分 标记不清楚，每处扣 5 分		
装配电动机	20 分 20 分 10 分	装配方法错误，每次扣 5 分 轴承和轴承盖清洗不干净或装法不当，每只扣 3 分 装配后转动不灵活，扣 10 分		
安全操作	10 分	出现安全事故或违反安全规程扣 10 分		
操作工时	1h	成绩		

三、直流电动机的使用维护与检修

1. 直流电动机的使用

1）若直接起动时电流较大，将对电源及电动机本身带来诸多不良影响，所以一般的直流电动机都要采用减压措施来限制起动电流。

2) 当电动机采用减压起动时,要掌握起动过程所需要的时间。

3) 电动机起动时,若出现意外情况应立即切断电源,并查找原因。

4) 电动机运行时,应观察电动机转速是否正常,有无噪声、振动等现象;有无冒烟或发出异味等现象,出现以上现象时应停机查找原因。

5) 注意观察在直流电动机运行时,电刷与换向器表面的火花情况。在额定负载下,一般直流电动机只允许有不超过 $1\frac{1}{2}$ 级火花。直流电机换向器的火花等级见表5-9。

表5-9 直流电机换向器的火花等级

火花等级	电刷下的火花程度	换向器及电刷的状态
1	无火花	
$1\frac{1}{4}$	电刷边缘仅小部分有微弱点状火花,或由非放电性的红色小火花	换向器上没有黑痕,电刷上也没有灼痕
$1\frac{1}{2}$	电刷边缘大部分或全部有轻微的火花	换向器上有黑痕出现但不发展,用汽油擦其表面即能除去,同时在电刷上有轻微灼痕
2	电刷边缘大部分或全部有较强烈的火花	换向器上有黑痕出现,用汽油不能擦除,同时在电刷上有灼痕,但短时运行换向器上无黑痕出现,电刷也不被烧焦或损坏
3	电刷的整个边缘均有强烈的火花,同时有大火花飞出	换向器上的黑痕相当严重,用汽油不能擦除,同时在电刷上有灼痕,但短时运行换向器上就出现黑痕,电刷也被烧焦或损坏

6) 在使用串励电动机时,应注意不允许空载起动,不允许用带轮或链条传动;在使用并励或他励电动机时,应注意励磁回路绝对不允许开路,否则都可能因转速过高而造成"飞车"现象。

2. 直流电动机的维护

(1) 换向器的维护保养 换向器表面应保持光洁、圆整,不得有机械损伤和火花灼痕。如有轻微灼痕时,可用400号砂纸在低速旋转着的换向器上仔细研磨,如图5-35所示。

若换向器表面出现严重的灼痕或粗糙不平、表面不圆有凸凹现象时,应拆下重新进行车削。车削完后应用图5-36所示的简制拉槽工具将片间云母片下刻1~1.5mm,并清除换向器表面的金属屑及毛刺等,最后用压缩空气将整个电枢吹干净后再进行装配。

换向器在负载下长期运行后,表面会产生一层坚硬的深褐色的薄膜,这层薄膜能保护换向器不受磨损,因此要保护好这层薄膜。

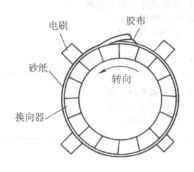

图 5-35 电刷的研磨

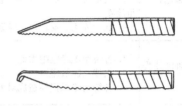

图 5-36 拉槽工具

（2）电刷的使用　电刷与换向器表面应有良好的接触,电刷与刷盒的配合不宜过紧,应有少量的间隙。

3. 直流电动机的检修

直流电动机的常见故障及排除方法见表 5-10。

表 5-10　直流电动机的常见故障及排除方法

故障现象	可 能 原 因	排 除 方 法
不能起动	1. 电源无电压 2. 励磁回路断开 3. 电刷回路断开 4. 有电压,但电动机不转动	1. 检查电源及熔断器 2. 检查励磁绕组起动器 3. 检查电枢绕组及电刷与换向器接触是否良好 4. 负载过重或电枢被卡死或起动设备不合要求所致,应分别检查
转速不正常	1. 转速过高 2. 转速过低	1. 检查电源电压是否过高,主磁场是否过弱,电动机负载是否过轻 2. 检查电枢绕组是否有断路、短路、接地等故障；检查电刷压力及电刷位置；检查电源电压是否过低及负载是否过重；检查励磁绕组回路是否正常
电刷火花过大	1. 电刷不在中性线上 2. 电刷压力不当或与换向器接触不良或电刷磨损或电刷牌号不对 3. 换向器表面不光滑或云母片凸出 4. 电动机过载或电源电压过高 5. 电枢绕组、磁极绕组或换向极绕组故障 6. 转子动平衡未校验好	1. 调整刷杆位置 2. 调整电刷压力、研磨电刷与换向器接触面、调换电刷 3. 研磨换向器表面、下刻云母槽 4. 降低电动机负载及电源电压 5. 分别检查原因 6. 重新校验转子动平衡

(续)

故障现象	可能原因	排除方法
过热或冒烟	1. 电动机长期过载 2. 电源电压过高或过低 3. 电枢绕组、磁极绕组、换向极绕组故障 4. 起动或正、反转过于频繁	1. 更换功率大的电动机 2. 检查电源电压 3. 分别检查原因 4. 避免不必要的正、反转
电动机外壳带电	1. 各绕组绝缘电阻太低 2. 出线头碰机座 3. 各绕组绝缘损坏造成对地短路	1. 烘干或重新浸漆 2. 修复出线头绝缘 3. 修复绝缘损坏处

4. 考核项目的成绩评定

进行直流电动机换向器检修技能训练时，成绩评定依据见表5-11。

表5-11 直流电动机换向器检修的成绩评定

项 目	配分	评分标准	扣分	得分
火花等级判别	10分	1. 判别方法不正确扣4分 2. 电刷装置碰伤或损坏零部件扣3分 3. 标记不清扣3分		
寻找中性线	10分	1. 电路接线不正确扣5分 2. 操作方法配合不好，每次扣5分		
换向器检修	50分	1. 检测方法及步骤不对扣20分 2. 试运转不成功扣10分 3. 换向器修复步骤不当扣10分 4. 故障修复不成功扣10分		
仪表操作	10分	操作方法与挡位不对每次扣3分		
安全操作	10分	出现安全事故或违反安全规程扣10分		
操作工时	0.5h	成绩		

第四节 小型变压器的工作原理及应用

小型变压器适用于交流 50~60Hz，电压至 660V 的电路中，主要作为机床、机械设备等的控制电器、低压照明的电源使用。按其外形不同，可分为立式、卧式和夹式变压器，如图 5-37 所示。小型单相变压器是指容量在 1kV·A 以下的单相变压器，此类变压器应用较为广泛。

小型变压器的常见故障与修理：

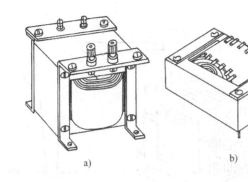
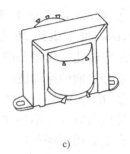

a)　　　　　　　　　b)　　　　　　　　c)

图 5-37　小型控制变压器
a) 立式　b) 卧式　c) 夹式

1. 接通电源后，二次侧无电压输出

（1）故障原因

1) 电源开路。

2) 一次绕组开路或引线脱焊。

3) 二次绕组开路或引线脱焊。

（2）故障检查与修理

1) 电压法测量。通电后，用万用表交流电压挡测一次绕组两引出线端之间的电压。若电压正常，则说明电源良好，接线端与馈线间无开路故障；否则，应检查电源、接线端和馈线的接触情况。

若二次有两个或两个以上的绕组，将一次通电后，如果几个二次绕组均无电压输出，则可能是一次绕组断路。若只有一个二次绕组无电压输出，而其他绕组输出电压正常，则开路点应在无电压输出的二次绕组中。

2) 电阻法测量。断电后，用万用表电阻挡测二次绕组两引线间的直流电阻。若测得的阻值正常，则说明绕组完好；若阻值为无穷大，则系绕组断路，应将变压器拆开修理。

3) 故障的修理。绕组的开路点，多发生在引出线的根部。有时不需拆开铁心和绕组，先把变压器烤热，使绝缘漆软化后，用细针将断线处线头挑出。清理线头端部绝缘后，使用多股绝缘软导线与断裂线头焊接，再把多股软线焊接在连接片上。若骨架两端有挡板，应先将挡板折弯或折断后再挑出线头。

如果开路点在绕组的最里层，必须先拆除铁心，小心撬开靠近引线一面的骨架挡板，用细针挑出线头，重新焊接引出线。使用万用表测量无误后处理好绝缘，修补好骨架，再插入铁心。

拆卸铁心是比较困难的工序。因变压器制造时铁心插得紧密，并与绕组一起浸渍绝缘漆，若乱撬乱敲，很可能造成硅钢片的损坏。以 E 形铁心为例说明它的拆卸步骤：

① 将变压器置于 80~100℃的温度下烘烤 2h 左右，以使绝缘软化，用锯条或刀片清除铁心表面的绝缘漆膜。

② 在变压器下方垫一木块，外边缘留几片不垫在木板上，在上方用断锯条对准最外面一层硅钢片的舌片，用锤子轻轻敲打断锯条，将硅钢片先冲出几片。冲打方法与断锯条的磨制如图 5-38 所示。

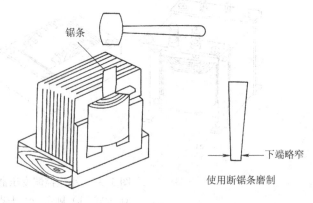

图 5-38 使用断锯条冲铁心冲片

③ 将冲出的几片硅钢片的下部夹牢在台虎钳上，如图 5-39 所示。用手握住剩余部分铁心的上部，沿两侧晃动，使硅钢片松动，直到取出被夹住的几片硅钢片。

④ 重复上述两个过程，陆续取出其他插得较紧的硅钢片。

注意：对于有卷边或弯曲变形的硅钢片，可用木锤敲击展平后继续使用。忌用铁锤敲打，以免硅钢片变形。若硅钢片表面锈蚀，可用汽油浸泡掉锈斑后重刷绝缘漆。

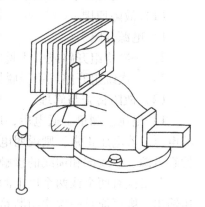

图 5-39 使用台虎钳拆卸铁心

若绕组需要全部更换，可采用破坏性拆除方法。将变压器夹紧在台虎钳上，用钢锯将绕组和骨架一起锯开，即可轻易拆开铁心。

装配铁心常用交叉插片法，如图 5-40 所示。先在绕组骨架左侧插入 E 形硅钢片，可根据情况先插入 1~4 片，接着在骨架右侧也插入相应的片数，这样左右两侧交替对插，直到插满。最后将 I 形硅钢片按铁心剩余空隙厚度叠好插进去即可。插片的关键是插紧，最后几片不容易插进，这时可将已插进的硅钢片中容易分开的两片间撬开一条缝隙，嵌入 1~2 片硅钢片，用木锤慢慢敲进去。同时在另一侧也插入相应的片数，直到插完。插完铁心后在铁心螺孔中穿入螺栓固定即可。

2. 温升过高甚至冒烟

（1）故障原因

1）绕组匝间短路。

图 5-40 交叉插片法

2）硅钢片间绝缘损坏。
3）铁心叠片厚度不足或绕组匝数偏少。
4）负载过大或输出电路短路。

(2) 故障检查与修理

1）一、二次绕组间短路。用万用表或绝缘电阻表检测。若绝缘电阻远低于正常值甚至趋近于零，说明一、二次侧间短路。

匝间短路和层间短路可用万用表测各一次空载电压来判定。一次侧通电后，若二次绕组输出电压明显降低，说明该绕组有短路。若变压器发热但各绕组输出电压基本正常，可能是静电屏蔽层自身短路。无论是匝间、层间、一、二次绕组间及静电屏蔽层自身的短路，均应卸下铁心，拆开绕组修理。如果短路不严重，可以局部处理好短路部位的绝缘，再将绕组与铁心还原；若短路较严重，漆包线的绝缘损伤较重，则必须更换绕组。

2）铁心片间绝缘损伤。拆下铁心，检查硅钢片表面绝缘漆是否剥落，若剥落严重甚至有锈斑，可将硅钢片浸泡于汽油中，除去锈斑和陈旧的绝缘漆膜，重新涂上绝缘漆。

3）铁心叠片厚度不足或绕组匝数偏少。若骨架空腔有空余位置，可适当增加硅钢片数量；如无法增加，可通过计算，适当增加一、二次绕组的匝数。

3. 运行中有较大响声

(1) 故障原因

1）铁心未插紧。
2）电源电压过高。
3）负载过大或短路引起振动。

(2) 故障检查与修理

1）铁心未插紧。将铁心轭部夹在台虎钳中，夹紧钳口，能直接观察出铁心的松紧程度。这时用同规格的硅钢片插入，直到完全插紧。重新接在 220V 电源中，加上额定负载进行试验，直到完全无响声为止。

2) 电源电压过高。由于不是变压器故障，只需检测电源电压即可判断。可使用单相调压器将电源调至220V通入变压器一次侧进行试验，若响声消除，说明是电源电压过高造成。

3) 负载过大或短路。切断怀疑有故障的二次侧输出电路，更换其他二次绕组加额定负载，若故障消除，则问题一定出在原有的二次侧电路或负载上，这时只需检修外电路即可。

4. 铁心和外壳带电

(1) 故障原因

1) 一次或二次绕组对地短路，或一、二次绕组与静电屏蔽层间短路。

2) 绕组对铁心或外壳短路。

3) 引出线裸露部分碰触铁心或外壳。

4) 绕组受潮或环境湿度过大使绕组局部漏电。

(2) 故障检查与修理

1) 短路和绝缘故障。可用绝缘电阻表测量一、二次绕组分别与地（即铁心或静电屏蔽层）之间的绝缘电阻是来判断。若绝缘电阻较低，可将变压器进行烘烤。干燥后若绝缘电阻恢复，说明故障是上述第四项原因造成，只要在预烘后重新浸漆烘干，即可修复。若干燥后，绝缘电阻没有明显提高，说明是一次绕组碰触铁心或静电屏蔽层，这时只有卸下铁心，拆除绕组找出故障点进行修理。若故障点多或导线绝缘老化，只好重换新绕组。如果只是层间绝缘老化，只需重绕，不必换新绕组。

2) 引出线故障。引出线裸露部分碰触铁心或外壳，仔细观察后可直接看出。只要在裸露部分包扎好绝缘材料或套上绝缘管，即可排除故障。若是最里层线圈引出线碰触铁心，裸露部分不好包扎，可以在铁心与引出线间塞入绝缘材料，并用绝缘漆或绝缘黏合剂粘牢。

◆◆◆ 第五节 交流电焊机的常见故障与检修

交流电焊机是利用电能加热金属的待焊接部分，使其熔融，以达到原子间的结合，从而实现焊接的一种加工设备。交流电焊机的基本常识在第二章已作详细说明。由于交流电焊机结构简单，使用方便可靠，因此维修比较容易。交流电焊机的常见故障及处理方法见表5-12。

第五章 电机与变压器的工作原理及其应用

表5-12 交流电焊机的常见故障及处理方法

故障现象	可能原因	处理方法
焊接过程中电流不稳	1. 电缆线与焊接件接触不良 2. 电流调节部分松动 3. 电网电压不稳定	1. 紧固不良处 2. 固定松动部分 3. 稳定电网电压
电焊机过热、噪声过大	1. 电焊机过载 2. 部分线圈短路	1. 减小焊接电流 2. 修复短路处
导线接触处过热	1. 接线处接触电阻过大 2. 接线处螺钉松动	1. 清除氧化层,减少接触电阻 2. 紧固接线处螺钉
铁心及联接螺栓过热	绝缘破坏	恢复绝缘
电流过大,调节器不起作用	电抗器短路	消除短路故障

复习思考题

1. 拆装三相异步电动机有哪些步骤?
2. 装配后的三相异步电动机应做哪些检验项目?
3. 长期未用的直流电动机使用前应做哪些检查?
4. 如何对换向器做维护保养?
5. 交流电焊机有哪些常见故障?
6. 小型三相异步电动机的拆装训练。
7. 判定三相异步电动机定子绕组的首末端训练。
8. 三相异步电动机的常项测试训练(直流电阻、绝缘电阻、空载电流等)。
9. 电容运转式(内转子、外转子结构等)单相异步电动机的拆装训练。
10. 小型直流电动机的拆装训练。
11. 电动机的温升是指什么?如何判定电动机的温升是否正常?
12. 单相异步电动机的主要类型有哪些?

第六章

常用低压电器和电气控制电路的应用

> **培训学习目标** 掌握常用低压电器的结构、性能、选用及图形符号和文字代号等；熟悉电动机基本控制电路的工作原理；掌握电动机基本控制电路的安装、调试和故障检修方法。

◇◇◇ 第一节 常用低压电器的应用

凡是根据外界特定的信号或要求，自动或手动接通和断开电路，断续或连续地改变电路参数，实现对电路进行切换、控制、保护、检测和调节的电器设备均称为电器。根据工作电压的高低，电器可分为高压电器和低压电器。工作在交流额定电压1200V及以下、直流额定电压1500V及以下的电路内起通断、保护、控制或调节作用的电器称为低压电器。

一、低压电器的分类

1. 按低压电器的用途和所控制的对象划分

可分为低压配电电器和低压控制电器两类。

（1）低压配电电器 低压配电电器主要包括刀开关、组合开关、熔断器和断路器等，多用于低压配电系统及动力设备中。

（2）低压控制电器 低压控制电器主要包括接触器、继电器、电磁铁等，一般用于电力拖动及自动控制系统中。

2. 按低压电器的动作方式划分

可分为自动切换电器和非自动切换电器两类。

（1）自动切换电器 自动切换电器是依靠电器本身参数的变化或外来信号

的作用，自动完成接通或分断等动作，如接触器、继电器等。

（2）非自动切换电器　非自动切换电器主要依靠外力来直接操作进行切换，如按钮、刀开关等。

3. 按低压电器的执行机构划分

可分为有触点电器和无触点电器。

（1）有触点电器　有触点电器具有可分离的动触点和静触点，利用触点的接触和分离来实现电路的通断控制。

（2）无触点电器　无触点电器没有可分离触点，主要利用半导体元器件的开关效应来实现电路的通断控制。

二、低压开关

低压开关主要用作隔离、转换及接通和分断电路用，多用作机床电路的电源开关和局部照明电路的控制开关，有时也可用来直接控制小容量电动机的起动、停止和正、反转。

它的主要类型有刀开关、组合开关和低压断路器。

1. 开启式负荷开关

开启式负荷开关适用于照明、电热负载及小容量电动机控制线路中，供手动不频繁地接通和分断电路，并起短路保护。

（1）型号及含义　其型号及含义如下：

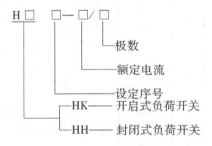

（2）结构　HK系列负荷开关是由刀开关和熔断器组合而成的。它的瓷底座上装有进线座、静触片、熔体、出线座和带瓷质手柄的动触片，并有上、下胶盖用来灭弧。HK系列开启式负荷开关的外形和结构如图6-1所示。

（3）选用

1）对于控制照明和电热负载，选用开关的额定电流应不小于所有负载的额定电流之和，额定电压为220V或250V的两极开关。

2）对于控制电力负载，电动机功率不超过3kW时可选用，并使开关的额定电流应不小于电动机额定电流的3倍，额定电压为380V或500V的三极开关。表6-1为

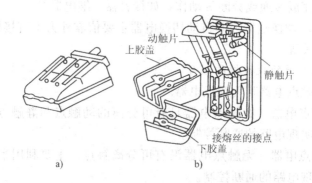

图 6-1 HK 系列开启式负荷开关
a) 外形 b) 结构

常用 HK 系列开启式负荷开关的技术参数。

表 6-1 常用 HK 系列开启式负荷开关的技术参数

型号	额定电流值/A	额定电压值/V	极数	可控制电动机最大功率/kW		配用熔丝规格			
				220V	380V	熔丝成分（%）			熔丝线径/mm
						铅	锡	锑	
HK1—15	15	220	2	—	—	98	1	1	1.45~1.59
HK1—30	30	220	2	—	—				2.30~2.52
HK1—60	60	220	2	—	—				3.36~4.00
HK1—15	15	380	3	1.5	2.2				1.45~1.59
HK1—30	30	380	3	3.0	4.0				2.30~2.52
HK1—60	60	380	3	4.5	5.5				3.36~4.00
HK2—10	10	220	2	1.1		含铜量不少于99.9%			0.25
HK2—15	15	220	2	1.5					0.41
HK2—30	30	220	2	3.0					0.56
HK2—15	15	380	3	2.2					0.45
HK2—30	30	380	3	4.0					0.71
HK2—60	60	380	3	5.5					0.12

（4）安装与使用

1）开启式负荷开关必须垂直安装，且合闸状态时手柄应朝上，不允许倒装或平装。

2）接线时，电源进线应接在开关上面的进线座上，用电设备应接在开关下面熔体的出线座上，在开关断开后，使动触片和熔体上不带电。

3）更换熔体时，必须在触刀断开的情况下按原规格更换。

4) 在分、合闸操作时,应动作迅速,使电弧尽快熄灭。

2. 封闭式负荷开关

封闭式负荷开关其灭弧性能、操作性能、通断能力和安全防护性能都优于开启式负荷开关。它适用于不频繁的接通和分断负载电路,并能作为线路末端的短路保护,也可用来控制 15kW 以下交流电动机的不频繁直接起动及停止。

(1) 型号及含义 可参见开启式负荷开关的型号和含义部分。

(2) 结构 它主要由刀开关、熔断器、操作机构和外壳构成。它具有以下特点:一是采用了储能分合闸方式,因而提高了开关的通断能力,延长了使用寿命;二是设置了联锁装置,得以确保操作安全。HH 系列封闭式负荷开关的外形和结构如图 6-2 所示。

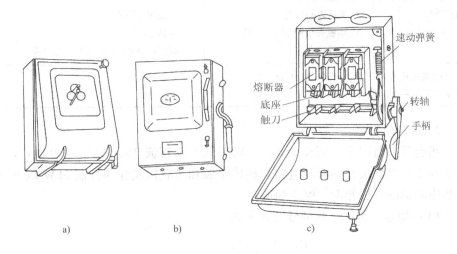

图 6-2 HH 系列封闭式负荷开关
a) 60A 及以下的外形 b) 60A 及以上的外形 c) 结构

(3) 选用

1) 封闭式负荷开关的额定电压应不小于线路的工作电压。

2) 封闭式负荷开关用于控制照明、电热负载时,开关的额定电流应不小于所有负载额定电流之和;用于控制电动机时,开关的额定电流应不小于电动机额定电流的 3 倍。

(4) 安装与使用

1) 开关必须垂直安装,距离地面的高度不低于 1.3 ~ 1.5m,并以操作方便和安全为原则。

2) 接线时,应将电源进线接在刀开关静夹座一边的接线端子上,负载引线应接在熔断器一边的接线端子上。

(5) 常见故障　负荷开关的常见故障及修理方法见表 6-2。

表 6-2　负荷开关的常见故障及修理方法

故障现象	产生原因	修理方法
合闸后一相或两相没电	1. 夹座弹性消失或开口过大 2. 熔丝熔断或接触不良 3. 夹座、动触头氧化或有污垢 4. 电源进线或出线头氧化	1. 更换夹座 2. 更换熔丝 3. 清洁夹座或动触头 4. 检查进出线头
动触头或夹座过热或烧坏	1. 开关容量太小 2. 分、合闸时动作太慢造成电弧过大,烧坏触头 3. 夹座表面烧毛 4. 动触头与夹座压力不足 5. 负载过大	1. 更换较大容量的开关 2. 改进操作方法 3. 用细锉刀修整 4. 调整夹座压力 5. 减轻负载或调换较大容量的开关
封闭式负荷开关的操作手柄带电	1. 外壳接地线接触不良 2. 电源线绝缘损坏碰壳	1. 检查接地线 2. 更换导线

3. 组合开关

组合开关适用于工频交流电压 380V 以下及直流 220V 以下的电器线路中,供手动不频繁地接通和断开电路、换接电源和负载以及作为控制 5kW 以下三相异步电动机的直接起动、停止和换向。

(1) 型号及含义　其型号及含义如下:

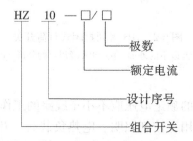

(2) 结构　组合开关是由分别装在数层绝缘体内的动、静触头组合而成。开关的顶盖部分是由滑板、凸轮、扭簧和手柄等构成的操作机构。由于采用了扭簧储能,可使触头快速闭合或分断,从而提高了开关的通断能力。HZ10—10/3 型组合开关的外形和结构如图 6-3 所示。

(3) 选用　应根据极数、电源种类、电压等级及负载的容量选用。用于直接控制异步电动机的开关,其额定电流一般取电动机额定电流的 1.5～2.5 倍。HZ10 系列组合开关的技术数据见表 6-3。

第六章 常用低压电器和电气控制电路的应用

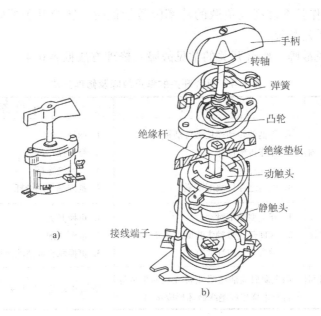

图 6-3 HZ10—10/3 型组合开关
a）外形 b）结构

表 6-3 HZ10 系列组合开关的技术数据

型号	极数	额定电流/A	额定电压/V	极限操作电流/A		可控制电动机最大功率和额定电流		在额定电压、电流下通断次数	
				分断	接通	最大功率/kW	额定电流/A	cosφ	
								≥0.8	≥0.3
HZ10—10	单极	6	交流380	62	94	3	7	20000	10000
	2、3	10							
HZ10—25		25		108	155	5.5	12		
HZ10—60		60							
HZ10—100		100						10000	5000

（4）安装与使用

1）组合开关应安装在控制箱内，其操作手柄最好位于控制箱的前面或侧面。其水平旋转位置为断开状态。

2）若需在箱内操作，开关最好安装在箱内右上方，它的上方最好不要安装其他电器，否则要采取隔离或绝缘措施。

3）组合开关的通断能力较低，当用于控制电动机作可逆运转时，必须在电动机完全停止转动后，才能反向接通。

4) 当操作频率过高或负载的功率因数较低时，转换开关要降低容量使用，否则会影响开关寿命。

(5) 常见故障　组合开关的常见故障及修理方法见表 6-4。

表 6-4　组合开关的常见故障及修理方法

故障现象	产生原因	修理方法
手柄转动后，内部触头未动作	1. 手柄的转动连接部件磨损 2. 操作机构损坏 3. 绝缘杆变形 4. 轴与绝缘杆装配不紧	1. 调换手柄 2. 修理操作机构 3. 更换绝缘杆 4. 紧固轴与绝缘杆
手柄转动后，三对触头不能同时接通或断开	1. 开关型号不对 2. 修理开关时触头装配得不正确 3. 触头失去弹性或有尘污	1. 更换开关 2. 重新装配 3. 更换触头或清除污垢
开关接线柱相间短路	因金属屑或油污附在接线柱间形成导电将胶木烧焦或绝缘破坏形成短路	清扫开关或调换开关

4. 低压断路器

低压断路器简称断路器，通常用作电源开关，有时也可用于电动机不频繁起动、停止控制和保护等功用。当电路中发生短路、过载和失电压等故障时，能自动切断故障电路，保护线路和电气设备。

(1) 型号及含义　其型号及含义如下：

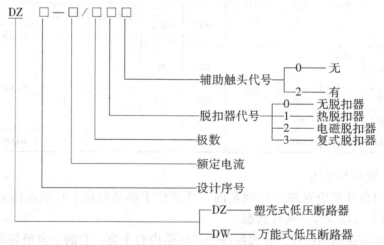

(2) 结构　它由触头系统、灭弧装置、操作机构和保护装置等组成。按结构形式可分为塑壳式、框架式、限流式、直流快速式、灭磁式和漏电保护式等 6 类。常用 DZ 型低压断路器的外形和结构如图 6-4 所示。

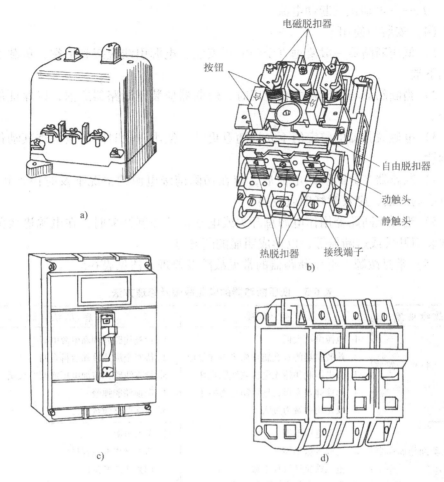

图 6-4 常用 DZ 型低压断路器

a) DZ5 型外形 b) DZ5 型结构 c) DZ15 型外形 d) DZ12 型外形

(3) 选用

1) 低压断路器的额定电压和额定电流应不小于线路的正常工作电压和电路的实际工作电流。

2) 热脱扣器的额定电流应与所控制负载的额定电流一致。

3) 断路器的极限通断能力应不小于电路最大的短路电流。

4) 欠电压脱扣器的额定电压应等于线路的额定电压。

5) 电磁脱扣器的瞬时脱扣整定电流应大于负载的正常工作时可能出现的峰值电流。用于控制电动机的断路器,其瞬时脱扣整定电流可按下式选取:

$$I_Z \geqslant KI_{st} \tag{6-1}$$

式中 K——安全系数,可取 1.5~1.7;

I_{st}——电动机的起动电流。

(4) 安装与使用

1) 低压断路器一般要垂直于配电板安装,电源引线应接到上端,负载引线接到下端。

2) 当断路器与熔断器配合使用时,熔断器应装于断路器之前,以保证使用安全。

3) 电磁脱扣器的整定值不允许随意更动,使用一段时间后应检查其动作的准确性。

4) 断路器在分断短路电流后,应在切除前级电源的情况下及时检查触头。如有电灼烧痕,应及时修理或更换。

5) 当低压断路器用作电源总开关或电动机的控制开关时,在电源进线侧必须加装刀开关或熔断器等,以形成明显的断开点。

(5) 常见故障 低压断路器的常见故障及修理方法见表6-5。

表6-5 低压断路器的常见故障及修理方法

故障现象	产生原因	修理方法
手动操作断路器不能闭合	1. 电源电压太低 2. 热脱扣器的双金属片尚未冷却复原 3. 欠电压脱扣器无电压或线圈损坏 4. 储能弹簧变形,导致闭合力减小 5. 反作用弹簧力过大	1. 检查线路并调高电源电压 2. 待双金属片冷却后再合闸 3. 检查线路,施加电压或调换线圈 4. 调换储能弹簧 5. 重新调整弹簧反力
电动操作断路器不能闭合	1. 电源电压不符 2. 电源容量不够 3. 电磁铁拉杆行程不够 4. 电动机操作定位开关变位	1. 调换电源 2. 增大操作电源容量 3. 调整或调换拉杆 4. 调整定位开关
电动机起动时断路器立即分断	1. 过电流脱扣器瞬时整定值太小 2. 脱扣器某些零件损坏 3. 脱扣器反力弹簧断裂或落下	1. 调整瞬间整定值 2. 调换脱扣器或损坏的零部件 3. 调换弹簧或重新装好弹簧
分励脱扣器不能使断路器分断	1. 线圈短路 2. 电源电压太低	1. 调换线圈 2. 检修线路调整电源电压
欠电压脱扣器噪声大	1. 反作用弹簧力太大 2. 铁心工作面有油污 3. 短路环断裂	1. 调整反作用弹簧 2. 清除铁心油污 3. 调换铁心
欠电压脱扣器不能使断路器分断	1. 反力弹簧弹力变小 2. 储能弹簧断裂或弹力变小 3. 机构生锈卡死	1. 调整弹簧 2. 调换或调整储能弹簧 3. 清除锈污

三、熔断器

熔断器是在低压配电网络和电力拖动系统中用作短路保护的电器。当电路发生短路故障时，使熔体发热而瞬间熔断，从而自动分断电路，进而起到保护作用。它可分为半封闭插入式、无填料封闭管式、有填料封闭管式和自复式 4 类。

（1）型号及含义　其型号及含义如下：

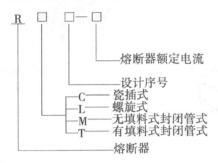

（2）结构　熔断器主要由熔体、熔管和熔座 3 部分组成。熔体的材料通常有两种，一种是由铅、铅锡合金或锌等低熔点材料制成，用于小电流电路；另一种是由银、铜等较高熔点的金属制成，多用于大电流电路。常用低压熔断器外形和结构如图 6-5 所示。

（3）选用

1）熔断器类型的选择：

① 根据使用环境和负载性质选择适当类型的熔断器。电网配电一般用管式熔断器；电动机保护一般用螺旋式熔断器；照明电路一般用瓷插式熔断器；保护晶闸管器件则应选择快速熔断器。

② 选择熔断器时必须满足的要求是：其额定电压应不小于线路的工作电压；额定电流应不小于所装熔体的额定电流。

2）熔体额定电流的选择：

① 对于照明和电热负载线路，熔体的额定电流应等于或稍大于所有负载的额定电流之和。

② 对于单台电动机线路，熔体的额定电流应大于或等于 1.5～2.5 倍电动机的额定电流。

③ 对于多台电动机线路，熔体的额定电流应大于或等于其中最大功率电动机额定电流的 1.5～2.5 倍加上其余电动机额定电流的总和。

（4）安装与使用

1）应正确选用熔断器和熔体。对不同性质的负载，如照明电路、电动机电路的主电路和控制电路等，应分别予以保护，并装设单独的熔断器。

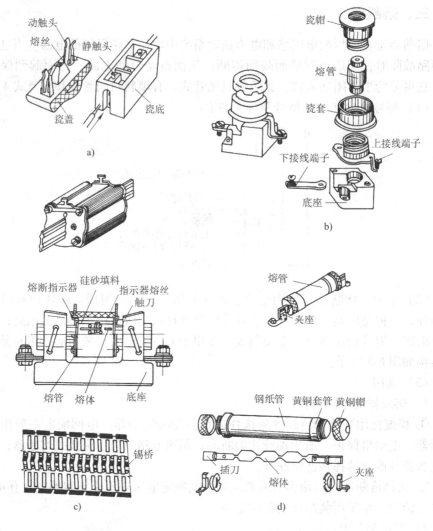

图 6-5 常用低压熔断器

a) RC1A 型　b) RL1 型　c) RT0 型　d) RM10 型

2) 安装螺旋式熔断器时,必须注意将电源线接到瓷底座的下接线端(即遵循"低进高出"的原则),以保证安全。

3) 瓷插式熔断器安装熔丝时,熔丝应顺着螺钉旋紧的方向绕过去;同时,应注意不要划伤熔丝,也不要把熔丝绷得太紧,以免减小熔丝截面尺寸或插断熔丝。

4) 更换熔体时应切断电源,并应换上相同规格的熔体。

(5) 常见故障　熔断器的常见故障及修理方法见表 6-6。

第六章 常用低压电器和电气控制电路的应用

表 6-6 熔断器的常见故障及修理方法

故障现象	产生原因	修理方法
电动机起动瞬间熔体即熔断	1. 熔体规格选择太小 2. 负载侧短路或接地 3. 熔体安装时损伤	1. 调换适当的熔体 2. 检查短路或接地故障 3. 调换熔体
熔丝未熔断但电路不通	1. 熔体两端或接线端接触不良 2. 熔断器的螺帽盖未拧紧	1. 清扫并旋紧接线端 2. 旋紧螺帽盖

四、接触器

接触器是一种自动的电磁式开关，适用于远距离频繁地接通或断开交直流主电路及大容量控制电路。它主要的控制对象是电动机，它不仅能实现远距离自动操作和欠电压释放保护功能，而且具有控制容量大、工作可靠、操作频率高、使用寿命长等优点，在电力拖动系统中得到广泛应用。

按主触头通过的电流种类，可分为交流接触器和直流接触器。

（1）型号及含义 其型号及含义如下：

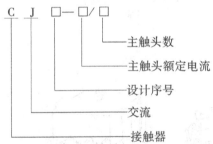

（2）结构 接触器主要由电磁系统、触头系统、灭弧装置及辅助部件等组成。常用交流接触器如图 6-6 所示。

1）电磁系统：主要由线圈、铁心和衔铁 3 部分组成。其作用是利用电磁线圈的通电或断电，使衔铁和铁心吸合或释放，从而带动动触头和静触头闭合或分断，实现接通或断开电路的目的。

2）触头系统：按触头情况可分为点接触式、线接触式和面接触式 3 种；按触头的结构形式划分，可分为桥式触头和指形触头两种。

3）灭弧装置：交流接触器在断开大电流或高电压电路时，在动、静触头之间会产生很强的电弧。电弧是触头间气体在强电场作用下产生放电现象。电弧的产生，一方面会灼伤触头，减少触头的使用寿命；另一方面会使电路切断时间延长，甚至造成弧光短路或引起火灾事故，因此要求触头间的电弧能尽快熄灭。低压电器中通常采用拉长电弧，冷却电弧或将电弧分成多段等措施，促使电弧尽快

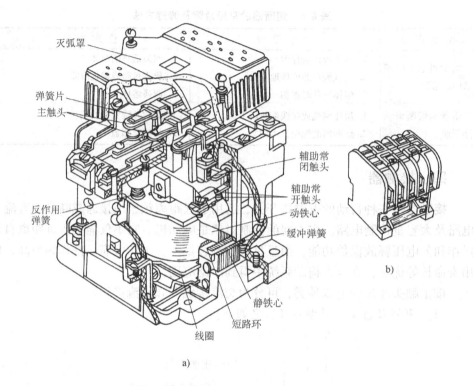

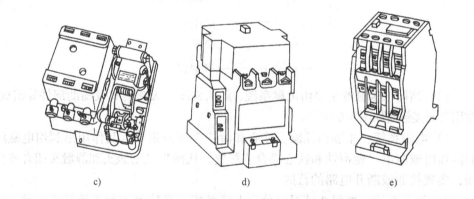

图 6-6 常用交流接触器
a) CJ10—20 型 b) CJ10—10 型 c) CJ10—60 型
d) CJ20—40 型 e) 3TB、3TH 系列接触器

熄灭。

4) 辅助部件：辅助部件有反作用弹簧、缓冲弹簧、触头压力弹簧、传动机构及底座、接线柱等。

(3) 工作原理 交流接触器的工作原理如图 6-7 所示。当接触器的线圈通电后,线圈中流过的电流产生磁场,使铁心产生足够大的吸力,克服反作用弹簧的反作用力,将衔铁吸合,通过传动机构带动三对主触头和辅助常开触头闭合,辅助常闭触头断开。当接触器线圈断电或电压显著下降时,由于电磁吸力消失或过小,衔铁在反作用弹簧的作用下复位,带动各触头恢复到原始状态。

(4) 选用

1) 选择接触器主触头的额定电压。接触器主触头的额定电压应大于或等于控制线路的额定电压。

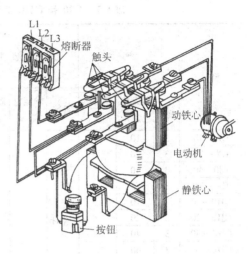

图 6-7 交流接触器的工作原理

2) 选择接触器主触头的额定电流。接触器控制电阻性负载时,主触头的额定电流应等于负载的额定电流。控制电动机时,主触头的额定电流应大于或稍大于电动机的额定电流。或按下列经验公式计算(仅适用于 CJ0、CJ10 系列)为

$$I_\mathrm{C} = \frac{P_\mathrm{N} \times 10^3}{KU_\mathrm{N}} \tag{6-2}$$

式中 K——经验系数,一般取 1~1.4;
P_N——被控制电动机的额定功率(kW);
U_N——被控制电动机的额定电压(V);
I_C——接触器主触头电流(A)。

若接触器控制的电动机起动或正反转较为频繁,一般将接触器主触头的额定电流降一级使用。

3) 选择接触器吸引线圈的电压。当控制线路简单,使用电器较少时,为节省变压器,可直接选用 380V 或 220V 的电压。当线路复杂,使用电器超过 5 个时,从人身和设备安全的角度考虑,吸引线圈电压要选低一些,可用 24V 或 110V 电压的线圈。

4) 选择接触器的触头数量及类型。接触器触头的数量、类型应满足控制线路的要求。

CJ0 和 CJ10 系列交流接触器的技术数据见表 6-7。

表 6-7 CJ0 和 CJ10 系列交流接触器的技术数据

型号	主触头		辅助触头			线圈		可控制三相异步电动机的最大功率 /kW		额定操作频率 /(次/h)
	对数	额定电流/A	额定电压/V	对数	额定电流/A	额定电压/V	电压/V	功率/V·A	220V	380V	
CJ0—10	3	10	380	均为2常开、2常闭	5	380	可为 36 110 (127) 220 380	14	2.5	4	≤1200
CJ0—20	3	20						33	5.5	10	
CJ0—40	3	40						33	11	20	
CJ0—75	3	75						55	22	40	
CJ10—10	3	10						11	2.2	4	≤600
CJ10—20	3	20						22	5.5	10	
CJ10—40	3	40						32	11	20	
CJ10—60	3	60						70	17	30	

(5) 安装与使用

1) 安装前应先检查线圈的额定电压是否与实际需要相符。

2) 接触器的安装多为垂直安装，其倾斜角不得超过5°，否则会影响接触器的动作特性；安装有散热孔的接触器时，应将散热孔放在上下位置，以降低线圈的温升。

3) 安装与接线时应将螺钉拧紧，以防振动松脱。

4) 触头应定期清理，若触头表面有电弧灼伤时，应及时修复。

(6) 常见故障 接触器的常见故障及修理方法见表6-8。

表 6-8 接触器的常见故障及修理方法

故障现象	产生原因	修理方法
接触器不吸合或吸不牢	1. 电源电压过低 2. 线圈断路 3. 线圈技术数据与使用条件不符 4. 铁心机械卡阻	1. 调高电源电压 2. 调换线圈 3. 调换线圈 4. 排除卡阻物
线圈断电，接触器不释放或释放缓慢	1. 触头熔焊 2. 铁心表面有油污 3. 触头弹簧压力过小或反作用弹簧损坏 4. 机械卡阻	1. 排除熔焊故障，修理或更换触头 2. 清理铁心极面 3. 调整触头弹簧力或更换反作用弹簧 4. 排除卡阻物
触头熔焊	1. 操作频率过高或过负载使用 2. 负载侧短路 3. 触头弹簧压力过小 4. 触头表面有电弧灼伤 5. 机械卡阻	1. 调换合适的接触器或减小负载 2. 排除短路故障更换触头 3. 调整触头弹簧压力 4. 清理触头表面 5. 排除卡阻物

（续）

故障现象	产 生 原 因	修 理 方 法
铁心噪声过大	1. 电源电压过低 2. 短路环断裂 3. 铁心机械卡阻 4. 铁心极面有油垢或磨损不平 5. 触头弹簧压力过大	1. 检查线路并提高电源电压 2. 调换铁心或短路环 3. 排除卡阻物 4. 用汽油清洗极面或更换铁心 5. 调整触头弹簧压力
线圈过热或烧毁	1. 线圈匝间短路 2. 操作频率过高 3. 线圈参数与实际使用条件不符 4. 铁心机械卡阻	1. 更换线圈并找出故障原因 2. 调换合适的接触器 3. 调换线圈或接触器 4. 排除卡阻物

五、继电器

继电器是一种根据输入信号的变化，接通或断开小电流电路，实现自动控制和保护电力拖动装置的电器。同接触器相比较，继电器具有触头分断能力小、结构简单、体积小、重量轻、反应灵敏、动作准确、工作可靠等特点。

继电器主要由测量机构、中间机构和执行机构三部分组成。

继电器的分类方法很多，按输入信号的性质可分为：电压继电器、电流继电器、速度继电器、压力继电器等；按工作原理可分为：电磁式继电器、电动式继电器、感应式继电器、晶体管式继电器和热继电器等；按输出方式可分为：有触头式和无触头式。

1. 中间继电器

中间继电器是用来增加控制电路中的信号数量或将信号放大的继电器。其输入信号是线圈的通电和断电，输出信号是触头的动作，由于触头的数量较多，所以可以用来控制多个元件或回路。

（1）型号及含义 其型号及含义如下：

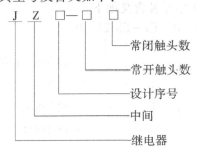

（2）结构 中间继电器由线圈、静铁心、动铁心、触头系统、反作用弹簧及复位弹簧等组成。JZ7系列中间继电器如图 6-8 所示。

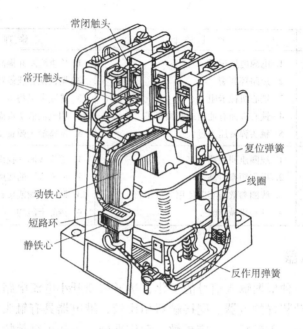

图 6-8 JZ7 系列中间继电器

（3）选用 中间继电器主要根据被控制电路的电压等级、所需触头的数量、种类、容量等要求来选择。

（4）安装与使用 中间继电器的使用与接触器相似，但中间继电器的触头容量较小，一般不能在主电路中应用。中间继电器一般根据负载电流的类型、电压等级和触头数量来选择。

（5）常见故障 中间继电器的常见故障及检修方法与接触器类似。

2. 热继电器

热继电器一般作为交流电动机的过载保护用，热继电器有两相结构、三相结构和三相带断相保护装置等 3 种类型。

（1）型号及含义 其型号及含义如下：

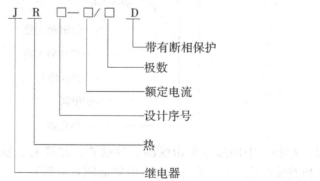

（2）结构　它是由热元件、触头系统、动作机构、复位机构和整定电流装置组成。其外形和结构如图 6-9 所示。

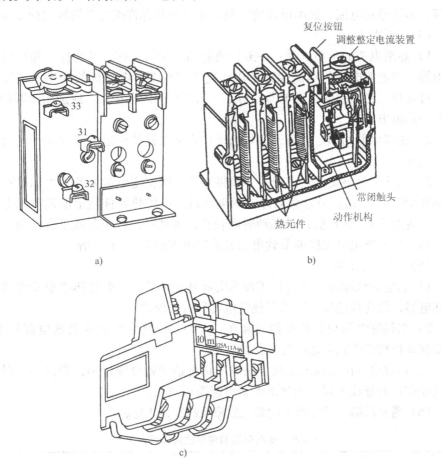

图 6-9　热继电器
a）外形　b）结构　c）T 系列

（3）工作原理　使用时，将热继电器的三相热元件分别串接在电动机的三相主电路中，常闭触头串接在控制电路的接触器线圈回路中。当电动机过载时，流过电阻丝的电流超过热继电器的整定电流，电阻丝发热，主双金属片向右弯曲，推动导板向右移动，通过温度补偿双金属片推动推杆绕轴转动，从而推动触头系统动作，动触头与常闭静触头分开，使接触器线圈断电，接触器触头断开，将电源切除起保护作用。电源切除后，主双金属片逐渐冷却恢复原位，于是动触头在失去作用力的情况下，靠弓簧的弹性自动复位。这种热继电器也可采用手动复位。

热继电器整定电流的大小可通过旋转电流整定旋钮来调节,旋钮上刻有整定电流值标尺。所谓热继电器的整定电流,是指热继电器连续工作而不动作的最大电流,超过整定电流,热继电器将在负载未达到其允许的过载极限之前动作。

(4) 选用

1) 热继电器的类型选择:一般轻载起动、短时工作,可选择二相结构的热继电器;当电源电压的均衡性和工作环境较差或多台电动机的功率差别较显著时,可选择三相结构的热继电器;对于三角形接法的电动机,应选用带断相保护装置的热继电器。

2) 热继电器的额定电流及型号选择:热继电器的额定电流应大于电动机的额定电流。

3) 热元件的整定电流选择:一般将热元件的整定电流调整为电动机额定电流的 0.95~1.05 倍;对过载能力差的电动机,可将热元件整定值调整到电动机额定电流的 0.6~0.8 倍;对起动时间较长,拖动冲击性负载或不允许停车的场合,热元件的整定电流应调节到电动机额定电流的 1.1~1.5 倍。

(5) 安装与使用

1) 当电动机起动时间过长或操作次数过于频繁时,会使热继电器误动作或烧坏电器,故这种情况一般不用热继电器作过载保护。

2) 当热继电器与其他电器安装在一起时,应将它安装在其他电器的下方,以免其动作特性受到其他电器发热的影响。

3) 热继电器出线端的连接导线应选择合适。若导线过细,则热继电器可能提前动作;若导线太粗,则热继电器可能滞后动作。

(6) 常见故障 热继电器的常见故障及修理方法见表 6-9。

表 6-9 热继电器的常见故障及修理方法

故障现象	产生原因	修理方法
热继电器误动作或动作太快	1. 整定电流偏小 2. 操作频率过高 3. 连接导线太细	1. 调大整定电流 2. 调换热继电器或限定操作频率 3. 选用标准导线
热继电器不动作	1. 整定电流偏大 2. 热元件烧断或脱焊 3. 导板脱出	1. 调小整定电流 2. 更换热元件或热继电器 3. 重新放置导板,并试验动作是否灵活
热元件烧断	1. 负载侧短路或电流过大 2. 反复短时工作,操作频率过高	1. 排除故障调换热继电器 2. 限定操作频率或调换合适热继电器

(续)

故障现象	产生原因	修理方法
主电路不通	1. 热元件烧毁 2. 接线螺钉未压紧	1. 更换热元件或热继电器 2. 旋紧接线螺钉
控制电路不通	1. 热继电器常闭触头接触不良或弹性消失 2. 手动复位的热继电器动作后,未手动复位	1. 检修常闭触头 2. 手动复位

3. 时间继电器

时间继电器是一种利用电磁原理或机械动作原理来延迟触头闭合或分断的自动控制电器。它的种类很多,有电磁式、电动式、空气阻尼式及晶体管式等。在生产机械的控制中被广泛应用的是空气阻尼式,这种继电器结构简单,延时范围宽,JS7—A 系列时间继电器的延时范围有 0.4~60s 和 0.4~180s 两种。

(1) 型号及含义 其型号及含义如下:

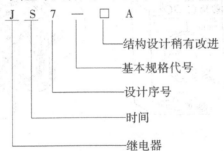

(2) 结构 空气阻尼式时间继电器由电磁系统、工作触头、气室及传动机构等4部分组成。其外形和结构如图 6-10 所示。

(3) 选用

1) 类型选择:凡是对延时要求不高的场合,一般采用价格较低的 JS7—A 系列空气阻尼式时间继电器,对于延时要求较高的场合,可采用晶体管式时间继电器。

2) 延时方式的选择:时间继电器有通电延时和断电延时两种,应根据控制线路的要求选用。

3) 线圈电压的选择:根据控制电路电压来选择时间继电器吸引线圈的电压。

(4) 安装与使用

1) JS7—A 系列时间继电器只要将电磁部分转动180°,即可将通电延时改为断电延时结构。

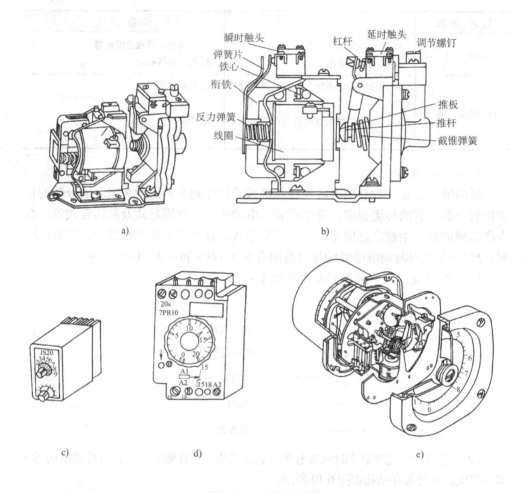

图 6-10 时间继电器
a) JS7 系列时间继电器的外形　b) JS7 系列时间继电器的结构
c) JS20 系列　d) 7PR 系列　e) JS11 系列

2) JS7—A 系列时间继电器由于无刻度，故不能准确地调整延时时间。

3) 时间继电器的整定值，应预先在不通电时整定好，并在试验时校正。

4) 安装前先检查额定电流及整定值是否与实际要求相符。

5) 安装后应在主触头不带电的情况下，使吸引线圈带电操作几次，试试继电器动作是否可靠。

6) 定期检查各部件有否松动及损坏现象，并保持触头的清洁和可靠。

(5) 常见故障　时间继电器的常见故障及修理方法见表 6-10。

第六章 常用低压电器和电气控制电路的应用

表 6-10 时间继电器的常见故障及修理方法

故障现象	产生原因	修理方法
延时触头不动作	1. 电磁线圈断线 2. 电源电压低于线圈额定电压很多 3. 电动式时间继电器的同步电动机线圈断线 4. 电动式时间继电器的棘爪无弹性，不能刹住棘齿 5. 电动式时间继电器游丝断裂	1. 更换线圈 2. 更换线圈或调高电源电压 3. 调换同步电动机 4. 调换棘爪 5. 调换游丝
延时时间缩短	1. 空气阻尼式时间继电器的气室装配不严，漏气 2. 空气阻尼式时间继电器的气室内橡胶薄膜损坏	1. 修理或调换气室 2. 调换橡胶薄膜
延时时间变长	1. 空气阻尼式时间继电器的气室内有灰尘，使气道阻塞 2. 电动式时间继电器的传动机构缺润滑油	1. 清除气室内灰尘，使气道畅通 2. 加入适量的润滑油

4. 速度继电器

速度继电器是一种可以按照被控电动机转速的大小使控制电路接通或断开的电器。速度继电器通常与接触器配合，实现对电动机的反接制动。

（1）型号及含义　其型号及含义如下：

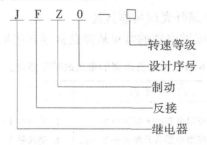

（2）结构　速度继电器主要由定子、转子、可动支架、触头系统及端盖等部分组成。JY1 型速度继电器如图 6-11 所示。

（3）选用　速度继电器主要根据电动机的额定转速来选择。

（4）安装与使用

1）速度继电器的转轴应与电动机同轴连接。

171

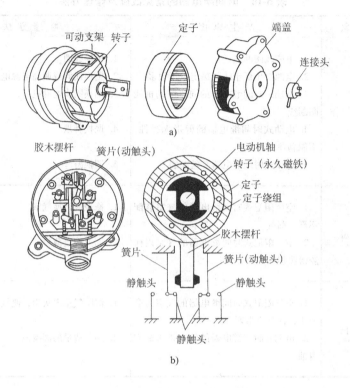

图 6-11　JY1 型速度继电器
a) 外形结构　b) 工作原理

2) 速度继电器安装接线时,正反向的触头不能接错,否则不能实现反接制动控制。

3) 速度继电器的金属外壳应可靠接地。

(5) 常见故障　速度继电器的常见故障及修理方法见表 6-11。

表 6-11　速度继电器的常见故障及修理方法

故障现象	产生原因	修理方法
制动时速度继电器失效,电动机不能制动	1. 速度继电器胶木摆杆断裂 2. 速度继电器常开触头接触不良 3. 弹性动触片断裂或失去弹性	1. 调换胶木摆杆 2. 清洗触头表面油污 3. 调换弹性动触片

六、主令电器

主令电器主要用于闭合、断开控制电路,以发出信号或命令,达到对电力拖动系统的控制或实现程序控制。常用的主令电器有按钮、位置开关、万能转换开关和主令控制器等。

1. 按钮

按钮是一种以短时接通或分断小电流电路的电器，它不直接用于控制主电路的通断，而是在控制电路中发出"指令"去控制接触器、继电器等电器，再由它们去控制主电路。

（1）型号及含义　其型号及含义如下：

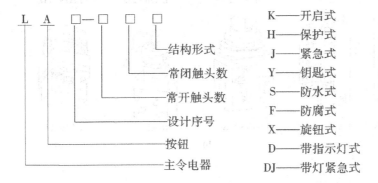

（2）结构　按钮是短时间接通或断开小电流电路的电器。按按钮时，桥式动触头先和上面的静触头分离，然后和下面的静触头接触，手松开后，靠弹簧复位。主要用于操纵接触器、继电器或电气联锁电路。常见的按钮如图6-12所示。

（3）选用

1）根据使用场合和具体用途选择按钮的种类　在灰尘较多时不宜选用LA18和LA19系列按钮。

2）按工作状态指示和工作情况的要求，选择按钮的颜色。

3）按控制回路的需要，确定按钮的数量，如单联钮、双联钮和三联钮等。

（4）安装与使用

1）按钮用于高温场合时，易使塑料变形老化而导致松动，引起接线螺钉间相碰而发生短路，可在接线螺钉处加套绝缘塑料管来防止短路。

2）带指示灯的按钮因灯泡发热，长期使用易使塑料灯罩产生变形，此时应降低灯泡两端的电压，延长其使用寿命。按钮一般都安装在面板上，且布置要整齐、合理、牢固，应保持触头间的清洁。

3）同一机床运动部件有几种不同工作状态时，应使每一对相反状态的按钮安装在同一组。

（5）常见故障　按钮的常见故障及修理方法见表6-12。

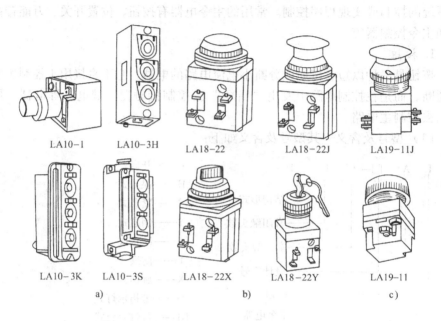

图 6-12 常见的按钮

a) LA10 系列　b) LA18 系列　c) LA19 系列

表 6-12 按钮的常见故障及修理方法

故障现象	产生原因	修理方法
按下起动按钮时有触电感觉	1. 按钮的防护金属外壳与连接导线接触 2. 按钮帽的缝隙间充满金属屑，使其与导电部分构成通路	1. 检查按钮内连接导线 2. 清理按钮及触头
按下起动按钮，不能接通电路，控制失灵	1. 接线头脱落 2. 触头磨损松动，接触不良 3. 动触头弹簧失效，使触头接触不良	1. 检查起动按钮连接线 2. 检修触头或调换按钮 3. 重绕弹簧或调换按钮
按下停止按钮，不能断开电路	1. 接线错误 2. 尘埃或机油、乳化液等流入按钮而构成短路 3. 绝缘击穿而发生短路	1. 更改接线 2. 清扫按钮并相应采取密封措施 3. 调换按钮

2. 位置开关

位置开关又称为行程开关或限位开关,它的作用与按钮相同,只是其触头的动作不是靠手动操作,而是利用生产机械某些运动部件上的挡铁碰撞其滚轮使触头动作来实现接通或分断某些电路,使之达到一定的控制要求。

(1) 型号及含义 其型号及含义如下:

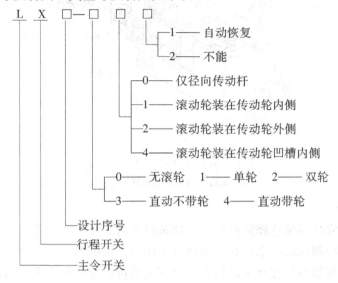

(2) 结构 位置开关的结构是由触头系统、操作机构和外壳组成。JLXK1系列位置开关的外形和结构如图6-13所示。

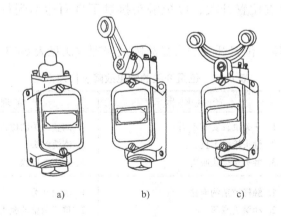

图6-13 JLXK1系列位置开关
a) JLXK1—311 按钮式外形 b) JLXK1—111 单轮旋转式外形
c) JLXK1—211 双轮旋转式外形

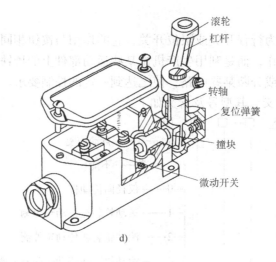

图 6-13 JLXK1 系列位置开关（续）

d）JLXK1—111 单轮旋转式结构

（3）选用

1）根据安装环境选择防护形式，即选择开启式还是防护式。

2）根据控制回路的电压和电流选择采用何种系统的行程开关。

3）根据机械与行程开关的传力与位移关系选择合适的头部结构形式。

（4）安装与使用

1）位置开关安装时位置要准确，否则不能达到位置控制和限位的目的。

2）应定期检查位置开关，以免触头接触不良而达不到行程和限位控制的目的。

（5）常见故障 位置开关的常见故障及修理方法见表 6-13。

表 6-13 位置开关的常见故障及修理方法

故障现象	产生原因	修理方法
挡铁碰撞开关，触头不动作	1. 开关位置安装不当 2. 触头接触不良 3. 触头连接线脱落	1. 调整开关的位置 2. 清洗触头 3. 紧固连接线
位置开关复位后，常闭触头不能闭合	1. 触杆被杂物卡住 2. 动触头脱落 3. 弹簧弹力减退或被卡住 4. 触头偏斜	1. 清扫开关 2. 重新调整动触头 3. 调换弹簧 4. 调换触头
杠杆偏转后触头未动	1. 行程开关位置太低 2. 机械卡阻	1. 将开关向上调到合适位置 2. 打开后盖清扫开关

第六章 常用低压电器和电气控制电路的应用

第二节 三相异步电动机控制电路的安装和检修

由于各种生产机械的工作性质和加工工艺不同，使得它们对电动机的控制要求不同。电动机常见的基本控制电路有：点动控制、正转控制、正反转控制、位置控制、顺序控制、多地控制、减压起动控制、调速控制和制动控制等。

一、绘制、识读电气控制电路图的原则

生产机械电气控制电路常用电路图、接线图和布置图来表示。在实际中，电路图、接线图和布置图要结合起来使用。

1. 电路图

电路图能充分表达电气设备和电器的用途、作用和工作原理，是电气线路安装、调试和维修的理论依据。

绘制、识读电路图时应遵循以下的原则：

1）电路图一般分电源电路、主电路和辅助电路3部分绘制。

① 电源电路画成水平线，三相交流电源相序L1、L2、L3自上而下依次画出，中线N和保护地线PE画在相线之下。直流电源的正极画在上边，负极画在下边。电源开关要水平画出。

② 主电路是由主熔断器、接触器的主触头、热继电器的热元件以及电动机等组成。主电路通过的电流较大。主电路要画在电路图的左侧并垂直电源电路。

③ 辅助电路一般由主令电器的触头、接触器线圈及辅助触头、继电器线圈及触头、指示灯和照明灯等组成。它通过的电流较小，一般不超过5A。辅助电路要跨接在两相电源线之间，一般按照控制电路、指示电路和照明电路的顺序依次垂直画在主电路的右侧，且与下边电源线相连的耗能元件要画在电路图的下方，而电器的触头要画在耗能元件与上边电源线之间。一般应按照自左至右、自上而下的排列来表示操作顺序。

2）电路图中，各电器的触头位置都按电路未通电和电器未受外力作用时的常态位置画出。分析原理时，应从触头的常态位置出发。

3）电路图中，不画出电器元件实际的外形图，而采用国家统一规定的电气图形符号画出。

4）电路图中，同一电器的各个元件不按它们的实际位置画在一起，而是按其在线路中所起的作用分别画在不同的电路中，但它们的动作却是相互关联的，因此，必须标注相同的文字符号。

5）画电路图时，应尽可能减少线条和避免线条交叉。对有直接电联系的交

叉导线连接点，要用小黑圆点表示；无直接电联系的交叉导线则不画小黑圆点。

6) 电路图采用电路编号法，即对电路中的各个接点用字母或数字编号。

① 主电路在电源开关的出线端按相序依次编号为 U11、V11、W11。然后按从上到下、从左到右的顺序，每经过一个电器元件后，编号要依次递增，如 U12、V12、W12；U13、V13、W13……单台三相交流电动机（或设备）的 3 根引出线相序依次编号为 U、V、W。对于多台电动机引出线的编号，为了不致引起误解和混淆，可在字母前用不同的数字加以区别，例如 1U、1V、1W；2U、2V、2W 等。

② 辅助电路编号按"等电位"原则从上至下、从左至右的顺序用数字依次编号，每经过一个元器件后，编号要依次递增。控制电路编号的起始数字必须是 1，其他辅助电路的起始数字依次递增 100，如照明电路编号从 101 开始；指示电路编号从 201 开始等。

2. 接线图

绘制、识读接线图应遵循以下原则：

1) 接线图中一般示出如下内容：电气设备和元器件的相对位置、文字符号、端子号、导线号、导线类型、导线截面积、屏蔽和导线绞合等。

2) 所有的电气设备和电器元件都按其所在的实际位置绘制在图样上，且同一电器的各元件根据其实际结构，使用与电路图相同的图形符号画在一起，并用点画线框上，其文字符号以及接线端子的编号应与电路图中的标注一致，可以方便对应检查接线。

3) 接线图中的导线有单根导线、导线组、电缆等之分，可用连续线和中断线来表示。凡导线走向相同的可以合并，用线束来表示，到达接线端子板或电器元件的连接点时再分别画出。在用线束来表示导线组、电缆等时可用加粗的线条表示，在不引起误解的情况下也可采用部分加粗。另外，导线及管子型号、根数和规格应标注清楚。

二、电动机基本控制电路的安装步骤

电动机基本控制电路的安装，一般应按以下步骤进行：

1) 识读电路图，明确线路所用元器件及其作用，熟悉线路的工作原理。

2) 根据电路图和元器件明细表配齐元器件，并进行检验。

3) 根据元器件选配安装工具和控制板。

4) 根据电路图绘制布置图和接线图，然后按要求在控制板上固装元器件（电动机除外），并贴上醒目的文字符号。

5) 根据电动机功率选配主电路导线的截面积。

6) 根据接线图布线，同时将剥去绝缘层的两端线头套上标有与电路图相一致编号的编码套管。

第六章 常用低压电器和电气控制电路的应用

7) 安装电动机。

8) 连接电动机和所有元器件金属外壳保护接地线。

9) 连接电源、电动机等控制板外部的导线。

10) 自检。

11) 校验。

12) 通电试验。

三、常见电动机基本控制电路

1. 连续与点动混合正转控制电路

机床设备正常工作时,一般需要电动机处在连续运转状态。但在试验或调整刀具与工件的相对位置时,又需要电动机能点动运转,实现这种工艺要求的电路是连续与点动混合正转控制电路,如图6-14所示。

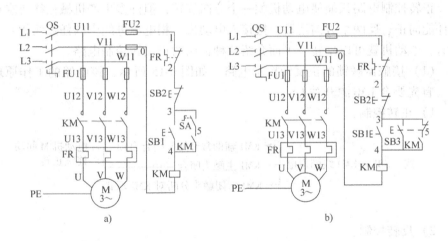

图 6-14 连续与点动混合正转控制电路
a) 连续控制 b) 点动控制

该线路的工作原理如下:先合上电源开关 QS。

(1) 连续控制

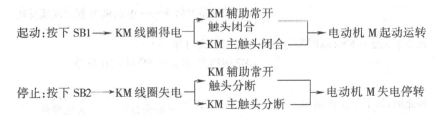

(2) 点动控制

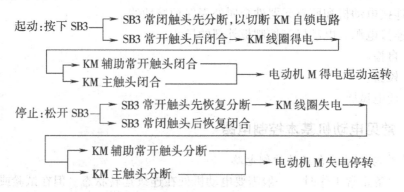

2. 正反转控制电路

正转控制电路只能使电动机朝一个方向旋转，但许多生产机械往往要求运动部件能向正、反两个方向运动，把接入电动机三相电源进线中的任意两相对调接线时，电动机就可以反转。下面介绍几种常用的正反转控制电路。

（1）接触器联锁的正反转控制电路　如图 6-15 所示，该电路的工作原理如下（首先要合上电源开关 QS）：

1）正转控制：

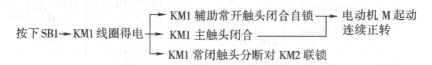

2）反转控制：

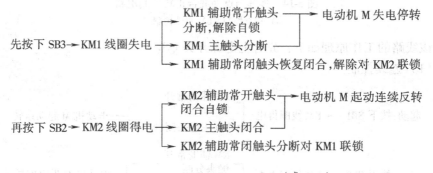

第六章 常用低压电器和电气控制电路的应用

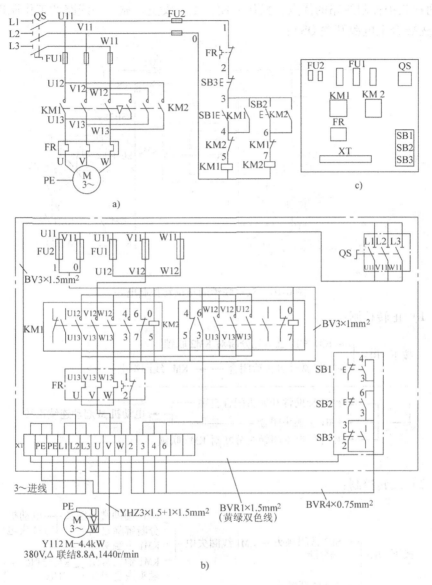

图 6-15 接触器联锁的正反转控制电路
a) 电路图 b) 接线图 c) 布置图

从以上分析可见，接触器联锁正反转控制电路的优点是工作安全可靠，缺点是操作不便。因电动机从正转变为反转时，必须先按下停止按钮后，才能按反转起动按钮，否则由于接触器的联锁作用，不能实现反转。为克服此线路的不足，可采用按钮联锁或按钮和接触器双重联锁的正反转控制电路。

（2）按钮、接触器双重联锁的正反转控制电路 如图 6-16 所示，该电路兼

181

有两种联锁控制线路的优点,操作方便,工作安全可靠。该线路的工作原理如下(首先要合上电源开关 QS):

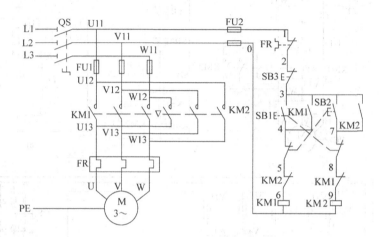

图 6-16 双重联锁的正反转控制电路

1)正转控制:

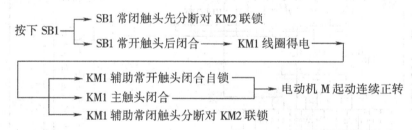

2)反转控制:

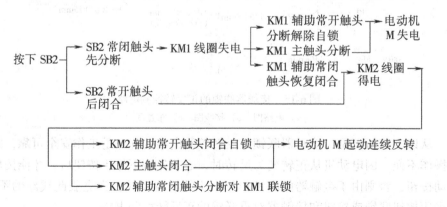

第六章 常用低压电器和电气控制电路的应用

若要停止，按下 SB3，整个控制电路失电，主触头分断，电动机 M 失电停转。

3. 自动往返控制电路

生产过程中，一些生产机械运动部件需要其运动部件在一定范围内自动往返循环。实现这种控制要求所依靠的主要电器是位置开关。工作台自动往返行程控制电路，如图 6-17 所示。

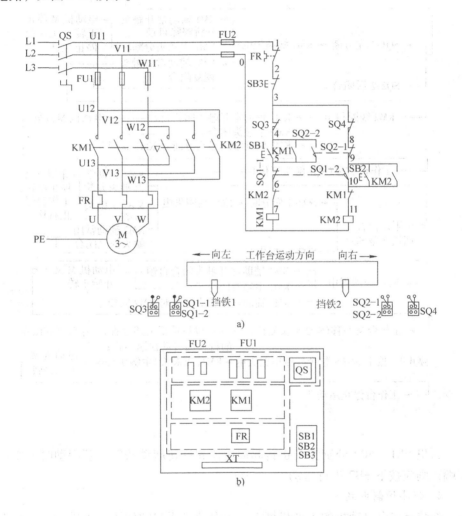

图 6-17 工作台自动往返行程控制电路
a）电路图 b）布置图

该电路的工作原理如下（首先要合上电源开关 QS）：

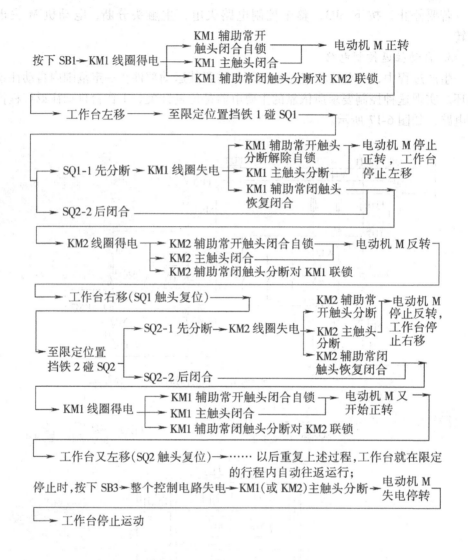

这里 SB1、SB2 分别作为正转起动按钮和反转起动按钮,若起动时工作台在左端,则应按下 SB2 进行起动。

4. 顺序控制电路

在装有多台电动机的生产机械上,各电动机所起的作用是不同的。有时需按一定的顺序起动或停止,才能保证操作过程的合理和工作的安全可靠。这种要求几台电动机的起动或停止必须按一定的先后顺序来完成的控制方式,叫做电动机的顺序控制,如图 6-18 所示。

该电路的工作原理如下（首先要合上电源开关 QS）:

第六章 常用低压电器和电气控制电路的应用

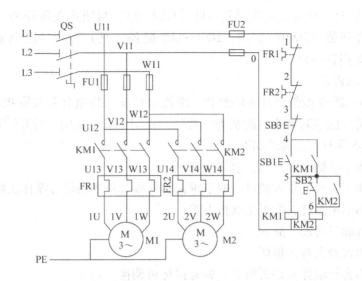

图 6-18 控制电路实现顺序控制电路

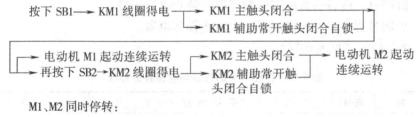

M1、M2 同时停转：

按下 SB3→控制电路失电→KM1、KM2 主触头分断→电动机 M1、M2 同时停转

第三节 典型操作技能训练实例

训练 1 低压开关的拆装与检修

1. 目的要求

熟悉常用低压开关的外形和基本结构，并能进行正确拆卸、组装及排除常见故障。

2. 工具、仪表及器材

（1）工具 尖嘴钳、螺钉旋具、活扳手等。

（2）仪表 MF47 型万用表。

(3) 器材 开启式负荷开关一只（HK4 型）、封闭式负荷开关一只（HH11 型）、组合开关（HZ10—25/3、HZ3—132 型各一只）和低压断路器（DZ15—20、DW10 型各一只）。

3. 训练内容

HZ10—25/3 型组合开关的改装、维修及校验 将组合开关原状态为三常开（或三常闭）的三对触头，改装为二常开一常闭（或二常闭一常开）状态。

训练步骤及工艺要求如下：

1）卸下手柄紧固螺钉，取下手柄。
2）卸下支架上紧固螺母，取下顶盖、转轴弹簧和凸轮等操作机构。
3）抽出绝缘杆，取下绝缘板上盖。
4）拆卸三对动、静触头。
5）检查触头有无损坏。
6）检查转轴弹簧是否松脱，如有损坏可调换。
7）将任一相的动触头旋转 90°，然后按逆序进行安装。

4. 注意事项

1）拆卸时，应备有盛放零件的容器，防止丢失零件。
2）拆卸过程中，不允许硬撬，以防止损坏电器。

5. 评分标准（见表 6-14）

表 6-14 低压开关的拆装与检修评分标准

项 目	配分	评 分 标 准	扣分
元器件识别	20 分	1. 写错或漏写名称，每只　　　扣 4 分 2. 写错或漏写型号，每只　　　扣 2 分	
封闭式负荷开关的结构	20 分	1. 仪表使用方法错误　　　　　扣 5 分 2. 不会测量或测量结果错误　　扣 5 分 3. 主要零部件名称写错，每只　扣 4 分 4. 主要零部件作用写错，每只　扣 4 分	
低压断路器的结构	20 分	1. 主要部件的作用写错，每只　扣 4 分 2. 参数漏写或写错，每只　　　扣 4 分	
组合开关的改装与维修	40	1. 损坏电器元件或不能装配　　扣 20 分 2. 丢失或漏装零件，每只　　　扣 10 分 3. 拆装方法、步骤不正确，每次　扣 5 分 4. 拆装后未进行改装　　　　　扣 20 分 5. 装配后手柄转动不灵活　　　扣 8 分 6. 不能进行通电校验　　　　　扣 20 分 7. 通电试验不成功，每次　　　扣 10 分	
安全文明操作		违反操作规程　　　　　　　　扣 5~20 分	
定额时间 2h		每超时 5min 以内扣 5 分计算	
备注		除定额时间外，各项目的最高扣分不应超过配分	成绩
开始时间		结束时间	实际时间

第六章 常用低压电器和电气控制电路的应用

● **训练 2　交流接触器的拆装与检修**

1. 目的要求

1）熟悉交流接触器的拆卸与装配工艺,并能对常见故障进行正确的检修。

2）掌握交流接触器的校验和调整方法。

2. 工具、仪表及器材

（1）工具　螺钉旋具、电工刀、尖嘴钳、剥线钳、镊子等。

（2）仪表　电流表（5A）、电压表（600V）、万用表、绝缘电阻表。

（3）器材　见表6-15。

表6-15　器材明细

代　号	名　称	型号规格	数　量
T	调压变压器	TDGC2—10/0.5	1
KM	交流接触器	CJ20—20	1
QS1	三极开关	HK4—15/3	1
QS2	二极开关	HK4—15/2	1
EL	指示灯	220V、25W	3
	控制板	500mm×400mm×30mm	1
	连接导线	BVR1.0 mm^2	若干

3. 训练内容

交流接触器的拆卸、检修与装配和自检。

本训练的主要内容是：

（1）拆卸

1）卸下灭弧罩紧固螺钉,将灭弧罩取下。

2）拉紧主触头定位弹簧夹,取下主触头及主触头压力弹簧片。拆卸主触头时必须将主触头侧转45°后再取下。

3）松开辅助常开静触头的线桩螺钉,将常开静触头取下。

4）松开接触器底部的盖板螺钉,取下盖板。在松盖板螺钉时,要用手按住螺钉并慢慢放松。

5）取下静铁心缓冲绝缘纸片及静铁心。

6）取下静铁心支架及缓冲弹簧。

7）拔出线圈接线端的弹簧夹片,将线圈取下。

8）取下反作用弹簧。

9）取下衔铁和支架。

10）从支架上取下动铁心定位销。

（2）检修

1)检查灭弧罩有无破裂或烧损,清除灭弧罩内的金属飞溅物和颗粒。

2)检查触头的磨损程度,磨损严重时应更换触头。若不需更换,则清除触头表面上烧毛的颗粒。

3)清除铁心端面的油垢,检查铁心有无变形及端面接触是否平整。

4)检查触头压力弹簧及反作用弹簧是否变形或弹力不足。如果有需要则更换弹簧。

5)检查电磁线圈是否有短路、断路及发热变色现象。

(3)装配 按拆卸的逆顺序进行装配。

(4)自检 用万用表欧姆挡检查线圈及各触头是否良好;用绝缘电阻表测量各触头间及主触头对地电阻是否符合要求;用手按动主触头检查运动部分是否灵活,以防产生接触不良、振动和噪声。

4.注意事项

1)拆卸过程中,应备有盛放零件的容器,以免丢失零件。

2)拆装过程中不允许硬撬,以免损坏电器。装配辅助静触头时,要防止卡住动触头。

3)通电校验时,接触器应固定在控制板上,并有教师监护,以确保用电安全。

4)通电校验过程中,要均匀、缓慢地改变调压变压器的输出电压,以使测量结果尽量准确。

5)调整触头压力时,注意不得损坏接触器的主触头。

5.评分标准(见表6-16)

表6-16 交流接触器的拆装与检修评分标准

项目内容	配分	评分标准	扣分
拆卸和装配	20分	1.拆卸步骤及方法不正确,每次　　扣5分 2.拆装不熟练　　　　　　　　　扣5~10分 3.丢失零部件,每件　　　　　　扣10分 4.拆卸后不能组装　　　　　　　扣15分 5.损坏零部件　　　　　　　　　扣20分	
检修	30分	1.未进行检修或检修无效果　　　扣30分 2.检修步骤及方法不正确,每次　扣5分 3.扩大故障(无法修复),每次　扣30分	
校验	25分	1.不能进行通电校验,每次　　　扣25分 2.校验的方法不正确　　　　　　扣10~20分 3.校验结果不正确　　　　　　　扣10~20分 4.通电时有振动或噪声　　　　　扣10分	

(续)

项目内容	配分	评分标准		扣分
调整触头压力	25分	1. 不能凭经验判断触头压力大小	扣10分	
		2. 不会测量触头压力	扣10分	
		3. 触头压力测量不准确	扣10分	
		4. 触头压力的调整方法不正确	扣15分	
安全文明操作		违反操作规程	扣5~20分	
定额时间60min		每超时5min以内扣5分		
备注		除定额时间外,各项目扣分不得超过该项配分	成绩	
开始时间		结束时间	实际时间	

训练3 时间继电器的检修与校验

1. 目的要求

1）熟悉JS7—A系列时间继电器的结构,学会对其触头进行整修。

2）将JS7—2A型时间继电器改装成JS7—4A型,并进行通电校验。

2. 工具、仪表及器材

（1）工具 螺钉旋具、电工刀、尖嘴钳、验电器、剥线钳、电烙铁等。

（2）器材 见表6-17。

表6-17 器材明细

代 号	名 称	型号规格	数量
KT	时间继电器	JS7—2A、线圈电压380V	1
QS	组合开关	HZ10—25/3、三极、25A	1
FU	熔断器	RL1—15/2、15A、配熔体2A	1
SB1、SB2	按钮	LA4—3H、保护式、按钮数3	2
HL	指示灯	220V、15W	3
	控制板	500mm×400mm×20mm	1
	导线	BVR1.0mm²	若干

3. 训练内容

（1）整修JS7—2A型时间继电器的触头

1）松下延时或瞬时微动开关的紧固螺钉,取下微动开关。

2）均匀用力慢慢撬开并取下微动开关盖板。

3) 小心取下动触头及附件，要防止用力过猛而弹失小弹簧和薄垫片。

4) 进行触头整修。

5) 按拆卸的逆顺序进行装配。

6) 手动检查微动开关的分合是否瞬间动作，触头接触是否良好。

(2) JS7—2A 型改装成 JS7—4A 型

1) 松开线圈支架紧固螺钉，取下线圈和铁心总成部件。

2) 将总成部件沿水平方向旋转 180°后，重新旋上紧固螺钉。

3) 观察延时和瞬时触头的动作情况，将其调整在最佳位置上。调整延时触头时，可旋松线圈和铁心总成部件的安装螺钉，向上或向下移动后再旋紧。调整瞬时触头时，可松开安装瞬时微动开关底板上的螺钉，将微动开关向上或向下移动后再旋紧。

4) 旋紧各安装螺钉，进行手动检查，若达不到要求必须重新调整。

(3) 通电校验

1) 将整修和装配好的时间继电器进行通电校验。

2) 通电校验要做到一次通电校验合格。通电校验合格的标准为：在 1min 内通电频率不少于 10 次，做到各触点工作良好，吸合时无噪声，铁心释放无延缓，并且每次动作的延时时间一致。

4. 注意事项

1) 拆卸时，应备有盛放零件的容器，以免丢失零件。

2) 整修和改装过程中，不允许硬撬，以防止损坏电器。

3) 在进行校验接线时，要注意各接线端子上线头间的距离，防止产生相间短路故障。

4) 通电校验时，必须将时间继电器紧固在控制板上并可靠接地，且有指导教师监护，以确保用电安全。

5) 改装后的时间继电器，在使用时要将原来的安装位置水平旋转 180°，使衔铁释放时的运动方向始终保持垂直向下。

5. 评分标准（见表 6-18）

表 6-18 时间继电器的检修与校验评分标准

项 目	配分	评 分 标 准	扣分
整修和改装	50 分	1. 丢失或损坏零件，每件　　　　　扣 10 分 2. 改装错误或扩大故障　　　　　扣 40 分 3. 整修和改装步骤或方法不正确，每次　扣 5 分 4. 整修和改装不熟练　　　　　　扣 10 分 5. 整修和改装后不能装配，不能通电　扣 50 分	

第六章 常用低压电器和电气控制电路的应用

(续)

项 目	配分	评 分 标 准	扣分
通电校验	50分	1. 不能进行通电校验　　　　　　扣50分 2. 校验线路接错　　　　　　　　扣20分 3. 通电校验不符合要求： 　　吸合时有噪声　　　　　　　扣20分 　　铁心释放缓慢　　　　　　　扣15分 　　延时时间误差，每超过1s　　扣10分 　　其他原因造成不成功，每次　扣10分 4. 安装元件不牢固或漏接接地线　扣15分	
安全文明操作		违反操作规程　　　　　　　　　　扣5~20分	
定额时间60min		每超时5min以内扣5分	
备注		除定额时间外，各项目的最高扣分不得超过配分数	成绩
开始时间		结束时间	实际时间	

● 训练4　连续与点动混合正转控制电路的安装

1. 目的要求

掌握连续与点动混合正转控制电路的安装与调试。

2. 工具、仪表及器材

根据三相异步电动机 Y132M—4 的技术数据：7.5kW、380V、15.4A、△联结、1440 r/min 及图 6-14b 所示的电路图，选用工具、仪表及器材，并填入表 6-19 和表 6-20 中。

表 6-19　工具及仪表

电工常用工具	
线路安装工具	
仪表	

表 6-20　电器元件及部分电工器材明细

代号	名　称	型　号	规　格	数量
M	三相异步电动机	Y132M—4	7.5kW、380V、15.4A、△联结、1440r/min	1
QS	电源开关			

(续)

代号	名称	型号	规格	数量
FU1	熔断器			
FU2	熔断器			
KM	交流接触器			
FR	热继电器			
SB1~SB3	按钮			
XT	端子板			
	主电路导线			
	控制电路导线			
	按钮线			
	接地线			
	电动机引线			
	控制板			
	紧固体及编码套管			

3. 训练内容

1) 识读电路图，熟悉线路所用元器件及作用和线路的工作原理。

2) 检验元器件是否完好。

3) 绘制布置图，检查合格后，在控制电路板上按布置图安装元器件，并贴上醒目的文字符号。

4) 绘制接线图，检查合格后，在控制电路板上按照接线图进行控制板的布线和套编码套管。

5) 根据电路图，检查控制电路板布线的正确性。

6) 安装电动机。

7) 连接电动机和按钮金属外壳的保护接地线。

8) 连接电源、电动机等控制电路板外部的导线。

9) 自检。安装完毕的控制电路板，必须经过认真检查以后，才允许通电试验。

10) 通电试验。

4. 注意事项

1) 电动机及按钮的金属外壳必须可靠接地。

2) 电源进线应接在螺旋式熔断器的下接线座上，出线则应接在上接线

第六章 常用低压电器和电气控制电路的应用

座上。

3) 热继电器的整定电流应按电动机规格进行调整。

4) 如果点动采用复合按钮,其常闭触头必须与自锁触头串接。

● 训练 5 连续与点动混合正转控制电路的检修

1. 目的要求

掌握连续与点动混合正转控制电路的故障分析和检修方法。

2. 工具、仪表及器材

(1) 工具 验电器、螺钉旋具、尖嘴钳、斜口钳、剥线钳、电工刀等。

(2) 仪表 绝缘电阻表、钳形电流表、万用表。

3. 训练内容

电动机基本控制电路故障检修的一般步骤和方法。

1) 用试验法观察故障现象,初步判定故障范围。试验法是对有故障的电气设备的线路进行通电试验,可通过观察电气设备和元器件的动作,看它是否正常,各控制环节的动作程序是否符合要求,找出故障发生部位或回路。

2) 用逻辑分析法缩小故障范围。逻辑分析法是根据电气控制线路的工作原理、控制环节的动作程序以及它们之间的联系,结合故障现象作具体的分析,迅速地缩小故障范围,从而判断出故障所在。这种排故方法比较快,特别适用于对复杂线路的故障检查。

3) 用测量法确定故障点。测量法是利用电工工具和仪表对线路进行带电或断电测量,常用的有电压分阶测量法和电阻分阶测量法。

① 电压分阶测量法:测量检查时,首先把万用表的转换开关位置于交流电压 500V 挡位上,然后按如图 6-19 所示方法进行测量。

检测时,接通控制电路的电源,一人先用万用表测量 0 和 1 两点之间的电压,若电压为 380V,则说明控制电路的电源电压正常。然后由另一人按下 SB1 不放,一人把黑表笔接到 0 点上,红表笔依次接到 2、3、4 各点上,分别测量出 0-2、0-3、0-4 两点间的电压。根据其测量结果即可找出故障点,见表 6-21。

表 6-21 电压分阶测量法查找故障点

故障现象	测试状态	0-2	0-3	0-4	故障点
按下 SB1 时,KM 不吸合	按下 SB1 不放	0	0	0	FR 常闭触头接触不良
		380V	0	0	SB2 常闭触头接触不良
		380V	380V	0	SB1 接触不良
		380V	380V	380V	KM 线圈断路

② 电阻分阶测量法：测量检查时，首先把万用表的转换开关位置调到倍率适当的电阻挡，然后按如图 6-20 所示方法进行测量。

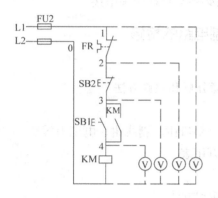

图 6-19　电压分阶测量法

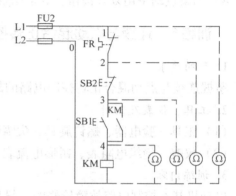

图 6-20　电阻分阶测量法

检测时，首先切断控制电路电源，然后一人按下 SB1 不放，另一人用万用表依次测量 0-1、0-2、0-3、0-4 各两点之间的电阻值，根据测量结果可找出故障点，见表 6-22。

表 6-22　电阻分阶测量法查找故障点

故障现象	测试状态	0-1	0-2	0-3	0-4	故障点
按下 SB1 时，KM 不吸合	按下 SB1 不放	∞	R	R	R	FR 常闭触头接触不良
		∞	∞	R	R	SB2 接触不良
		∞	∞	∞	R	SB1 接触不良
		∞	∞	∞	∞	KM 线圈断路

注：R 为 KM 线圈电阻值。

4) 根据故障点的不同情况，采取正确的维修方法排除故障。

5) 检修完毕，进行通电空载校验或局部空载校验。

6) 校验合格，通电正常运行。

● 训练 6　双重联锁正反转控制电路的安装与检修

1. 目的要求

掌握双重联锁正反转控制电路的安装和检修。

2. 训练器材

接触器联锁正反转控制电路板一块。导线规格：动力电路采用 BV1.5mm²

和 BVR1.5mm² （黑色）塑铜线，控制电路采用 BVR1.0mm² 塑铜线（红色），接地线采用 BVR（黄绿双色）塑铜线（截面积至少 1.5 mm²）。紧固体及编码套管等，其数量按实际需要而定，见表 6-23。

表 6-23 元件明细

代号	名称	型号	规格	数量
M	三相异步电动机	Y112M—4	4kW、380V、△联结、8.8A、1440r/min	1
QS	组合开关	HZ10—25/3	三极、25A	1
FU1	熔断器	RL1—60/25	500V、60A、配熔体 25A	3
FU2	熔断器	RL1—15/2	500V、15A、配熔体 2A	2
KM1、KM2	交流接触器	CJ20—20/3	20A、线圈电压 380V	2
FR	热继电器	JR16—20/3	三极、20A、整定电流 8.8A	1
SB1、SB2	按钮	LA10—3H	保护式、380V、5A、按钮数 3	2
XT	端子板	JX2—1015	380V、10A、15 节	1

3. 训练内容

(1) 安装训练

1) 配齐所用元器件，并检验其质量好坏。

2) 在控制板上安装走线槽和所有元器件，并贴上文字符号。安装走线槽时，应做到横平竖直、排列整齐匀称、安装牢固和便于走线等。

3) 按电路图进行板前线槽配线，并在导线端部套编码套管和冷压接线头。板前线槽的具体工艺要求是：

① 所有导线的截面积在大于或等于 0.5mm² 时，必须采用软线。

② 布线时，严禁损伤线芯和导线绝缘。

③ 各元器件接线端子上引出或引入的导线，除间距很小和元器件机械强度很差允许直接架空敷设外，其他导线必须经过线槽进行连接。

④ 进入线槽内的导线要完全置于线槽内，尽量避免交叉，装线不要超过其容量的 70%。

⑤ 各元器件与线槽之间的外露导线，应走线合理，并尽可能做到横平竖直，变换走向要垂直。

⑥ 所有接线端子、导线线头上都应套有与电路图上相应接点线号一致的编码套管并按线号进行连接，连接必须牢固。在任何情况下，接线端子必须与导线截面积和材料性质相适应。

⑦ 一般一个接线端子只能连接一根导线，如果连接两根或多根导线，可选用专门设计的端子，并严格按照连接工艺的工序要求进行。

4）根据电路图检验控制板内部布线的正确性。

5）安装电动机。

6）可靠连接电动机和各电器元件金属外壳的保护接地线。

7）连接电源、电动机等控制板外部的导线。

8）自检。

9）检查无误后通电试验。

（2）检修训练

1）故障设置：在控制电路或主电路中人为设置电气故障两处。

2）教师示范检修：教师进行示范检修时，可把下述检修步骤及要求贯穿其中，直至故障排除。

① 用试验法来观察故障现象。主要观察电动机的运转情况、接触器的动作情况和线路的工作情况等，如发现有异常情况，应马上断电检查。

② 用逻辑分析法缩小故障范围，并在电路图上用虚线标出故障部位的最小范围。

③ 用分阶或分段测量法正确、迅速地找出故障点。

④ 根据故障点的不同情况，采取正确的修复方法，迅速排除故障。

⑤ 排除故障后通电试验。

3）学员检修：教师示范检修后，再重新设置两个故障点，由学员完成检修。在学员检修的过程中，教师可进行启发性的示范指导。

4. 注意事项

检修训练时应注意以下几点：

1）要认真听取和仔细观察指导教师在示范过程中的讲解和检修操作。

2）要熟练掌握电路图中各个环节的作用。

3）在排除故障过程中，故障分析的思路和方法要正确。

4）工具和仪表使用要正确。

5）带电检修故障时，必须有指导教师在现场监护，并要确保用电安全。

6）检修须在定额时间内完成。

5. 评分标准（见表6-24）

表6-24 双重联锁正反转控制电路的安装与检修评分标准

项目内容	配分	评分标准	扣分
故障分析	30分	1. 故障分析、排除故障的思路不正确，每个　　扣5~10分 2. 标错电路故障范围，每个　　扣15分	

第六章 常用低压电器和电气控制电路的应用

(续)

项目内容	配分	评分标准	扣分
排除故障	70 分	3. 停电不验电　　　　　　　　　　　　　　　扣 5 分 4. 工具及仪表使用不当，每次　　　　　　　　扣 10 分 5. 排除故障的顺序不对　　　　　　　　　　　扣 5 ~ 10 分 6. 不能查出故障，每个　　　　　　　　　　　扣 35 分 7. 查出故障点，但不能排除，每个　　　　　　扣 25 分 8. 产生新的故障： 　　不能排除，每个　　　　　　　　　　　　扣 35 分 　　已经排除，每个　　　　　　　　　　　　扣 15 分 　　损坏电动机　　　　　　　　　　　　　　扣 70 分 9. 损坏电器元件或排除方法不正确，每只（次）扣 5 ~ 20 分	
安全文明操作		违反操作规程　　　　　　　　　　　　　　　　扣 10 ~ 30 分	
定额时间 30min		不允许超时检查，若在修复故障过程中才允许超时，但以每超2min扣5分计算	
备注		除定额时间外，各项内容的最高扣分，不得超过配分数	成绩
开始时间		结束时间	实际时间

复习思考题

1. 组合开关的主要用途是什么？它的常见故障有哪些？
2. 接触器的主要用途是什么？不同系列的接触器有何区别？
3. 热继电器的主要用途是什么？它的常见故障有哪些？
4. 时间继电器的主要用途是什么？对于 JS7 系列的时间继电器应如何使用？
5. 如何选用熔断器？
6. 选用和安装常用刀开关的熔体练习。
7. 拆装并改装 HZ10—25/3 型号的组合开关（由三常开状态改为二常开一常闭状态并通电校验）。
8. 拆装 CJ20—10、CJ20—20 型号的交流接触器并通电试验。
9. 改装 JS7—A 型号的时间继电器（由通电延时改为断电延时或相反操作）。
10. 根据以下要求完成线路的设计并安装。
　　要求：（1）三台笼型异步电动机 M1、M2、M3。
　　　　　（2）按下列顺序依次起动：M1 起动后，M2 才能起动；M2 起动后，M3 才能起动。
　　　　　（3）按下列顺序依次停止：M3 先停止，M2 再停止，M1 最后停止。
　　　　　（4）三台电动机均有短路、过载保护。
11. 电动机基本控制电路的安装步骤有哪些？

第七章

电子技术基础知识及应用

> **培训学习目标** 掌握晶体管的基本原理和简易测试方法；掌握色环电阻的简易测试方法；掌握简单电子线路的原理、安装与调试。

◆◆◆ 第一节 阻容元件的识别和测量

一、电阻器

1. 电阻器和电位器的型号命名

常用电阻器和电位器的型号一般由四部分组成，各部分的含义见表7-1。

表7-1 电阻器和电位器型号各部分的含义

第一部分		第二部分		第三部分		第四部分
字母表示主称		字母表示材料		数字或字母表示特征		数字表示序号
符号	意义	符号	意义	符号	意义	
R	电阻器	T	碳膜	1	普通	
W	电位器	P	硼碳膜	2	普通	
		U	硅碳膜	3	超高频	
		H	合成膜	4	高阻	
		I	玻璃釉膜	5	高温	
		J	金属膜（箔）	7	精密	
		Y	氧化膜	8	电阻；高压；电位器；特殊	
		S	有机实芯	9	特殊	

第七章 电子技术基础知识及应用

(续)

第一部分	第二部分		第三部分		第四部分
字母表示主称	字母表示材料		数字或字母表示特征		数字表示序号
	N	无机实芯	G	高功率	
	X	线绕	T	可调	
	C	沉积膜	X	小型	
	G	光敏	L	测量用	
			W	微调	
			D	多圈	

2. 电阻器的主要参数

(1) 标称阻值和允许偏差　电阻器的标称阻值分为 E6、E12、E24、E48、E96、E192 六个系列,分别适用于允许偏差为 ±20%、±10%、±5%、±2%、±1% 和 ±0.5% 的电阻器。电阻器的标称电阻值和偏差一般都标在电阻体上,其标志有四种:直标法、文字符号法、数码法和色标法。

这里对色标法介绍如下:

1) 标志方法:用彩色的圆环或圆点表示电阻的标称阻值及偏差,前者叫色环标志,后者叫色点标志。其中,色环电阻各色环对应的数值见表7-2。

表7-2　色环电阻各色环对应的数值

颜色	第一环(第一位数)	第二环(第二位数)	第三环(乘数)	误差值(%)
无色	—	—	—	±20
银色	—	—	10^{-2}	±10
金色	—	—	10^{-1}	±5
黑色	0	0	10^0	—
棕色	1	1	10^1	±1
红色	2	2	10^2	±2
橙色	3	3	10^3	—
黄色	4	4	10^4	—
绿色	5	5	10^5	±0.5
蓝色	6	6	10^6	±0.25
紫色	7	7	10^7	±0.1
灰色	8	8	10^8	—
白色	9	9	10^9	−20 ~ +5

2）色环电阻的识别：普通四环电阻的标称中，三条色环表示阻值，一条色环表示偏差；精密五环电阻的标称中，用四条色环表示阻值，一条色环表示偏差。为了避免混淆，五环电阻的第五环（表示偏差的色环），其色环宽度是其他色环宽度的 1.5~2 倍。

四环和五环电阻的标志方法如图 7-1、图 7-2 所示。

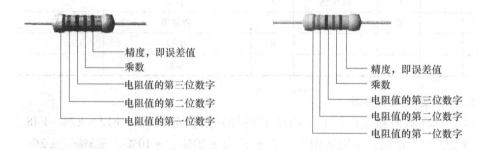

图 7-1　四环电阻的标志方法　　　　图 7-2　五环电阻的标志方法

例如：图 7-1 中，棕色 = 1、黑色 = 0、橙色 = 3、金色 = ±5%，电阻阻值为 $10 \times 10^3 \Omega = 10 k\Omega$；误差为 ±5%。

例如：图 7-2 中，黄色 = 4、紫色 = 7、黑色 = 0、红色 = 2、棕色 = ±1%，电阻阻值为 $470 \times 10^2 \Omega = 47 k\Omega$；误差为 ±1%。

（2）额定功率　电阻器的额定功率采用标准化的额定功率系列值。其中线绕电阻器的额定功率系列为：3W、4W、8W、10W、16W、25W、40W、50W、75W、100W、150W、250W、500W。非线绕电阻器的额定功率系列为：1/8W、1/4W、1/2W、1W、2W、5W 等。

通常小于 1W 的电阻器在电路图中不标出额定功率值。大于 1W 的电阻器用阿拉伯数字加单位表示，如 25W。在电路图中表示电阻器额定功率的图形符号如图 7-3 所示。

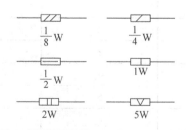

图 7-3　电阻器额定功率的图形符号

二、电容器

1. 电容器的型号命名

电容器的型号一般由四部分组成,如图 7-4 所示。各部分的含义见表 7-3、表 7-4。

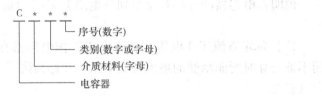

图 7-4 电容器的型号

表 7-3 电容器的介质材料

字母	电容器介质材料	字母	电容器介质材料
A	钽电解	L	聚酯等极性有机膜
B	聚苯乙烯等非极性膜	N	铌电解
C	高频陶瓷	O	玻璃膜
D	铝电解	Q	漆膜
E	其他材料电解	ST	低频陶瓷
G	合金电解	V	云母纸
H	纸膜复合	Y	云母
I	玻璃釉	Z	纸
J	金属化纸		

表 7-4 电容器的类别

数字	瓷介电容器	云母电容器	有机电容器	电解电容器
1	圆形	非密封	非密封(金属箔)	箔式
2	管形(圆柱)	非密封	非密封(金属化)	箔式
3	叠片	密封	密封(金属箔)	烧结粉,非固体
4	多层(独石)	密封	密封(金属化)	烧结粉,固体
5	穿心		穿心	
6	支柱式		交流	交流
7	交流	标准	片式	无极性
8	高压	高压	高压	
9			特殊	特殊
G			高功率	

例如：CCW1 表示序号为 1 的高频陶瓷微调电容器；CL21 表示序号为 1 的聚酯（涤纶）膜管形电容器；CD11 表示序号为 1 的铝电解圆形电容器。

2. 电容器的主要参数

（1）容量偏差　电容器的容量偏差分别用 D（±0.5%）、F（±1%）、G（±2%）、K（±10%）、M（±20%）和 N（±30%）表示。

说明：电容器的标称容量系列与电阻器采用的系列相同，即 E24、E12、E6 系列。

（2）额定直流工作电压　额定直流工作电压指在线路中能够长期可靠工作而不被击穿时所能承受的最大直流电压，又称为耐压。它的大小与介质的种类和厚度有关。

钽、钛、铌、铝电解电容器的直流工作电压，是指在 +85℃ 条件下能长期正常工作的电压。若电容器用在交流电路中，则应注意所加的交流电压的最大值（峰值）不能超过额定直流工作电压。

3. 电容器的故障检测

电容器的常见故障是短路、断路、漏电、介质损耗增大或电容量减小等。在此介绍测量电容器容量、漏电电阻的方法。

用万用表检查电解电容器的容量和漏电电阻。首先根据电容器容量的大小，旋转万用表转到适当的"Ω"量程。选择相应量程后，将黑表笔接电解电容器的正极，红表笔接负极，即可检查其容量的大小和漏电程度，如图 7-5 所示。

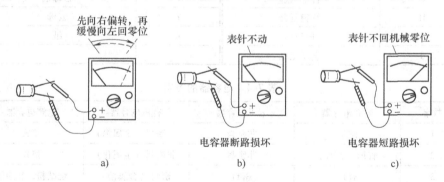

图 7-5　用万用表测量电解电容器

（1）检查电容量的大小　测量前先把被测电解电容器短路一下，连接万用表表笔的一瞬间，表内电池通过 $R×1k$ 挡的内阻（欧姆中心值 R_0）向 C 充电。由于电容两端的电压不能突变，刚接通电路时，电容上的电压仍等于零，所以充电电流为最大，如图 7-5a 所示。只要电容量足够大，表针就能向右摆过一个明显的角度。充电电流逐渐减小，表针又向左摆回零位。当 C 取值较大时，指针摆动幅度很大，甚至能冲过欧姆零点。测量时，若万用表表针静止不动，如图

7-5b 所示，则说明电容器内部已断路损坏；若万用表表针向右偏转到 0 处后，不回机械零位，如图 7-5c 所示，则说明电容器内部已短路损坏。

（2）检查漏电电阻　电容器充好电时，$R \times 1k$ 挡的读数即代表电容器的漏电电阻，一般应大于几百至几千欧。

当测量几百到几千微法大电容器时，充电时间很长。为缩短测量大电容器漏电电阻的时间，可采用如下方法：当表针已偏转到最大值时，迅速从 $R \times 1k$ 挡拨到 $R \times 1$ 挡。由于 $R \times 1$ 挡欧姆中心值很小，电容就很快充好了电，表针立即退回 ∞ 处。然后再拨回 $R \times 1k$ 挡，若表针仍停在 ∞ 处，说明漏电电阻极小，测不出来；若表针又慢慢地向右偏转，最后停在某一刻度上，说明存在漏电电阻，其读数即为漏电阻值。

◇◇◇ 第二节　二极管的识别和测量

导电能力介于导体和绝缘体之间的物质称为半导体，用于制造半导体器件的材料主要是硅（Si）和锗（Ge）等元素，其中硅元素用得较为广泛。

半导体器件具有体积小、重量轻、效率高、寿命长等优点，在电子技术中得到了广泛的应用。常用的半导体器件有晶体二极管、晶体管、晶闸管等。

一、PN 结的形成及单向导电特性

采用特殊制造工艺，在同一块半导体基片的两部分分别形成 N 型和 P 型半导体，由于两种半导体界面两侧载流子浓度不同，载流子从高浓度区向低浓度区做扩散运动，这种运动建立了方向由 N 区指向 P 区的电场（简称内电场），在内电场的作用下，多数载流子的扩散运动得到抑制并产生少数载流子的漂移运动。当外部条件一定时，扩散运动和漂移运动达到动态平衡，扩散电流与漂移电流相等，通过 PN 结的总电流为零，内电场为定值，这时就形成了所谓的 PN 结，如图 7-6 所示。PN 结内电场的电位称为内建电位差，其数值一般为零点几伏，室温时，硅材料 PN 结的内建电位差为 0.5~0.7V，锗材料 PN 结的内建电位差为 0.2~0.3V。

加在 PN 结上的电压称为偏置电压。P 区接电源正极、N 区接电源负极，称 PN 结外接正电压或 PN 结正向偏置（简称正偏），此时在电场作用下，PN 结变窄，当正偏电压增加到一定数值后，PN 结呈现很小的电阻，多数载流子的扩散运动形成较大的正向电流，称为 PN 结导通，如图 7-7 所示。N 区接电源正极、P 区接电源负极，称 PN 结外接反向电压或 PN 结反向偏置（简称反偏），此时在电场作用下，PN 结变宽，当反偏电压增加到一定值后，PN 结呈现很大的电阻，少

数载流子的漂移运动形成的反向电流近似为零，称为 PN 结截止，如图 7-8 所示。PN 结正偏导通、反偏截止的现象称为 PN 结的单向导电特性。

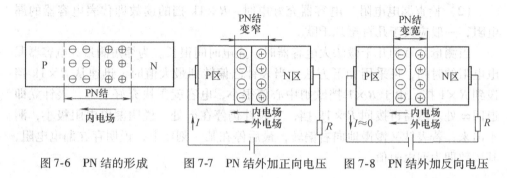

图 7-6　PN 结的形成　　图 7-7　PN 结外加正向电压　　图 7-8　PN 结外加反向电压

二、二极管

1. 二极管的基本结构

在 PN 结的两端各引出一根电极引线，用外壳封装起来就构成了晶体二极管，其基本结构与符号如图 7-9 所示，P 区引出的电极称为正极（或阳极），N 区引出的电极称为负极（或阴极），电路符号中的箭头方向表示正向电流的流通方向。二极管由 PN 结构成，所以同样具有单向导电特性。

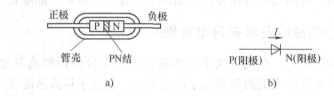

图 7-9　二极管的基本结构与符号
a) 结构　b) 符号

按二极管的制造工艺不同，二极管可分为点接触型、面接触型和平面型三种，如图 7-10 所示。

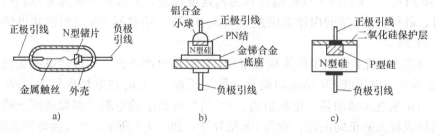

图 7-10　二极管的结构类型
a) 点接触型　b) 面接触型　c) 平面型

点接触型二极管的特点是：PN 结面积很小，极间电容也很小，不能承受大的电流和高的反向电压，适用于高频、检波等电路；面接触型二极管的特点是：PN 结面积大，极间电容也大，可承受较大的电流，适用于低频电路，主要用于整流电路；平面型二极管的特点是：PN 结面积较小时，极间电容小，可用于脉冲数字电路；PN 结面积较大时，通过电流较大，可用于大功率整流电路。

2. 二极管的型号命名

国家标准规定：国产二极管的型号命名分为五个部分，各部分的含义见表 7-5。

表 7-5　二极管型号各部分的含义

第一部分		第二部分		第三部分				第四部分	第五部分
用数字表示器件的电极数目		用拼音字母表示器件的材料和极性		用汉语拼音字母表示器件的类型				用数字表示器件的序号	用汉语拼音字母表示规格号
符号	意义	符号	意义	符号	意义	符号	意义		
2	二极管	A	N 型锗材料	P	普通管	C	参量管		
		B	P 型锗材料	Z	整流管	U	光电器件		
		C	N 型硅材料	W	稳压管	N	阻尼管		
		D	P 型硅材料	K	开关管	T	半导体闸流管		
		E	化合物材料	L	整流堆				

例如：2AP9 表示序号为 9 的普通 N 型锗材料二极管，而 2CW56 表示序号为 56 的 N 型硅材料稳压二极管。

3. 二极管的伏安特性

因为二极管两端的外加电压不同，产生的电流也不同，外加电压 U 和产生的电流 I 的关系称为二极管的伏安特性，如图 7-11 所示。

由图 7-11 可见，二极管的伏安特性具有如下特点：

（1）正向特性　当外加电压较小时，外电场不足以克服 PN 结内电场对多数载流子的阻力，这一范围称为死区，相应的电压成为死区电压（图中 OA 段），室温下硅管的死区电压为 0.5V，锗管的死区电压为 0.2V。

当正向电压大于死区电压时，二极管的电流随外加电压增加而显著增大（图中 AB 段），二极管正向导通。导通

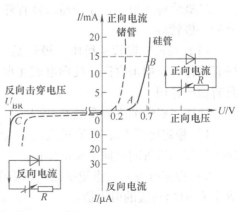

图 7-11　二极管的伏安特性

后二极管的正向电压称为正向压降（或管压降），一般正常工作时，硅管的导通压降约为 0.7V，锗管的导通压降约为 0.3V。

（2）反向特性　二极管反向偏置时，因表面漏电流的存在使反向电流增大，且随反向电压的增高（图中 OC 段）而增加。小功率硅管的反向电流一般小于 0.1μA，而锗管通常为几十微安。

（3）击穿特性　当外加反向电压超过某一定值时，反向电流随反向电压的增加而急剧增大，二极管的单向导电性被破坏，这种现象称为反向击穿，对应的反向电压值 U_{BR} 称为二极管的反向击穿电压。若反向击穿电压下降到击穿电压以下后，二极管可恢复到原有情况，则称为电击穿；若反向击穿电流过高，导致 PN 结烧坏，二极管不可恢复到原有情况，则称为热击穿。反向击穿电压一般在几十伏以上（高反压管可达几千伏）。

二极管的伏安特性不是直线，所以二极管是非线性器件。

4. 二极管的主要参数

表征二极管特性和适用范围的物理量称为二极管的参数，一般查器件手册或产品手册可得，二极管的主要参数有：

（1）最大整流电流 I_F　指二极管长期运行允许通过的最大正向平均电流。使用时如超过此值，可能烧坏二极管。

（2）最高反向工作电压 U_{RM}　指允许施加在二极管两端的最大反向电压，通常规定为击穿电压的 1/2。

（3）最大反向电流 I_R　指二极管在一定的环境温度下，加最高反向工作电压 U_{RM} 时所测得的反向电流值（又称为反向饱和电流）。I_R 越小，说明二极管的单向导电性能越好。

（4）最高工作频率 f_M　指保证二极管单向导电作用的最高工作频率。

5. 特殊二极管

二极管种类很多，除普通二极管外，常用的还有稳压二极管、发光二极管、光敏二极管等。

（1）稳压二极管　稳压二极管是一种特殊的硅二极管。正常情况下稳压二极管工作在反向击穿区，反向电流在很大范围内变化时，端电压变化很小，所以具有稳压作用。

稳压二极管的主要参数有：

1）稳定电压 U_Z：指流过规定电流时稳压二极管两端的反向电压值，其值取决于稳压二极管的反向击穿电压值。

2）稳定电流 I_Z：指稳压二极管稳压工作时的参考电流值，通常为工作电压等于 U_Z 时所对应的电流值。

3）最大耗散功率 P_{ZM} 和最大工作电流 I_{ZM}：指为了保证二极管不被热击穿而

规定的极限参数,由二极管允许的最高结温决定。

4) 动态电阻 r_Z:指稳压范围内电压变化量与对应的电流变化量之比。

5) 电压温度系数:指温度每增加1℃时,稳定电压的相对变化量。

(2) 发光二极管　发光二极管简称 LED,是一种能把电能转换成光能的特殊器件。它不但具有普通二极管的伏安特性,而且当管子施加正向偏置时,管子还会发出可见光或不可见光。发光二极管的符号如图7-12所示。

发光二极管通常有两方面用途:第一是作为显示器件,除单个使用外,还常做成七段数字显示器或矩阵式器件;第二是用于光纤通信的信号发射,将电信号变为光信号。目前应用的有红、黄、绿、蓝、紫等颜色的发光二极管。此外,还有变色发光二极管,即当通过二极管的电流改变时,发光颜色也随之改变,如图7-12b 所示。

(3) 变容二极管　二极管结电容的大小除了与本身的结构和工艺有关外,还与外加电压有关。结电容随反向电压的增加而减小,这种效应显著的二极管称为变容二极管,变容二极管常用于高频电路直接调频等应用。变容二极管的外形和符号如图7-13所示。

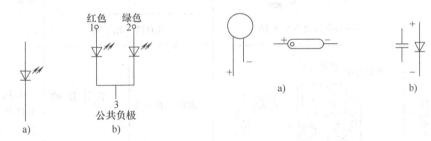

图7-12　发光二极管的符号
a) 两个引脚的发光二极管符号
b) 三个引脚的发光二极管符号

图7-13　变容二极管的外形和符号
a) 外形　b) 符号

1) 正、负极的判别。有的变容二极管的一端涂有黑色标记,这一端即是负极,而另一端为正极。还有的变容二极管的管壳两端分别涂有黄色环和红色环,红色环的一端为正极,黄色环的一端为负极。此外还可用数字式万用表的二极管挡,通过测量变容二极管的正、反向电压降来判断出其正、负极性。正常的变容二极管,在测量其正向电压降时,表的读数为0.58~0.65V;测量其反向电压降时,表的读数显示为"1"。在测量正向电压降时,红表笔接的是变容二极管的正极,黑表笔接的是变容二极管的负极。

2) 性能好坏的判断。用指针式万用表的 $R \times 10k$ 挡测量变容二极管的正、反向电阻值。正常的变容二极管,其正、反向电阻值均为∞。若被测变容二极管的正、反向电阻值均有一定阻值或均为0,则是该二极管漏电或击穿损坏。

6. 二极管的检测与选用

（1）二极管的检测　二极管的质量好坏可利用万用表测量其正、反向阻值判断。一般硅材料二极管的正向电阻为几千欧，锗材料二极管的正向电阻为几百欧。判断二极管的好坏，主要看它的单向导电性能，正向电阻越小，反向电阻越大的二极管质量越好。如果一个二极管正、反向电阻值相差不大，那一定是劣质管。如果正、反向电阻值为无穷大或是零，则二极管内部已短路或被击穿。以MF500型万用表为例，其测试方法见表7-6。

表7-6　二极管的测试方法

测试项目	测试方法	正常数据		极性判断
		硅管	锗管	
正向电阻	测硅管时／测锗管时／红表笔／黑表笔 $R \times 100$ 挡或 $R \times 1k$ 挡	表针指示在中间偏右一点	表针偏右靠近满度，而又不到满度	万用表黑表笔连接的一端为二极管的阳极
		几百欧～几千欧		
反向电阻	测硅管时／测锗管时／红表笔／黑表笔 $R \times 100$ 挡或 $R \times 1k$ 挡	表针一般不动	表针摆动一点	万用表黑表笔连接的一端为二极管的阴极
		大于几百千欧		

（2）二极管的选用　选用二极管可按照如下原则进行：
1）导通电压低的选锗管，反向电流小时选硅管。
2）导通电流大时选面接触型二极管，工作频段高时选点接触型二极管。
3）反向击穿电压高时选硅管。
4）耐高温时选硅管。

◆◆◆ 第三节　晶体管的识别和测量

晶体管具有放大作用，使用非常广泛。根据其结构和工作原理的不同分为双极型和单极型晶体管。单极型晶体管（简称 FET）是一种利用电场效应控制输出电流的半导体晶体管，又称为场效应晶体管，只有一种载流子（多数载流子）参与导电。

一、晶体管的基本结构

通过一定的工艺，在一块半导体上掺入不同的杂质制成靠在一起的两个 PN 结，形成三个杂质区，从每个区各引出一个电极就构成了晶体管。晶体管的三个区为：发射区（发射载流子的区域）、基区（传输载流子的区域）、集电区（收集载流子的区域）。各区引出的电极依次为发射极（E）、基极（B）和集电极（C）。发射区与基区的交界处形成发射结；基区与集电区的交界处形成集电结。根据半导体各区的类型不同，晶体管可分为 NPN 型和 PNP 型两大类，它们的基本结构如图 7-14 所示，发射极箭头方向表示发射结正向偏置时发射极电流的方向。

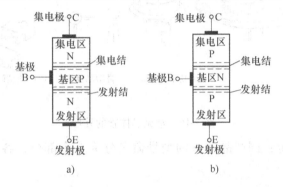

图 7-14　晶体管的基本结构
a）NPN 型　b）PNP 型

晶体管的符号如图 7-15 所示，图中箭头方向为发射结正向偏置时电流的方向。

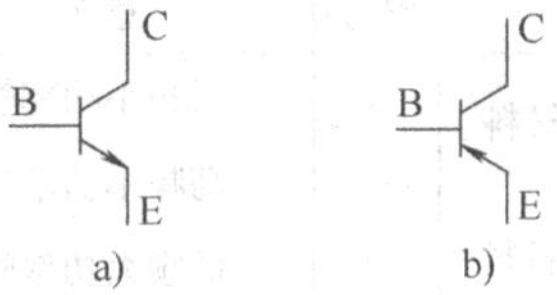

图 7-15　晶体管的符号
a）NPN 型　b）PNP 型

晶体管按制造材料分为硅管和锗管，目前 NPN 型管多数为硅管，PNP 型管多数为锗管。其中，硅 NPN 型晶体管应用较为广泛。不同功率的晶体管有着不同的体积和封装形式，多数中小功率的晶体管采用金属外壳封装，近几年多采用硅酮塑料封装的形式；大功率晶体管多采用金属外壳封装，其集电极接管壳，且制成螺栓状，以便于和散热器连接在一起。常见晶体管的外形如图 7-16 所示。

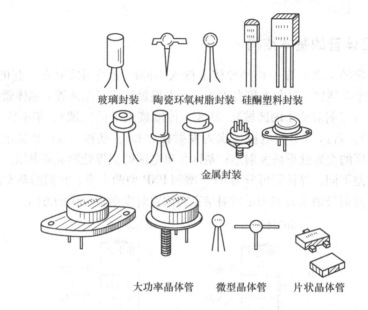

图 7-16　常见晶体管的外形

国家标准规定：国产晶体管的型号命名分为五个部分，各部分的含义见表 7-7。

表 7-7　晶体管型号各部分的含义

第一部分		第二部分		第三部分		第四部分	第五部分
用数字表示器件的电极数目		用拼音字母表示器件的材料和极性		用汉语拼音字母表示器件的类型			
符号	意义	符号	意义	符号	意义	用数字表示器件的序号	用汉语拼音字母表示规格号
3	晶体管	A	PNP 型锗材料	X	低频小功率管		
				G	高频小功率管		
		B	NPN 型锗材料	D	低频大功率管		
				A	高频大功率管		
		C	PNP 型硅材料	U	光电器件		
		D	NPN 型硅材料	K	开关管		
				CS	场效应管		
		E	化合物材料	J	阶跃恢复管		

例如:3AX52B 表示规格号为 B、序号为 52 的低频小功率 PNP 型锗材料晶体管,而 3DG130C 表示规格号为 C、序号为 130 的高频小功率 NPN 型硅材料晶体管。

二、晶体管的放大作用

晶体管具有电流放大作用,要实现放大作用应满足晶体管放大的外部条件:发射结正向偏压(正向偏压一般不大于1V),集电结反向偏压(反向偏压一般在几伏到几十伏)。如图 7-17 所示,VT 为晶体管,U_{CC} 为集电极直流偏置电源,U_{BB} 为基极直流偏置电源,以发射极为参考点,晶体管发射结正偏,集电结反偏,该条件还可用电压关系来表示:对于 NPN 型,$U_C > U_B > U_E$;对于 PNP 型,$U_E > U_B > U_C$。

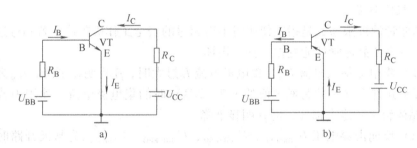

图 7-17 晶体管放大的外部条件
a) NPN 型 b) PNP 型

电流放大作用是晶体管的主要特征,晶体管电流放大能力的强弱,通常用 β 值的大小来表示。β 值太小,放大作用差;β 值太大,晶体管的性能不稳定。

三、晶体管的主要参数

晶体管的性能常用有关参数来表示,它们是表征管子性能和安全运用范围的物理量,也是工程上正确选用晶体管的依据。

1. 电流放大系数

电流放大系数的大小反映了晶体管放大能力的强弱。

(1) 共发射极交流电流放大系数 β 指集电极电流变化量与基极电流变化量之比,其大小体现了共发射极接法时,晶体管的放大能力,即

$$\beta = \frac{\Delta I_C}{\Delta I_B} \tag{7-1}$$

(2) 共发射极直流电流放大系数 h_{FE} 定义为晶体管集电极电流与基极电流之比,即

$$h_{FE} = \frac{I_C}{I_B} \tag{7-2}$$

因 h_{FE} 与 β 的值几乎相等，故在应用中不再区分，均用 β 表示。

2. 极间反向电流

晶体管的极间反向电流有 I_{CBO} 和 I_{CEO}，它们是衡量晶体管质量的重要参数。

(1) 集电极—基极间的反向电流 I_{CBO}　是指发射极开路时，集电极—基极间的反向电流，也称为集电结反向饱和电流。温度升高时，I_{CBO} 急剧增大，温度每升高 10℃，I_{CBO} 增大一倍。选管时应选 I_{CBO} 小且 I_{CBO} 受温度影响小的晶体管。室温下，小功率硅管的 I_{CBO} 小于 1A，锗管约为几微安到几十微安。

(2) 集电极—发射极间的反向电流 I_{CEO}　是指基极开路时，集电极—发射极间的反向电流，也称为集电结穿透电流。它反映了晶体管的稳定性，其值越小，受温度影响也越小，晶体管的工作就越稳定。I_{CEO} 约为几十微安到几百微安之间。

3. 极限参数

晶体管的极限参数是指在使用时不得超过的安全工作极限值，若超过这些极限值，将会使晶体管性能变差，甚至损坏。

(1) 集电极最大电流 I_{CM}　集电极电流 I_C 过大时，β 将明显下降，I_{CM} 为 β 下降到规定允许值（一般为额定值的 1/2～2/3）时的集电极电流。使用中若 $I_C > I_{CM}$，晶体管不一定会损坏，但 β 明显下降。

(2) 反向击穿电压 $U_{(BR)CEO}$、$U_{(BR)CBO}$、$U_{(BR)EBO}$　$U_{(BR)CEO}$ 为基极开路时集电结不致击穿，允许施加在集电极—发射极之间的最高反向电压。$U_{(BR)CBO}$ 为发射极开路时集电结不致击穿，允许施加在集电极—基极之间的最高反向电压。$U_{(BR)EBO}$ 为集电极开路时发射结不致击穿，允许施加在发射极—基极之间的最高反向电压。它们之间的关系为 $U_{(BR)CEO} > U_{(BR)CBO} > U_{(BR)EBO}$。通常 $U_{(BR)CEO}$ 为几十伏，$U_{(BR)EBO}$ 为几伏到几十伏。

(3) 集电极最大允许功率损耗 P_{CM}　晶体管工作时，U_{CE} 的大部分降在集电结上，因此集电极功率损耗（简称功耗）$P_C = U_{CE} I_C$，近似为集电结功耗，它将使集电结温度升高而使晶体管发热致使管子损坏。工作时的 P_C 必须小于 P_{CM}。

根据三个极限参数 I_{CM}、P_{CM}、$U_{(BR)CEO}$ 可以确定晶体管的安全工作区，如图 7-18 所示。晶体管工作时必须保证工作在安全区内，并留有一定的余量。

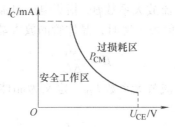

图 7-18　由 P_{CM} 定出安全工作区

四、晶体管的管脚识别和简易测试

晶体管的管脚排列和识别方法见表7-8。其管型和管脚的测试方法见表7-9。

表7-8　晶体管的管脚排列和识别方法

晶体管型式	管脚的排列
大功率晶体管（金属封装）	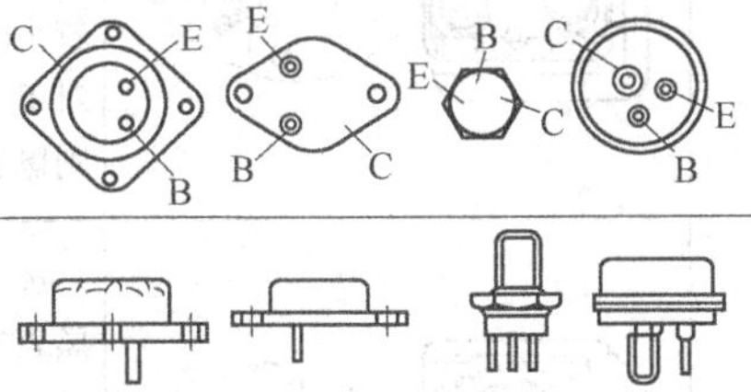
小功率晶体管（金属封装）	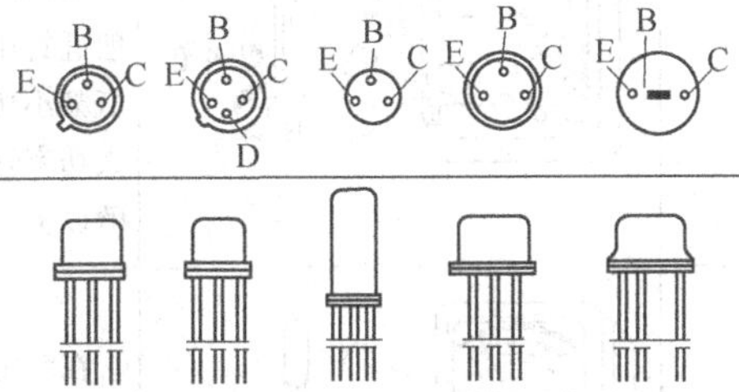
小功率晶体管（塑料封装）	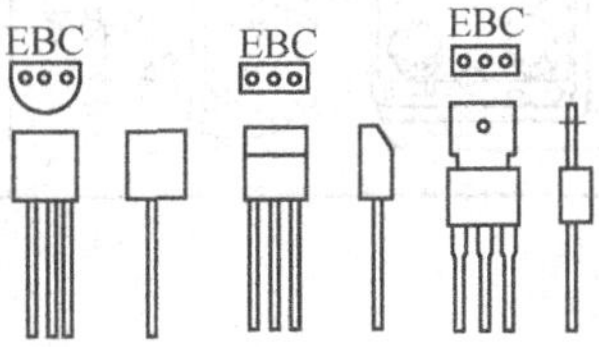

表7-9　晶体管管型和管脚的测试方法

判别内容		测试方法	说　明
判别管型和基极	PNP型	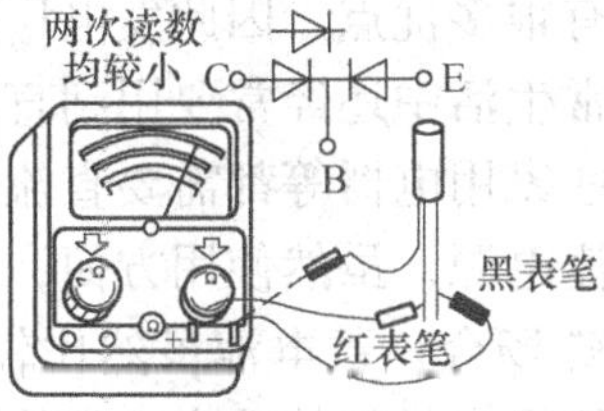	选用万用表$R \times 100$挡，先用红表笔接某一管脚，黑表笔分别接另外两只管脚，这样可测得三组电阻值，其中二次电阻值都很小的那一组，红表笔所接的管脚就是基极B
	NPN型	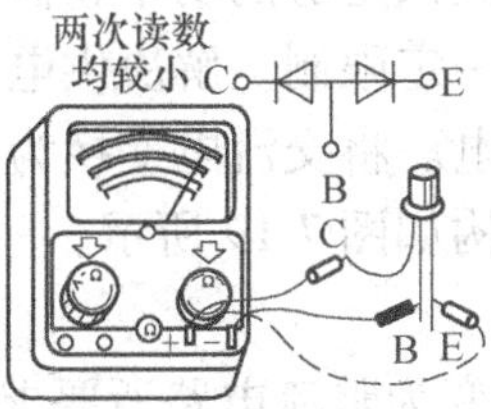	选用万用表$R \times 100$挡，先用黑表笔接某一管脚，红表笔分别接另外两只管脚，这样可测得三组电阻值，其中二次电阻值都很小的那一组，黑表笔所接的管脚就是基极B

(续)

判别内容	测试方法	说　明
判别集电极	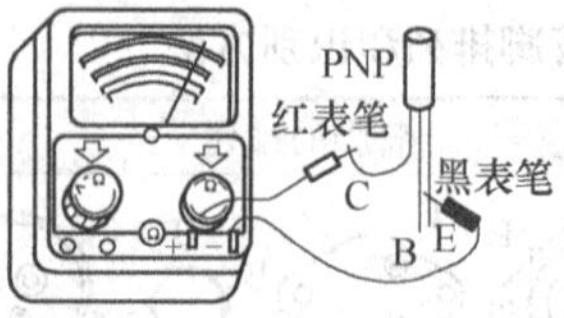 (图：万用表，红表笔接C，黑表笔接E，PNP)	选用万用表 $R\times100$ 挡，将待测的 C、E 两脚分别接红表笔和黑表笔，同时用手指触及 B 脚和红表笔所接管脚，然后交换红、黑表笔，再用手指触及 B 脚和红表笔所接管脚，其中，测得电阻值较小时的一次，则红表笔所接的管脚是集电极 C。对于 NPN 管子测试方法同上，但电阻值较小时，则黑表笔所接的管脚是集电极 C
穿透电流 I_{CEO} 的测定	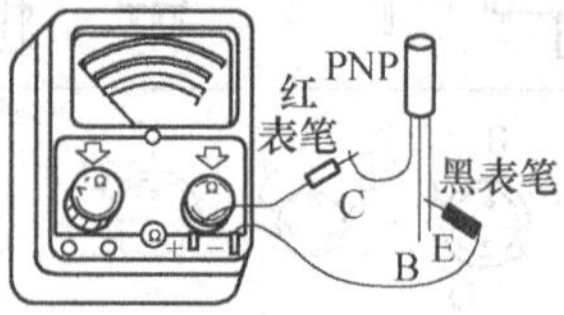 (图：万用表，红表笔接C，黑表笔接E，PNP)	选用万用表 $R\times100$ 挡，分别用红表笔接 C 脚、黑表笔接 E 脚（对 NPN 管表笔极性应对调），测得电阻越大说明 I_{CEO} 越小，管子性能越稳定。一般硅管比锗管阻值大，高频管比低频管阻值大，低频小功率管比大功率管阻值大，低频小功率比大功率管阻值大，低频小功率管阻值约在几十千欧以上
β 的测定	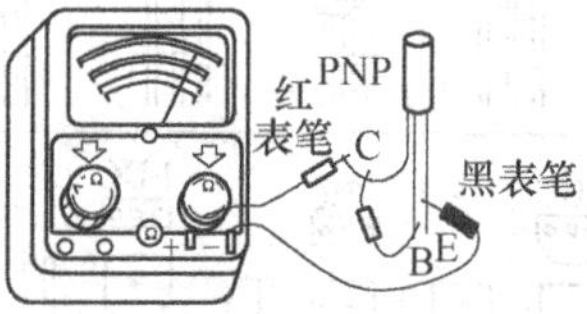 (图：万用表，红表笔接C，黑表笔接E，PNP)	在测定 I_{CEO} 时，若在 C、E 之间接入 $100\mathrm{k}\Omega$ 电阻，反向电阻便减小，万用表指针向右偏转，偏转角度越大说明 β 越大

◆◆◆ 第四节　直流稳压电路

　　交流电在产生、输送和使用方面具有很多优点，因此发电厂所提供的电能几乎全是交流电。但在工矿企业和人们日常生活中还经常要用到直流电。例如，直流电动机、电镀、充电、电研磨以及一些家用电器等都需要直流供电。

　　使用干电池、太阳能电池可作为直流电源，虽然使用方便，但提供的功率较小，而且成本较高，只能应用在一些特殊场合；蓄电池虽然比较经济，却笨重、有污染，而且维护不便；直流发电系统能提供足够的功率，但体积庞大，结构复杂，输变电困难，因此它们的应用都受到一定限制。解决供电和用电之间矛盾的最经济简便的措施是将交流电变换为直流电。将交流电变换为直流电的过程叫做整流，进行整流的设备叫做整流器，其结构如图 7-19 所示。

　　整流器一般由三部分组成：

　　（1）整流变压器　把输入的交流电压变为整流电路所要求的交流电压值。

第七章 电子技术基础知识及应用

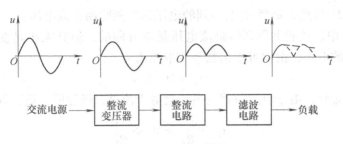

图 7-19 整流器的结构

（2）**整流电路** 由整流器件组成，它把交流电变换成方向不变但大小随时间变化的脉动直流电。

（3）**滤波电路** 把脉动的直流电变换为平滑的直流电供给负载。电力系统供电电压的波动，或者负载阻抗发生变化，都会引起整流器输出电压随之变化。在电子电路和自动控制装置中，通常都需要电压稳定的直流电源供电。使整流输出电压尽可能少受电源波动或负载变化的影响而保持稳定，称为稳压。在整流器后面带有稳压电路以获得较稳定直流电的电源，称为直流稳压电源。本节主要介绍直流稳压电源各组成电路的工作原理。

一、整流电路

将交流电变成单向脉动直流电的过程称为整流。利用二极管的单向导电性实现整流是最简单的办法。常用的整流电路有半波整流和全波整流两种。

1. 半波整流电路

图 7-20 是带有纯电阻负载的单相半波整流电路，它由整流变压器 T、整流二极管 VD 及负载 R_L 组成。设变压器和二极管都是理想元器件，单相半波整流电路电压、电流的波形如图 7-21 所示。

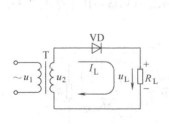

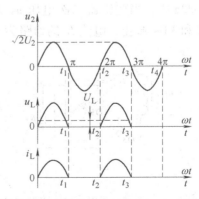

图 7-20 单相半波整流电路　　图 7-21 单相半波整流电路电压、电流的波形

由图 7-21 可见，负载 R_L 上得到的电压为单向脉动直流电压。

图 7-21 中，负载上得到的整流电压是单方向的，但其大小是变化的，是一个单向脉动的电压，由此可求出其平均电压值为

$$U_o = 0.45 U_2 \qquad (7-3)$$

半波整流时，由于流过负载的电流就等于流过二极管的电流，即

$$I_L = \frac{U_o}{R_L} = 0.45 \frac{U_2}{R_L} \qquad (7-4)$$

半波整流时，在二极管不导通期间，承受反压的最大值就是变压器二次电压 u_2 的最大值，即

$$U_{RM} = \sqrt{2} u_2 \qquad (7-5)$$

单相半波整流电路的特点是元器件少、结构简单，但输出电压的输出波形波动大，变压器有半个周期不导电，电源利用率低。

2. 全波桥式整流电路

为了克服半波整流电路的缺点，常采用全波整流电路，而最常用的是桥式整流电路，它由四个二极管接成电桥形式，如图 7-22 所示。

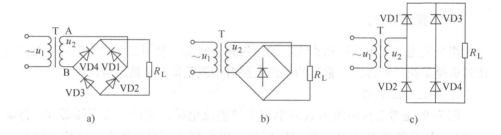

图 7-22　单相桥式整流电路的表示形式

图 7-22a 中，当变压器二次电压 u_2 为上正下负时，二极管 VD1 和 VD3 导通，VD2 和 VD4 截止，电流 I_{L1} 的通路为 A→VD1→R_L→VD3→B（见图 7-23a），

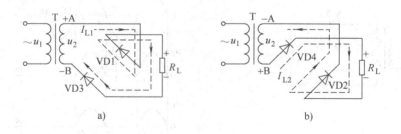

图 7-23　单相桥式整流电流的通路

这时负载电阻 R_L 上得到一个正弦半波电压如图 7-24 中 0 ~ π 段所示。当变压器二次电压 u_2 为上负下正时，二极管 VD1 和 VD3 反向截止，VD2 和 VD4 导通，电流 I_{L2} 的通路为 B→VD4→R_L→VD2→A，同样，在负载电阻上得到一个正弦半波电压，如图 7-24 中 π ~ 2π 段所示。

由此可见，在交流输入电压的正负半周，都有同一方向的电流流过 R_L，四只二极管中，每次有两只轮流导通，$I_L = I_{L1} + I_{L2}$，在负载上得到全波脉动的直流电压和电流，如图 7-24b、c 所示。所以这种整流电路属于全波整流类型，也称为单相桥式全波整流电路。

在单相桥式整流电路中，正弦波相位 0°、360°、720°、…是 VD2、VD4 导通转换为 VD1、VD3 导通的自然换相点。180°、540°、900°、…是 VD1、VD3 导通转换为 VD2、VD4 导通的自然换相点。

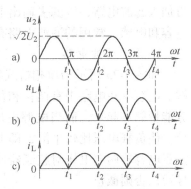

图 7-24　单相桥式整流电路电压、电流的波形

全波桥式整流电路的主要技术指标如下：

（1）输出电压平均值 U_o　在单相桥式整流电路中，交流电在一个周期内的两个半波都有同方向的电流流过负载，因此在同样的 U_2 时，该电路输出的电流和电压均比半波整流时增加一倍，即

$$U_o = 2 \times 0.45 U_2 = 0.9 U_2 \tag{7-6}$$

（2）流过二极管的平均电流 I_{VD}　全波整流时，因为每两只二极管串联轮换导通半个周期，因此，每只二极管中流过的平均电流只有负载电流的一半，即

$$I_{VD} = \frac{I_L}{2} = 0.45 \frac{U_2}{R_L} \tag{7-7}$$

（3）二极管承受的最高反向电压 U_{RM}　每只整流二极管的最高反向电压是指整流二极管截止时在它两端出现的最大反向电压。全波整流时，由图 7-23 可以看出，当 VD1 和 VD3 导通时，如果忽略二极管正向压降，此时，VD2 和 VD4 由于承受反压而截止，其最高反压为 u_2 的峰值，即：

$$U_{RM} = \sqrt{2} U_2 \tag{7-8}$$

由以上分析可知，单相桥式整流电路，在变压器二次电压相同的情况下，输出电压平均值比半波整流电路提高一倍、脉动系数减小很多，管子承受的反向电压和半波整流电路一样。虽然二极管用了四只，但小功率二极管体积小，价格低廉，因此全波桥式整流电路得到了更为广泛的应用。

二、滤波电路

整流电器输出的电压是一个单方向脉动电压,虽然是直流,但脉动较大,与电子设备所要求的平滑直流还差很多。为了改善电压的脉动程度,需要在整流后再加入滤波电路,以滤去输出电压中的波纹并减少脉冲变化。基本的滤波元件为电容和电感,常用的滤波电路有电容滤波、电感滤波和复式滤波等。

1. 电容滤波电路

如图 7-25 所示为单相桥式整流电容滤波电路,图中电容器 C 并联在负载两端。电容器在电路中有储存和释放能量的作用,电源供给的电压升高时,它把部分能量储存起来,而当电源电压降低时,就把能量释放出来,从而减少脉动成分,使负载电压比较平滑,即电容器具有滤波作用。在分析电容滤波电路时,要注意电容器两端电压对整流器件导电的影响。整流器件只有受正向电压作用时才导通,否则截止。

(1) 工作原理 单相桥式整流电路,在不接电容器 C 时,其输出电压波形如图 7-26a 所示。而接上电容器 C 后,在输入电压 u_2 正半周的 $0 \sim t_1$ 时间内,二极管 VD1、VD3 在正向电压作用下导通,VD2、VD4 反向截止。如图 7-25a 所示,整流电流分为两路:一路经二极管 VD1、VD3 向负载 R_L 提供电流;另一路向电容器 C 充电,u_C 的图形如图 7-26b 中的 Oa 段。到 t_1 时刻,电容器上电压 u_C 接近交流电压 u_2 的最大值 $\sqrt{2}U_2$,极性上正下负。

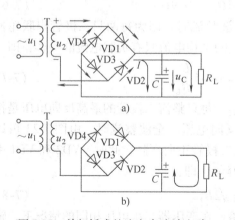

图 7-25 单相桥式整流电容滤波电路   图 7-26 单相桥式整流电容滤波波形图

经过 t_1 时刻后,u_2 按正弦规律迅速下降直到 t_2 时刻,此时 $u_2 < u_C$,二极管 VD1、VD3 受反向电压作用而截止。电容器 C 经 R_L 放电,放电回路如图 7-25b 所示。如果放电速度缓慢,则 u_C 不能迅速下降,如图 7-26b 中 ab 段所示。与此同时,交流电压继续按正弦规律变化,在 u_2 负半周,没有电容器 C 时,二极管

VD2、VD4 应该在 t_3 时刻导通，但由于此时 $u_C > u_2$，迫使二极管 VD2、VD4 处于反向截止状态，直到 t_4 时刻 u_2 上升到大于 u_C 时，二极管 VD2、VD4 才导通，整流电流向电容器 C 再度充电到最大值 $\sqrt{2}U_2$，u_C 的图形如图 7-26b 中 bc 段。然后 u_2 又按正弦规律下降，$u_2 < u_C$ 时，二极管 VD2、VD4 反向截止，电容器又经 R_L 放电。

电容器 C 如此周而复始进行充放电，负载上便得到近似如图 7-26b 所示的锯齿波输出电压。

由以上分析可知，电容滤波电路的特点是电源电压在一个周期内，电容器 C 充放电各两次。比较图 7-26a 和图 7-26b 可见，经电容器滤波后，输出电压就比较平滑了，交流成分大大减少，而且输出电压平均值得到提高，这就是滤波的作用。

因此，电容滤波电路适用于负载较小的场合。当满足 $R_L C \geq (3 \sim 5)T/2$ 时，输出电压的平均值为

$$U_o = U_2 (半波) \tag{7-9}$$

$$U_o = 1.2 U_2 (全波) \tag{7-10}$$

（2）注意事项

1）滤波电容容量较大，一般用电解电容，应注意电容的正极性接高电位，负极性接低电位。若接反则容易击穿、爆裂。

2）滤波电路开始工作时，电容 C 上的电压为零，通电后电源经整流二极管给电容 C 充电。通电瞬间二极管流过的短路电流很大，形成浪涌电流，很容易损坏二极管。所以选择二极管参数时，正向平均电流的参数应选大一些。一般按正常工作电流的 5~7 倍，同时在整流电路的输出端应串接一个电阻，以保护整流二极管。

桥式整流电容滤波电路的工作原理与半波时相同，由于在变压器输出交流电压的一个周期内对电容 C 充电两次，故输出波形比较平滑。与半波整流电容滤波电路相比较，桥式整流电容滤波电路的输出电压高且脉动成分小。

2. 电感滤波电路

如图 7-27 所示为单相桥式整流电感滤波电路，由于电感 L 的阻交流通直流作用（电感对交流呈现很大的阻抗，对直流近乎短路），它与负载串联，阻挡交流而使直流通过负载，加之通过电感的电流不能突变，流过负载的电流也就不能突变，电流平滑，负载上得到的输出电压也就平滑，从而达到滤波目的。

在电感滤波电路中，输出电压的交流成分是整流电路输出电压的交流成分经 X_L 和 R_L 分压的结果，只有 $\omega L \gg R_L$ 时，滤波效果才好。L 越大，R 越小，滤波效果越好。同时，电感滤波以后，延长了整流二极管的导通角，避免了过大的冲击电流。所以一般电感滤波适用于低电压、大电流的场合。

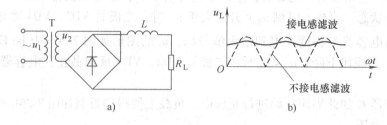

图 7-27 单相桥式整流电感滤波电路
a) 电感滤波电路　b) 电感滤波电压波形

3. 复式滤波电路

有些电子设备及应用场合对直流平滑程度要求很高，需要进一步减小输出电压的脉动程度，这时对电容滤波或电感滤波电路来说，虽然可以增加电抗值予以解决，但总是受到很多条件的限制，所以通常采用电容和铁心电感组成的各种形式的复式滤波电路。电感型 LC 滤波电路如图 7-28 所示。整流输出电压中的交流成分绝大部分降落在电感上，电容 C 又对交流接近于短路，故输

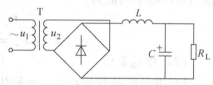

图 7-28　电感型 LC 滤波电路

出电压中交流成分很少，几乎是一个平滑的直流电压。由于整流后先经电感 L 滤波，其特性与电感滤波电路相近，故称为电感型 LC 滤波电路，若将电容 C 平移到电感 L 之前，则称为电容型 LC 滤波电路。

复式滤波电路一般按如下原则组成：把交流阻抗大的元件与负载串联，以便降落较大的纹波电压。把交流阻抗小的元件与负载并联，以便旁路吸收较大的纹波电流。如此在负载上便可得到脉动很小的直流电压。

4. Π型滤波电路

图 7-29a 所示为 LCΠ 型滤波电路。整流输出电压先经电容 C_1，滤除了交流成分后，再经电感 L 后滤波电容 C_2 上的交流成分极少，因此输出电压几乎是平直的直流电压。但由于铁心电感体积大、笨重、成本高、使用不便。所以在负载电流不太大而要求输出脉动很小的场合，可将铁心电感换成电阻，即 RCΠ 型滤波电路，如图 7-29b 所示。电阻 R 对交流和直流成分均产生压降，故会使输出电压下降，但只要 $R_L \gg 1/(\omega C_2)$，电容 C_1 滤波后的输出电压绝大多数降在电阻 R_L 上。R_L 越大，C_2 越大，滤波效果越好，但此时电阻要消耗功率，故 LCΠ 型滤波电路电源效率必然降低。

第七章 电子技术基础知识及应用

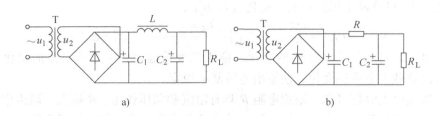

图 7-29　$LC\Pi$ 型滤波电路
a）$LC\Pi$ 型滤波电路　b）$RC\Pi$ 型滤波电路

三、稳压电路

通过整流滤波电路所获得的直流电压是比较稳定的，但当电网电压波动或负载电流变化时，输出电压会随之改变。电子设备一般都需要稳定的电源电压，如果电源电压不稳定，将会引起直流放大器的零点漂移、交流噪声增大、仪表测量精度降低等，因此必须进行稳压。在此只介绍并联型稳压电路和串联型稳压电路。

1. 并联型稳压电路

（1）电路组成及工作原理　由硅稳压二极管组成的并联型稳压电路如图 7-30 所示，经整流滤波后得到的直流电压作为稳压电路的输入电压 U_i，限流电阻 R 和稳压二极管 VD 组成稳压电路，输出电压 $U_o = U_Z$。在这种电路中，不论是电网电压波动还是负载电阻 R_L 的变化，稳压二极管都能通过调节自身电流达到稳压目的。

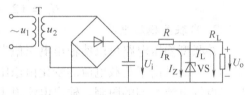

图 7-30　并联型稳压电路

例如，当 R_L 不变，电网电压升高时 U_i 必然升高，导致 U_o 升高，但此时稳压二极管的电流也会显著增大，导致电阻 R 上的压降增大，从而抵消 U_i 的升高，保持输出电压 U_o 基本不变。该过程可表示为

$$U_i\uparrow \xrightarrow{U_o = U_i - U_R} U_o\uparrow = U_Z\uparrow \to I_Z\uparrow \xrightarrow{I_R = I_L + I_Z} I_R\uparrow \to U_R\uparrow$$

可见，对于 U_i 的变化，稳压二极管通过自身电流的变化，用电阻 R 上的压降变化抵消了 U_i 的变化。

当电网电压不变，负载电阻 R_L 阻值增大时，I_L 减小，限流电阻 R 上压降 U_R 将会减小，输出电压 U_o 将升高，根据稳压管特性，此时 I_Z 会显著增加。由于流过限流电阻 R 的电流为 $I_R = I_Z + I_L$，这样可以使流过 R 上的电流基本不变，也就是说用 I_Z 的增加来补偿 I_L 的下降，最终保持 I_R 基本不变，U_R 稳定不变，因而输

出电压 U_o 也就基本维持不变，变化过程如下：

$$R_L \uparrow \to I_L \xrightarrow{I_R = I_L + I_Z} I_R \downarrow \to U_R \downarrow \xrightarrow{U_Z = U_i - U_R} U_Z \uparrow (U_o) \to I_Z$$

可见，对于负载电阻 R_L 的变化，稳压二极管通过调节自身电流的变化去补偿输出负载上电流的变化，使输出电压基本稳定。

通过以上分析可知，限流电阻 R 具有限流和调压作用。R 越大，调压作用越强，则输出越稳定。无论电网电压波动或负载变化，都能起到稳压作用。

（2）元器件参数的确定

1）输入电压 U_i 的确定。考虑到限流电阻 R 上的压降，故 U_i 应比 U_o 高（$U_i = U_o + IR$）。由上述稳压原理可知，R 越大输出越稳定，通常取 $U_i = (2 \sim 3) U_o$。

2）限流电阻的计算。限流电阻 R 的选取必须保证稳压二极管在稳压工作区内，所以根据电网电压和负载电阻 R_L 的变化范围，可以正确地选择限流电阻 R 大小。

3）确立稳压二极管参数。考虑到负载 R_L 开路时的电流全部流入稳压二极管，故通常按如下关系选择稳压二极管：

$$\left. \begin{array}{l} U_Z = U_o \\ I_Z = (1.5 \sim 3) I_o \\ U_i = (2 \sim 3) U_o \end{array} \right\} \quad (7\text{-}11)$$

2. 串联型稳压电路

并联型稳压电路可以使输出电压稳定，但稳压值由稳压二极管决定，不能随意调节，而且由于负载电流的变化由稳压二极管自身电流变化来补偿，故其受稳压二极管电流范围的限制，输出电流很小，因此硅稳压二极管稳压电路通常用于要求不高及负载固定的场合。

为了克服硅稳压二极管稳压电路的缺点，加大输出电流，使输出电压可调节，常采用串联型晶体管稳压电路。

图 7-31 所示为带直流负反馈放大电路的稳压电路。稳压二极管 VS 和电阻 R_2 给直流放大晶体管 VT2 的发射极提供稳定的基准电压。R_3、R_4 组成分压（取样）电路，从输出电压 U_L 中取出变化的信号电压，使 $U_{B2} = \dfrac{R_4}{R_3 + R_4} U_o$，并把它加到放大晶体管 VT2 的基极，于是 VT2 的基极和发射极间电压 $U_{BE2} = U_{B2} - U_Z = \dfrac{R_4}{R_3 + R_4} U_o - U_Z$。由于 U_{B2} 是 U_o 的一部

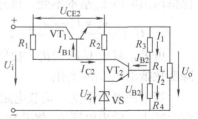

图 7-31 串联型稳压电路

第七章 电子技术基础知识及应用

分,故称为取样电压,它和基准电压 U_Z 比较后的电压差值即 U_{BE2} 经 VT2 放大后,加到晶体管 VT1 的基极上,使 VT1 自动调整管压降 U_{CE1} 的大小,以保证输出电压稳定。R_1 是放大晶体管 VT2 的集电极负载电阻,又是调整管 VT2 的基极偏置电阻。

该电路的稳压过程如下:如果输入电压 U_i 增大,或负载电阻 R_L 增大,输出电压 U_o 也增大,通过取样电路将这个变化加在 VT2 的基极上使 U_{B2} 增大。由于 U_Z 是一个恒定值,所以 U_{BE2} 增大。导致 I_{B2} 和 I_{C2} 增大,R_1 上电压降增大,使调整管基极电压减小,基极电流减小,管压降 U_{CE1} 增大,从而使输出电压保持不变。其稳压过程表示如下:

$$U_i \uparrow \rightarrow U_o \uparrow \rightarrow U_{B1} \uparrow \rightarrow U_{BE2} \uparrow \rightarrow I_{B2} \uparrow \rightarrow I_{C2} \uparrow$$
$$U_o \downarrow \leftarrow U_{CE1} \uparrow \leftarrow U_{BE2} \downarrow \leftarrow U_{B1} \downarrow$$

◇◇◇ 第五节 电烙铁钎焊

电工的工作包括电子电路的安装及维护,这就要用到电烙铁钎焊。钎焊根据熔点的高低分为硬焊(焊料熔点高于450℃)和软焊(焊料熔点低于450℃)。所谓电烙铁钎焊,就是用电烙铁将焊料(焊锡)熔化,使焊料与焊接金属原子之间相互吸引(相互扩散),依靠原子间的内聚力使两种金属牢固地结合在一起。

一、焊接工具

1. 电烙铁

(1)外热式电烙铁 外热式电烙铁的结构和外形如图 7-32 所示,主要由烙铁头、烙铁芯、外壳、手柄及电源引线组成。由于烙铁头安装在烙铁芯里面,所以这种电烙铁又称为外热式电烙铁。

外热式电烙铁的特点是升温慢、热效率较低,但由于其散热较好,故较大功率的电烙铁通常为外热式。另外,外热式电烙铁的烙铁头形

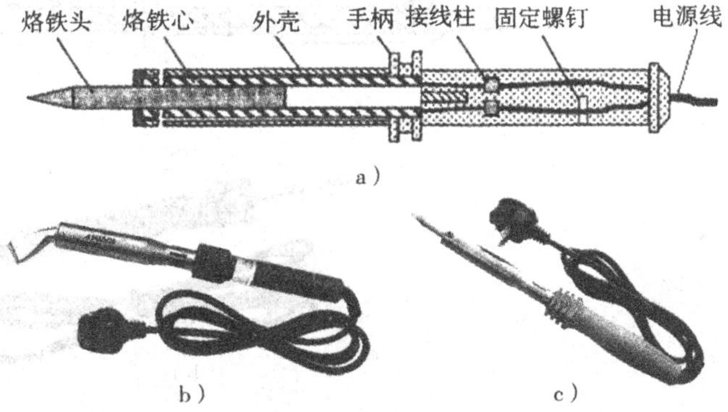

图 7-32 外热式电烙铁的结构和外形
a)内部结构 b)大功率电烙铁 c)小功率电烙铁

状简单、更换方便。

常用外热式电烙铁的规格有 25W、45W、75W、100W、200W 等。

烙铁芯的功率不同,其直流电阻值也不同。25W 的阻值约为 2kΩ,45W 的阻值约为 1kΩ,75W 的阻值约为 0.6kΩ,100W 的阻值约为 0.5 kΩ。因此,我们可以通过测量其直流电阻值判断烙铁芯的好坏及估算功率大小。

烙铁头通常用纯铜制成,作用是储存和传导热量,市场上也有特殊材料制成的烙铁头,如"烧不死",但价格略高;烙铁头的形状、体积有很多种,如图 7-33 所示。当烙铁头的体积较大时,保持温度的时间就长些,可根据具体的使用情况,选择合适的烙铁头。

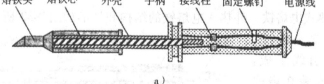

图 7-33 常见烙铁头的形状

(2)内热式电烙铁 内热式电烙铁的主要结构与外热式相同,只是由于烙铁芯安装在烙铁头的里面,所以这种电烙铁又称为内热式电烙铁,如图 7-34 所示。它的特点是升温快、热效率高、体积小、重量轻。

内热式电烙铁的烙铁芯的后端是空心的,用于套接在连接杆上,并用弹簧夹

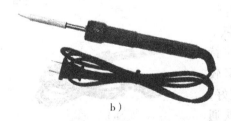

图 7-34 内热式电烙铁的外形与结构
a)外形 b)结构

第七章 电子技术基础知识及应用

固定。更换烙铁头时,先将弹簧夹退出,用钳子夹住烙铁头的前端,慢慢地将其拔出,切忌用力过猛,以免损坏连接杆。

常用内热式电烙铁的规格有 20W、25W、35W 等,但由于其热效率高,20W 的内热式电烙铁相当于 40W 左右的外热式电烙铁。

图 7-35 吸锡电烙铁

2. 吸锡电烙铁

吸锡电烙铁是将活塞式吸锡器与电烙铁结合为一体的拆焊工具,其外形如图 7-35 所示。它具有使用方便、灵活、适用范围宽等优点,不足之处是每次只能对一个焊点进行拆焊。

它的使用方法是:接通电源,预热 3~5min 后将活塞柄推下并卡住,将吸头前端对准欲拆焊的焊点,待焊锡熔化后按下按钮,活塞迅速上升,焊锡被吸进气筒内。每次使用完毕,推动活塞三、四次,清除吸管内的焊锡,使吸头与吸管畅通,以便下次使用。

吸锡电烙铁通常配有两个以上不同内径的吸头,可根据元器件线径来选择使用。

3. 恒温电烙铁

在焊接集成电路、晶体管等器件时,常用到恒温电烙铁,因为半导体器件的焊接温度不能太高,焊接时间不能过长,否则会因过热损坏器件。

恒温电烙铁的烙铁头内装有磁铁式温度控制器,通过控制通电时间来实现温度控制。电烙铁通电时,温度上升,当达到预定温度时,因强磁体传感器达到了居里点而磁性消失,从而使磁心触点断开,电烙铁电流被切断;当温度下降低于居里点时,强磁体恢复磁性,使控制开关的触点接通,继续向电烙铁供电。如此循环往复,便达到恒温效果。恒温电烙铁的内部结构如图 7-36 所示。

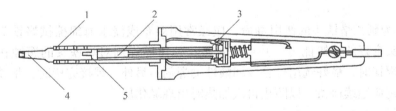

图 7-36 恒温电烙铁
1—加热器 2—永久磁铁 3—加热器控制开关 4—烙铁头 5—温控元件

4. 电烙铁的选用

1)焊接集成电路、晶体管及其他受热易损元器件时,应选用 20W 内热式或 25W 外热式电烙铁。

225

2）焊接导线及同轴电缆时，应选用 45~75W 外热式电烙铁，或 50W 内热式电烙铁。

3）焊接较大的电器元件时，如大电解电容器的引线脚、金属底盘接地焊片等，应选用 100W 以上的电烙铁。

5．使用电烙铁时的注意事项

1）新电烙铁使用前必须先给烙铁头镀上一层焊锡。具体方法是：首先把烙铁头前端用细锉锉成所需要的形状，然后接通电源，随着温度上升，先后将松香和焊锡涂抹在上面，使烙铁头的刃面部挂上一层锡，便可使用。注意：特殊材料的"烧不死"烙铁头可直接使用，且不能锉削，否则会影响使用寿命。

2）电烙铁应根据具体情况选择合理的握法，如图 7-37 所示。反握法适用于大功率电烙铁，焊接散热量较大的被焊件；

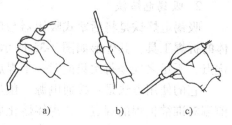

图 7-37　电烙铁的握法
a）反握法　b）正握法　c）握笔法

正握法多用于弯形烙铁头；握笔法适用于小功率的电烙铁，焊接散热量小的被焊件。

注意：电烙铁不使用时不宜长时间通电，避免电热丝加速氧化而烧断，同时避免烙铁头的氧化出现"烧死"，不再"吃锡"。

一旦出现"烧死"的情况，应按照新电烙铁的处理方法给烙铁头搪锡，但要注意在烙铁头冷却后进行处理，且表面氧化物一定要处理干净。

① 电烙铁应放在专用的烙铁架上，轻拿轻放，注意不要烫伤电源线，不要将烙铁头上的焊锡乱甩。

② 更换烙铁芯时要注意引线不要接错，特别注意接地线，避免电烙铁外壳带电。

③ 为延长烙铁头的使用寿命，应经常用湿布或浸水海绵擦拭烙铁头，以保持烙铁头良好的挂锡能力，并可有效防止残留助焊剂对烙铁头的腐蚀作用；其次，在焊接时，最好选用松香或弱酸性助焊剂；另外，焊接完毕时，烙铁头上残留的焊锡应继续保留，以防止再次加热时出现氧化层。

二、焊料与焊剂

1．焊料

焊料的作用是将被焊元器件连接在一起。它的特点是熔点低，且易于被焊物连接为一体。其中，用于电子线路焊接的焊料多为锡铅焊料，也称为焊锡。

常用的焊锡有丝状和锭状两种。其中丝状的又称为焊锡丝，内部夹有固体焊剂松香粉末，使用方便。其直径有 1mm、1.5mm、2mm 等。

焊锡在 180℃时便可熔化，使用 25W 外热式或 20W 内热式电烙铁便可进行焊接。它具有一定的机械强度，导电性能、抗腐蚀性能良好，对元器件引脚和其他导线的附着力强，不易脱落。因此，在电子线路的焊接技术中得到广泛应用。

2. 焊剂

在进行焊接时，为能使被焊物与焊料焊接牢固，就必须去除焊件表面的氧化物和杂质。去除杂质通常有机械方法和化学方法，机械方法是用砂纸或刀子将氧化层去掉；化学方法则是借助焊剂清除。焊剂同时也能防止焊件在加热过程中被氧化以及把热量快速的传递到被焊物上，使预热的速度加快。

常用的焊剂有松香和焊膏，松香的腐蚀性较小，电子线路的焊接通常采用松香作焊剂，为了方便使用，可将松香与无水乙醇配制成 25%～30% 的松香酒精溶液。其优点是没有腐蚀性，具有高绝缘性和长期的稳定性及耐湿性，焊接后容易清洗，并形成覆盖焊点膜层，使焊点不被氧化腐蚀。

焊膏具有较强的腐蚀性，通常用于焊接较大线径的导线线头及焊接表面不易清理的焊件。

三、焊接工艺

1. 焊接前的准备工作

（1）元器件引脚的加工　首先要将被焊元器件的引脚按照需要弯折成形，注意不要将引脚齐根弯折，避免损坏元器件。图 7-38 所示为元器件焊接成形图例。

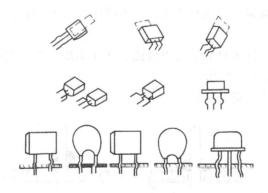

图 7-38　元器件焊接成形图例

（2）焊接部位的清理　根据元器件被焊部分表面的氧化程度，进行必要的机械清理。

（3）涂助焊剂　在焊接部位表面涂上助焊剂，如焊料用的是焊锡丝，可将涂焊剂的步骤省去。

（4）搪锡　即在焊接部位表面挂上一层锡，为下一步的焊接做好准备。

大部分元器件的引脚在焊接前都要经过上述处理，以保证焊接的可靠性，避免虚焊、假焊现象的发生。而少数元器件的引脚有金、银的镀层，焊接前只需将引脚弯折成形即可直接进行焊接。

2. 焊接操作方法

焊接时要保证烙铁头的清洁，先放烙铁头于焊点处，随后跟进焊锡，待锡液在焊点周围充分熔开后，快速向上提起烙铁头。每次下焊时间不得超过2s。具体焊接步骤如图7-39所示。

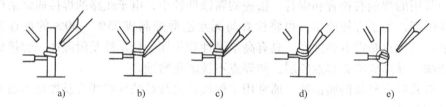

图7-39　焊接五步操作法

a）准备　b）加热　c）送丝　d）去丝　e）移烙铁

注意：电烙铁移开后，焊锡不会立即凝固，这时不要移动被焊元器件，也不要向焊锡吹气，待其慢慢冷却凝固。焊完后应清洁焊点，可用无水酒精把焊剂清洗干净。

3. 焊接基本要求

1）焊点的机械强度要满足需要，但不能用过多的焊料造成堆积，以免造成焊点间的短路。

2）焊接可靠，保证良好的导电性能，防止出现虚焊、假焊现象。常见的虚焊现象有两种，如图7-40所示。

3）焊点表面要光滑、清洁。

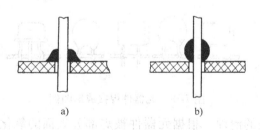

图7-40　虚焊现象

a）与引线浸润不好　b）与印制板浸润不好

第七章 电子技术基础知识及应用

做到以上几点不仅要有熟练的焊接技能,而且要选择合适的焊料和焊剂,电烙铁的温度也要保持适当。

4. 导线焊接

(1) 导线与接线端子的焊接 如图 7-41 所示。

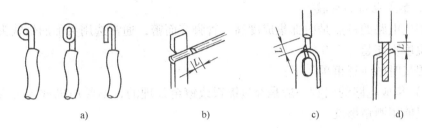

图 7-41 导线与接线端子的焊接
a) 导线弯曲形状 b) 绕焊 c) 钩焊 d) 搭焊
注:$L = 1 \sim 3$mm

1) 搭焊。把搪好锡的导线端直接搭到接线端子上施焊,这种焊接方式最简单,但焊接强度较低,一般用于临时性连接。

2) 插焊。用于管状接线鼻的焊接。

3) 钩焊。将导线端部弯成钩状,钩在接线端子上并用钳子夹紧后焊接,这种方式的焊接强度较高。

4) 绕焊。将导线端部在接线端子上缠绕并拉紧后进行焊接,这种方式的焊接强度最高。

(2) 导线与导线的焊接 导线之间的焊接一般采用绕焊的方式,如图 7-42

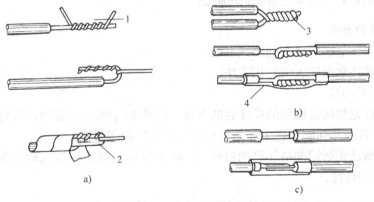

图 7-42 导线的焊接
a) 细导线绕到粗导线上 b) 绕上同样粗细的导线 c) 导线搭焊
1—减去多余部分 2—绝缘前焊接 3—扭转并焊接 4—热缩套管

所示。具体步骤如下：

1）将去掉绝缘层的导线端部搪锡，并套上绝缘套管。

2）绞合导线，施焊。

3）趁热将套管套好，冷却后套管固定在接头处。

5. 集成电路的焊接

集成电路的特点是内部集成度高，管脚多而密，通常选用尖形的烙铁头，焊接时温度不能超过200℃。

焊接时的注意事项如下：

1）集成电路的引脚一般是经过镀银或镀金处理的，不要用机械方法清理表面，只能用酒精擦洗。

2）如果引脚有短路环，焊接前不要拿掉。

3）电烙铁应选用20W内热式，并要有可靠的接地，或利用余热进行焊接。

4）焊接时间不宜过长，连续焊接时间不宜超过10s。

5）使用低熔点焊剂，一般不要超过150℃。

6）工作台面上如果铺有橡胶板等易于积累静电的材料，电路芯片及印制板不易放在台面上。

7）集成电路的安全焊接顺序为：接地端→输出端→电源端→输入端。

第六节　电子技术应用技能训练实例

● **训练1　晶体管的简易测试**

1．目的要求

1）熟练掌握晶体管的测试方法。

2）熟练掌握仪表的使用方法。

2．训练内容

1）首先测试有标记的晶体管的极性、性能和好坏，然后测试有标记晶体管的管型、管脚和性能，将上述测试结果与实际标记相对照。

2）测试无标记的晶体管的极性、性能和好坏，然后测试无标记晶体管的管型、管脚和性能。

● **训练2　电阻色环的判别和电容的简易测试**

1．目的要求

1）熟练掌握色环电阻的判别方法。

2)熟练掌握电容的简易测试方法。

2. 训练内容

1)根据电阻色环标志法,判别各类电阻的阻值。

2)测试电容器绝缘电阻的大小、电容量的大小、质量的好坏,并判断哪些是电解电容器。

● **训练3　单相桥式整流滤波电路的安装与调试**

1. 目的要求

1)熟练掌握单相桥式整流滤波电路的安装。

2)熟练掌握单相桥式整流滤波电路的调试。

2. 训练内容

(1)电路图　单相桥式整流滤波电路如图7-43所示。

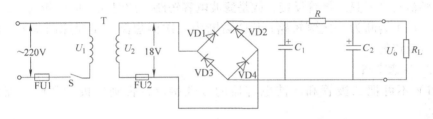

图7-43　单相桥式滤波电路

(2)安装训练

1)配齐元器件,并用万用表测试各元器件的性能和好坏。

2)在150mm×100mm的焊接实验板上安装电源变压器、电源开关、熔断器、接线柱。

3)清除元器件引脚处氧化层和空心表面的氧化层:用绝缘软线作为电源的连接线,剥去其端部3~5mm的绝缘层、氧化层;用线径为0.7~0.8mm的裸铜线作为实验板背面的电路连线,清除其氧化层;将上述清除氧化层处必须搪锡。

4)背面连线要走直线,连线与连线之间不能跨越。图7-44所示为单相桥式整流、滤波电路在实验板上的走线示意图。

5)按照电路图从左至右将元器件焊接在实验板上。

6)焊接后检查有无虚焊、漏

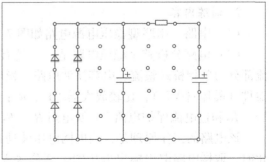

图7-44　实验板上的布线图

焊。若有虚、漏焊，应作重焊和补焊处理。

(3) 调试训练

1) 接通电源，用万用表直流 50V 挡量程测量电路空载输出电压。测量时，红表笔接输出端正极，黑表笔接输出端负极，空载输出电压应为 22V。

2) 若输出电压不稳定，则应检查电源电压是否波动。输出电压应随电源电压的上升而上升，随电源电压的下降而下降。

① 若输出电压为 16V 左右，则说明滤波电容脱焊或已损坏。

② 若输出电压为 8V 左右，则说明除滤波电容脱焊或已损坏外，整流桥有一个桥臂脱焊或有一只二极管断路。

③ 若输出电压为 0V，变压器又无异常发热现象，则是电源变压器一次或二次绕组已断开或未接好，或是熔丝已熔断，也可能电源与整流桥未接好。

④ 若接通电源后，熔丝立即熔断，则是电源变压器一次或二次绕组已短路，或是整流桥中一只二极管反接，或是滤波电容短路。此时应立即切断电源，查明原因。FU1 熔断为一次侧短路；FU2 熔断为二次侧短路，主要原因是 C_1 短路，二极管反接等。

3. 注意事项

1) 不可把二极管和滤波电容器的极性接反，否则二极管和电容器会被烧坏。

2) 焊接元器件时，可用镊子夹住焊件的引线，这样既便于焊接又有利于散热，焊接时要防止虚焊和漏焊。

3) 操作时要注意安全。

训练 4　串联型稳压电源的安装与调试

1. 目的要求

1) 熟练掌握串联型稳压电源的安装。

2) 熟练掌握串联型稳压电源的调试。

2. 训练内容

(1) 电路　串联型稳压电源电路如图 7-45 所示。

(2) 电路分析整个稳压电路是一个具有电压串联负反馈的闭环系统，其整流部分为单相桥式整流、电容滤波电路。稳压部分为串联型稳压电路，它由调整器件（晶体管 VT_1）；比较放大器 VT_2、R_7；取样电路 R_1、R_2、电位器；稳压管 VS、R_3 和过电流保护电路 VT_3 及电阻 R_4、R_5、R_6 等组成。

该电路的工作原理是：当电网电压波动或负载变动引起输出直流电压发生变化时，取样电路取出输出电压的一部分送入比较放大器，并与基准电压进行比较，产生的误差信号经 VT_2 放大后送至调整管 VT_1 的基极，使调整管改变管压

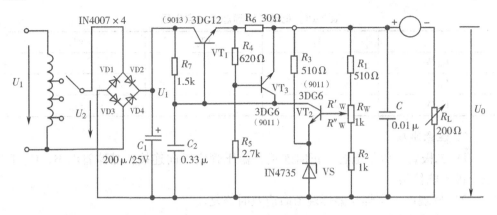

图 7-45 串联型稳压电源电路

降,以补偿输出电压的变化,从而达到稳定输出电压的目的。

由于在稳压电路中,调整管与负载串联,因此流过它的电流与负载电流一样大。当输出电流过大或发生短路时,调整管会因电流过大或电压过高而损坏,所以需要对调整管施加保护。

(3) 稳压电源的主要性能指标 输出电压 U_o 和输出电压调节范围为

$$U_o = \frac{R_1 + R_W + R_2}{R_2 + R_W''}(U_Z + U_{BE2}) \qquad (7-12)$$

调节电位器可以改变输出电压 U_o 的大小。

(4) 安装训练 电路的安装步骤同训练3。

(5) 性能测试

1) 初测。稳压器输出端负载开路,断开保护电路,接通16V工频电源,测量整流电路输入电压 u_2,滤波电路输出电压 U_I(稳压器输入电压)及输出电压 U_o。调节电位器,观察 U_o 的大小和变化情况,如果 U_o 能跟随 R_W 线性变化,这说明稳压电路各反馈环路工作基本正常。否则,说明稳压电路有故障,因为稳压器是一个深负反馈的闭环系统,只要环路中任一个环节出现故障(某管截止或饱和),稳压器就会失去自动调节作用。此时可分别检查基准电压 U_Z(稳压管VS的稳压值),输入电压 U_I,输出电压 U_o,以及比较放大器和调整管各电极的电位(主要是 U_{BE} 和 U_{CE}),分析它们的工作状态是否都处在线性区,从而找出不能正常工作的原因。排除故障后可进行下一步测试。

2) 测量输出电压可调范围。接入负载 R_L(滑线变阻器),并调节 R_L,使输出电流 $I_o \approx 100\text{mA}$。再调节电位器,测量输出电压可调范围 $U_{omin} \sim U_{omax}$。且使 R_W 动点在中间位置附近时 $U_o = 12\text{V}$。若不满足要求,可适当调整 R_1、R_2 之值。

3) 测量各级静态工作点。调节输出电压 $U_o = 12\text{V}$,输出电流 $I_o = 100\text{mA}$,测量各级静态工作点,记入表7-10。

表 7-10 记录各级静态工作点电压

	VT_1	VT_2	VT_3
U_B/V			
U_C/V			
U_E/V			

3. 注意事项

1) 二极管、电解电容应正向连接,稳压管应反向连接;晶体管的 B、C、E 三个极不能接错。

2) 发现虚、假焊与漏焊现象时应及时修复。

3) 测量电压时,必须选择适宜的量程而且注意交流与直流的区别,测直流时正负极不能接错。

4) 操作时注意安全。

复习思考题

1. 判别晶体二极管时应注意的事项有哪些?
2. 测试晶体管的性能与极性的判别练习。
3. 判别晶闸管的极性。
4. 判别单结晶体管的极性。
5. 识别色环电阻的数值练习。
6. 判别电容的性能、好坏与容量测量练习。
7. 安装单相桥式整流、滤波电路焊接练习。
8. 如何判断电容器质量的好坏?
9. 二极管的伏安特性是怎样的?
10. 二极管的主要参数有哪些?
11. 什么叫做整流?什么叫做稳压?
12. 滤波电路有什么用途?常用的滤波电路有哪些类型?
13. 使用电烙铁时有哪些注意事项?
14. 电烙铁焊接的基本要求有哪些?

试题库

知识要求试题

一、判断题

1. 抢救触电伤员时，可用使心脏复跳的肾上腺素等强心针剂可代替手工呼吸和胸外心脏挤压两种急救措施。（　　）
2. 在易燃、易爆场所的照明灯具；应使用密闭型或防爆型灯具；在多尘、潮湿和有腐蚀性气体的场所，应使用防水防尘型灯具。（　　）
3. 多尘、潮湿的场所或户外场所的照明开关，应选用瓷质防水拉线开关。（　　）
4. 电源相线可直接接入灯具，而开关可以控制零线。（　　）
5. 安全电压照明变压器可使用双线圈变压器，也可用自耦变压器。（　　）
6. 可将单相三孔电源插座的保护接地端（面对插座的最上端）与接零端用导线连接起来，共用一根线。（　　）
7. 电源线接在插座上或接在插头上是一样的。（　　）
8. 螺口灯头的相线应接于灯口中心的舌片上，零线接在螺纹口的螺钉上。（　　）
9. 在易燃、易爆场所带电作业时，只要注意安全、防止触电，一般不会发生危险。（　　）
10. 防爆电器出厂时涂的黄油是防止生锈的，使用时不应抹去。（　　）
11. 电缆的保护层是保护电缆缆芯导体的。（　　）
12. 电击伤害是造成触电死亡的主要原因，是严重的触电事故。（　　）
13. 为防止发生人身触电事故和设备短路或接地故障，带电体之间、带电体与地面之间、带电体与其他设施之间、工作人员与带电体之间必须保持的最小空气间隙称为安全距离。（　　）

14. 钻夹头用来装夹直径 15mm 以下的钻头。 (   )
15. 千分尺时可用于测量粗糙的表面，使用后应擦净测量面并加润滑油防锈，放入盒中。 (   )
16. 变压器的额定容量是指变压器输出的视在功率。 (   )
17. 当人体突然进入高电压线跌落区时，先看清高压线的位置，然后双脚并拢，作小幅度跳动，离开高压线越远越好。 (   )
18. 电气图作为一种工程语言，在表达清楚的前提下，越复杂越好。(   )
19. 一般刀开关不能用于切断故障电流，也不能承受故障电流引起的电动力和热效应。 (   )
20. 低压负荷开关能使其中的刀开关快速断开与闭合，取决于手动操作机构手柄动作的快慢。 (   )
21. 开启式负荷开关用作电动机的控制开关时，应根据电动机的容量选配合适的熔体并装入开关内。 (   )
22. 接触器银及银基合金触头表面在分断电弧所形成的黑色氧化膜的接触电阻很大，应进行锉修。 (   )
23. 用于经常反转及频繁通断工作的电动机，宜选用热继电器来保护。(   )
24. 塑料外壳式低压断路器广泛用于工业企业变配电室交、直流配电线路的开关柜上。框架式低压断路器多用于保护功率不大的电动机及照明电路，作控制开关。 (   )
25. 熔体的额定电流是指在规定工作条件下，长时间通过熔体而熔体不熔断的最大电流值。 (   )
26. 电动机的额定电压是指输入定子绕组的每相电压而不是线间电压。 (   )
27. 电动机起动时的动稳定和热稳定条件体现在制造厂规定的电动机允许起动条件（直接或减压）和连续起动次数两方面。 (   )
28. 异步电动机采用 Y-△减压起动时，定子绕组先按△联结，后改换成 Y 联结运行。 (   )
29. 电动机"短时运行"工作制规定的短时持续时间不超过10min 。(   )
30. 电动机的绝缘等级，表示电动机绕组的绝缘材料和导线所能耐受温度极限的等级。如 E 级绝缘其允许最高温度为 120℃。 (   )
31. 自耦变压器减压起动的方法，适用于功率在 320kW 以下笼型异步电动机频繁起动。 (   )
32. 绕线转子异步电动机的起动方法，常采用 Y-△减压起动。 (   )
33. 绕线转子异步电动机在重载起动和低速下运转时宜选用频繁变阻器

起动。( )

34. 采用频繁变阻器起动电动机的特点是，频繁变阻器的阻值能随着电动机转速的上升而自行平滑地增加。( )

35. 绕线转子异步电动机采用转子串联电阻起动时，所串联的电阻阻值越大，起动转矩越大。( )

36. 检查低压电动机定子、转子绕组各相之间和绕组对地的绝缘电阻，用500V绝缘电阻测量时，其数值不应低于0.5MΩ，否则应进行干燥处理。( )

37. 变压器的额定功率是指当一次侧施以额定电压时，在温升不超过允许值的情况下，二次侧所允许输出的最大功率。( )

38. 变压器在使用时铁心会逐渐氧化生锈，因此空载电流也就相应逐渐减小。( )

39. 三相异步电动机的转速取决于电源频率和极对数，而与转差率无关。( )

40. 三相异步电动机转子的转速越低，电动机的转差率越大，转子电动势频率越高。( )

41. 应用短路测试器检查三相异步电动机绕组是否一相短路时，对于多路并绕或并联支路的绕组，必须先将各支路拆开。( )

42. 变压器无论带什么性质的负载，只要负载电流继续增大，其输出电压就必然降低。( )

43. 凡有灭弧罩的接触器，一定要装妥灭弧罩后方能通电起动电动机。为了便于观察，空载、轻载试车时，允许不装灭弧罩起动电动机。( )

44. RL1系列螺旋式熔断器的熔体熔断后有明显指示。( )

45. 交流接触器铁心上的短路环断裂后会使动静铁心不能释放。( )

46. 从空载到满载，随着负载电流的不断增加，变压器的铜损耗和温度都随之增加，一、二次绕组在铁心中的合成磁通也随之增加。( )

47. 变压器在空载时，其电流的有功分量较小，而无功分量较大，因此空载运行的变压器，其功率因数很低。( )

48. 带有额定负载转矩的三相异步电动机，若使电源电压低于额定电压，则其电流就会低于额定电流。( )

49. 油浸式变压器防爆管上的薄膜若因被外力损坏而破裂，则必须使变压器停电修理。( )

50. 单相异步电动机的体积虽然较同功率的三相异步电动机大，但功率因数、效率和过载能力都比同容量的三相异步电动机低。( )

51. 低压断路器同时装有分励脱扣器和失电压脱扣器时，称为复式脱扣装置。( )

52. 装设电抗器的目的是：增大短路阻抗，限制短路电流，减小电压波动。
(　　)

53. 电磁式交流接触器和直流接触器都装有短路环，以消除铁心的振动和噪声。
(　　)

54. 一般来说，继电器的质量越好，接线越简单，所包含的触头数目越少，则保护装置的动作越可靠。
(　　)

55. 气体继电器能反应变压器的一切故障而作出相应的动作。(　　)

56. 更换熔断器的管内硅砂时，硅砂颗粒大小都一样。(　　)

57. 无载调压变压器，在变换分接头开关后，应测量各相绕组的直流电阻，每相直流电阻差值不大于三相中最小值的 10% 为合格。(　　)

58. 用万用表 $R \times 1\Omega$ 挡测试电解电容器时，黑表笔接电容器正极，红表笔接负极，表针慢慢增大，若停在 $10k\Omega$ 处，说明电容器是好的。(　　)

59. 锗管的基极与发射极之间的正向压降比硅管的正向压降大。(　　)

60. 对厚板开坡口的对接接头，第一层焊接要用较粗的焊条。(　　)

61. 对水平固定的管件对接焊接时，可采用自顶部顺时针或逆时针绕焊一周的方法焊接。(　　)

62. 电压互感器二次绕组不允许开路，电流互感器二次绕组不允许短路。
(　　)

63. 直流电流表可以用于交流电路。(　　)

64. 钳形电流表可做成既能测量交流电流，又能测量直流电流的仪表。
(　　)

65. 使用万用表测量电阻时，每转换一次欧姆挡都要把指针调零一次。
(　　)

66. 不可用万用表欧姆挡直接测量微安数值及检流计或标准电池的内阻。
(　　)

67. 无论是测直流电或交流电，验电器的氖灯炮发光情况是一样的。(　　)

68. 装有氖灯泡的低压验电器可以区分相线和地线，也可以验出交流电或直流电；数字显示低压验电器除了能检验带电体有无电外，还能寻找导线的断线处。
(　　)

69. 剥线钳可用于剥除芯线截面积为 $6mm^2$ 以下的塑料线或橡胶线的绝缘层，故应有直径 6mm 及以下的切口。(　　)

70. 电烙铁的保护接线端可以接线，也可不接线。(　　)

71. 电焊机的一、二次接线长度均不宜超过 20m。(　　)

72. 交流电流表和电压表所指示的都是有效值。(　　)

73. 连接铝导线时，不能像铜导线那样用缠绕法或绞接法，只是因为铝导线

机械强度差。 ( )

74. 导线的安全载流量，在不同环境温度下应有不同数值；环境温度越高，安全载流量越大。 ( )

75. 钢芯铝绞线在通过交流电时，由于交流电的集肤效应，电流实际只从铝线中流过，故其有效截面积只是铝线的部分面积。 ( )

76. 电缆管（TC）和管壁较薄，其标称直径是指其内径。 ( )

77. 裸导线在室内敷设高度必须在 3.5m 以上，低于 3.5m 时不许架设。
 ( )

78. 在测试晶体二极管正反向电阻时，当测得的电阻值较大时，与黑表笔相连的电极为负极。 ( )

79. 所有穿管线路，管内接头不得多于 1 个。 ( )

80. 电缆线芯有时压制圆形、半圆形、扇形等形状，这是为了缩小电缆外形尺寸，节约原材料。 ( )

81. 铜有良好的导电、导热性能，机械强度高，但易被氧化，熔化时间短，宜作快速熔体，保护晶体管。 ( )

82. 熔点低、熔化时间长的金属材料锡和铅，适宜作高压熔断器熔体。
 ( )

83. 强电用的触头和弱电用的触头，性能要求是相同的，所用材料也相同。
 ( )

84. HK 系列刀开关可以垂直安装，也可以水平安装。 ( )

85. HZ 系列组合开关无储能分合闸装置。 ( )

86. 低压断路器中电磁脱扣器的作用是实现失电压保护。 ( )

87. 在三相异步电动机控制电路中，熔断器只能用作短路保护。 ( )

88. 低压断路器各脱扣器的整定值一经调好，不允许随意变动，以免影响其动作值。 ( )

89. 一个额定电流等级的熔断器只能配一个额定电流等级的熔体。 ( )

90. 在装接 RL1 系列螺旋式熔断器时，电源线应接在上接线座，负载线接在下接线座。 ( )

91. 安装熔丝时，熔丝应绕螺栓沿顺时针方向弯曲后压在垫圈下。 ( )

92. 按下复合按钮时，其常开触头和常闭触头同时动作。 ( )

93. 当按下常开按钮然后再松开时，按钮便自锁接通。 ( )

94. 单轮旋转式行程开关在挡铁离开滚轮后能自动复位。 ( )

95. 接触器除用来接通大电流电路外，还具有欠电压和过电流保护功能。
 ( )

96. 接触器按线圈通过的电流种类，分为交流接触器和直流接触器。 ( )

239

97. 交流接触器中发热的主要部件是铁心。（　　）
98. 接触器的电磁线圈通电时，常开触头先闭合，常闭触头再断开。（　　）
99. 所谓触头的常开和常闭是指电磁系统通电动作后的触头状态。（　　）
100. 接线图主要用于接线、线路检查和维修，不能用来分析线路的工作原理。（　　）
101. 热继电器的触头系统一般包括一对常开触头和一对常闭触头。（　　）
102. 带断相保护装置的热继电器只能对电动机作断相保护，不能作过载保护。（　　）
103. 空气阻尼式时间继电器的延时精度高，因此获得广泛应用。（　　）
104. 流过主电路和辅助电路中的电流相等。（　　）
105. 画电路图、接线图、布置图时，同一电器的各元件都要按其实际位置画在一起。（　　）
106. 交流接触器在线圈电压小于 $85\% U_N$ 时也能正常工作。（　　）
107. 安装控制电路时，对导线的颜色没有具体要求。（　　）
108. 按明细表选配的元器件可直接安装，不用检验。（　　）
109. 接触器自锁控制电路具有失电压和欠电压保护功能。（　　）
110. 所谓点动控制是指点一下按钮就可以使电动机起动并连续运转的控制方式。（　　）
111. 根据电路图、接线图、布置图安装完毕的控制电路，不用自检校验，可以直接通电试车。（　　）
112. 在接触器联锁正反转控制电路中，正、反转接触器有时可以同时闭合。（　　）
113. 为了保证三相异步电动机实现反转，正、反转接触器的主触头必须按相序并联后串接在主电路中。（　　）
114. 接触器联锁正反转控制电路的优点是工作安全可靠，操作方便。（　　）
115. 接触器、按钮双重联锁正反转控制电路的优点是工作安全可靠，操作方便。（　　）
116. 互联图是表示各单元之间的连接情况的，通常不包括单元内部的连接关系。（　　）
117. 倒顺开关进出线接错的后果是易造成两相电源短路。（　　）
118. 由于直接起动所用设备少，线路简单，维修量较小，故电动机一般都采用直接起动。（　　）
119. 在安装定子绕组串接电阻降压起动控制电路时，电阻器产生的热量对其他电器无任何影响,故安装在箱体内或箱体外时,不需采用任何防护措施。
( )

120. 时间继电器的安装位置应保证其断电时动铁心释放的运动方向垂直向下。( )

121. 电动机转子弯曲时应将转子取出并根据具体情况加以校正。( )

122. 导线敷设在吊顶或天棚内时,可不穿管保护。( )

123. 晶体管的基本作用之一是组成放大电路。( )

124. 在电阻的标志方法中,色环与色点所表示的含义不相同。( )

125. 将表笔接触电容器的两极,表头指针应先正向偏摆,然后又逐渐反向回摆,退至 $R=\infty$ 处,说明电容器是好的。( )

126. 电容器的电容量越大,表头指针偏摆幅度越大,指针复原的速度越慢。( )

127. 选用电容器,不仅要考虑到电容的多种性能,还应考虑它的体积、重量、价格等因素;同时,不仅要考虑电路要求,还应考虑电容所处的工作环境。( )

128. 在电子电路测试中,若输出电压不稳定,则应检查电压是否有波动。( )

129. 在焊接电子元器件时,不可把二极管的极性接反,滤波电容器的极性可以接反。( )

130. 石棉制品有石棉纱、线、绳、纸、板、编织袋等多种,具有保温、耐温、耐酸碱、防腐蚀等特点,但不绝缘。( )

131. 温升是指变压器在额定运行状态下允许升高的最高温度。( )

132. 钠灯的工作原理是利用惰性气体放电而发光的。( )

133. 车间电气照明按照明范围可分为三种类型。( )

134. 新的或长久未用的电焊机,常由于受潮使绕组间或与机壳间的绝缘电阻大幅降低,使用时容易发生短路和接地,造成设备和人身事故,因此在使用前应用摇表检查其绝缘电阻是否合格。( )

135. 晶体二极管的正向电阻大,反向电阻小。( )

136. 异步电动机产生不正常的振动和异常声响主要有机械和电磁两方面的原因。( )

137. 当传动带过紧或电动机与被带机械轴心不一致时,会使轴承负载增加而发热。( )

138. 万用表的基本原理是利用一只灵敏度高的磁电式直流电压表作为表头。( )

139. 使用万用表测量电阻时，表头指针所指的数即为所测电阻的实际阻值。
( )
140. 使用万用表测量电压时，应使万用表与被测电路相并联。( )
141. 使用万用表测量电阻时，若更换电阻倍率挡，不需要进行欧姆调零。
( )
142. 测量交流电压与直流电压的方法，其不同之处是转换开关要放在对应的电压挡，而测交流电压时，万用表的红黑表笔搭接不需要分正负极。( )
143. 使用数字式万用表在电阻挡及检测线路通断时，红表笔插入 V/Ω 孔，为高电位；黑表笔插入 COM 孔，为低电位。( )
144. 使用绝缘电阻表测量时，仪表应水平放置，转动摇柄的转速为 120r/min 左右。若发现指针指零，不必立即停止转动。( )
145. 当被测电路电流太小时，为提高测量精确度，可将被测导线在钳形电流表的铁心柱上缠绕几圈后再测量，读数时指针指示数乘以穿入钳口内导线的圈数即得实际电流值。( )
146. 电机轴承若长期缺油运行，摩擦损耗不会加剧使轴承磨损。( )
147. 正常运行的电动机，若定子、转子绕组发生短路故障或笼型转子断条，则电动机会发出时高时低的嗡嗡声，机身也随之振动。( )
148. 在拆卸电动机带轮和联轴器前应做好标记，在安装时应先除锈，清洁干净后方可复位。( )
149. 绕线转子异步电动机可通过集电环和电刷在转子回路中串入外加电阻，以改善起动性能并可改变外加电阻在一定范围内调节转速。( )
150. 配电箱带有器具的铁制盘面和装有器具的门及电器的金属外壳均应有明显可靠的保护地线，PE 保护地线可利用箱体或盒体串接。( )
151. 电焊机应安放在通风良好、干燥、不靠近高温和粉尘多的位置使用。调节焊接电流和变换极性接法时，应在空载下进行。( )
152. 电压的方向规定由高电位点指向低电位点。( )
153. 几个大小相同的电阻的一端连接在电路中的一点，另一端也在同时连在另一点，使得每个电阻两端都承受相同的电压。这种连接方式叫做电阻的并联。( )
154. 电解电容有正、负极，使用时负极接高电位，正极接低电位。( )
155. 通电直导体在磁场中所受力方向，可以通过右手定则来判断。( )
156. 线电压为相电压的 $\sqrt{3}$ 倍时，同时线电压的相位超前相电压 120°。
( )
157. 电磁脱扣器的瞬时脱扣整定电流应大于负载正常工作时可能出现的峰值电流。( )

158. 晶体管放大区的放大条件为发射结反偏或零偏,集电结反偏。（ ）

159. 晶体管放大电路的主要作用是将微弱的电信号放大成为所需的较强的电信号。（ ）

160. Y-△减压起动是指电动机起动时,把定子绕组联结成Y联结,以降低起动电压,限制起动电流;待电动机起动后,再把定子绕组改成△联结,使电动机降压运行。（ ）

161. 按钮联锁正反转控制电路的优点是操作方便,缺点是容易产生电源两相断路事故。（ ）

162. 测量电流时应把电流表串联在被测电路中。（ ）

163. 万用表使用完毕,应将其转换开关转到最低电压挡,以免下次使用不慎而损坏电表。（ ）

164. 电工指示仪表在使用时,准确度等级为5.0级的仪表可以用于实验室。（ ）

165. 劳动者的基本义务中不应包括遵守职业道德。（ ）

166. 劳动者的基本权利中遵守劳动纪律是最主要的权利。（ ）

167. 劳动者的患病或负伤,在规定的医疗期内的,用人单位不得解除劳动合同。（ ）

168. 使用电工钢丝钳剪切带电导线时,刀口可同时剪切相线和零线,或同时剪切两根相线。（ ）

169. 电动机在额定状态下运行时,温升不会超出允许值。只有在长期过载运行或故障运行时,才会因电流超出额定值而使温升高出允许值。（ ）

170. 电机的使用寿命主要是由绝缘材料决定的,当电机的工作温度不超过绝缘材料的最高允许温度时,绝缘材料的使用寿命可达2年左右。（ ）

二、选择题

1. 千分尺的分度值是(   )。
A. 0.01mm   B. 0.02mm   C. 0.05mm   D. 0.1mm

2. 钻孔时用来中心定位的工具是(   )。
A. 划针   B. 样冲   C. 直角尺   D. 钢直尺

3. 根据锯条锯齿牙距的大小分为粗齿、中齿和细齿三种,其中粗齿锯条适宜锯削(   )。
A. 管料   B. 角铁   C. 硬材料   D. 软材料

4. 金属外壳的电钻使用时外壳必须(   )。
A. 接零   B. 接地   C. 接相线

5. 直柄麻花钻头的最大规格是(   )。

A. 10mm B. 12mm C. 13mm D. 15mm

6. 电钻的钻夹头安装钻头时要使用(　　)夹紧,以免损坏钻夹头。

　　A. 锤子　　B. 斜铁　　C. 钻套　　D. 钻夹头钥匙

7. 攻螺纹时要用切削液,攻钢件时应用(　　)。

　　A. 机油　　B. 煤油　　C. 柴油　　D. 液压油

8. 维修电工通常利用手工电弧焊焊接的多为(　　)。

　　A. 工具钢　　B. 结构钢　　C. 铸铁　　D. 不锈钢

9. 交流电弧焊机实际就是一种特殊的降压变压器,同普通变压器比较主要有以下特点:陡降特性、良好的动特性、(　　)及输出电流可调。

　　A. 容量大　　　　　　　　B. 输出电流大

　　C. 变压比高　　　　　　　D. 允许短时间短路

10. 焊接电流的调节有粗调和细调两种方式,其中细调是通过改变(　　)的大小,实现焊接电流的细调节的。

　　A. 输入电压　　B. 输入电流　　C. 漏磁　　D. 线圈匝数

11. 手工电弧焊操作时必须佩戴(　　),以保护操作人员的眼睛和面部不受电弧光的辐射和灼伤。

　　A. 电焊面罩　　B. 平光眼镜　　C. 墨镜　　D. 安全帽

12. 选择焊条规格时,一般情况下焊条的直径应(　　)。

　　A. 略大于焊件厚度　　　　B. 略小于焊件厚度

　　C. 等于焊件厚度　　　　　D. 任意选取

13. 焊接集成电路、晶体管及其他受热易损元器件时,应选用(　　)内热式电烙铁。

　　A. 20W　　B. 50W　　C. 100W　　D. 200W

14. 电子线路的焊接通常采用(　　)作焊剂。

　　A. 焊膏　　B. 松香　　C. 弱酸　　D. 强酸

15. 集成电路的安全焊接顺序为:(　　)。

　　A. 输入端→输出端→电源端→接地端

　　B. 接地端→输入端→输出端→电源端

　　C. 电源端→输入端→输出端→接地端

　　D. 接地端→输出端→电源端→输入端

16. 低压验电器的测试范围为(　　)。

　　A. 6～36V　　B. 220～380V　　C. 60～500V　　D. 500～1000V

17. 电工不可使用(　　)的螺钉旋具。

　　A. 塑料柄　　B. 橡胶柄　　C. 木柄　　D. 金属柄

18. 在砖混结构的墙面或地面等处钻孔且孔径较小时,应选用(　　)。

A．电钻　　　B．冲击钻　　C．电锤　　　D．台式钻床

19. 用于剥削较大线径的导线及导线外层护套的工具是（　　）。
　A 钢丝钳　　B 剥线钳　　C 断线钳　　D．电工刀

20. 在螺钉平压式接线桩头上接线时，如果是较小截面积单股芯线，则必须把线头（　　）。
　　A. 弯成接线鼻　　　　　B. 对折
　　C. 剪短　　　　　　　　D. 装上接线耳

21. 在220V线路上恢复导线绝缘时，应包（　　）黑胶布。
　　A. 一层　　B. 两层　　C. 三层　　D. 四层

22. 绝缘带存放时要避免高温，也不可接触（　　）。
　　A. 金属　　B. 塑料　　C. 油类

23. 白炽灯具有（　　）、使用方便、成本低廉、点燃迅速和对电压适应范围宽的特点。
　　A. 结构简单　　　　　B. 结构复杂
　　C. 发光效率高　　　　D. 光色好

24. 在移动灯具及信号指示中，广泛应用（　　）。
　　A. 白炽灯　　B. 荧光灯　　C. 高压汞灯　　D. 碘钨灯

25. 教室、图书馆、商场、地铁等对显色性要求较高的场合，通常选用（　　）作为光源。
　　A. 白炽灯　　B. 荧光灯　　C. 高压钠灯　　D. 碘钨灯

26. 节能型荧光灯基本结构和工作原理都与荧光灯相同。但由于其采用了（　　），故其更加节能。
　　A. 特殊的灯管形状
　　B. 电子镇流器
　　C. 较小的外形尺寸
　　D. 发光效率更高的三基色荧光粉

27. 白炽灯发生灯泡忽亮忽暗或忽亮忽熄故障，常见原因是（　　）。
　　A. 线路中有断路故障
　　B. 线路中发生短路
　　C. 灯泡额定电压低于电源电压
　　D. 电源电压不稳定

28. 白炽灯灯泡发强烈的白光并瞬时烧坏，常见原因是（　　）。
　　A. 线路中有断路故障
　　B. 线路中发生短路
　　C. 灯泡额定电压低于电源电压

D. 电源电压不稳定

29. 我国规定的常用安全电压是( )V。
   A. 42 B. 36 C. 24 D. 6

30. 荧光灯工作时,镇流器有较大杂声,常见原因是( )。
   A. 灯管陈旧,寿命将终
   B. 接线错误或灯座与灯角接触不良
   C. 开关次数太多或灯光长时间闪烁
   D. 镇流器质量差,铁心未夹紧或沥青未封紧

31. 万用表的转换开关是实现( )。
   A. 只能测量电阻接通的开关
   B. 只能测量电流接通的开关
   C. 不同测量种类及量程的切换开关
   D. 接通被测器件的测量开关

32. 荧光灯发生灯管两头发黑或生黑斑故障,常见原因是( )。
   A. 灯管陈旧,寿命将终
   B. 接线错误或灯座与灯角接触不良
   C. 开关次数太多或灯光长时间闪烁
   D. 镇流器质量差,铁心未夹紧或沥青未封紧

33. 安装碘钨灯时,必须保持( )位置。
   A. 垂直 B. 水平 C. 倾斜 D. 悬挂

34. 碘钨灯必须装在专用的有隔热装置的( )灯架上。
   A. 金属 B. 木制 C. 塑料 D. 绝缘

35. 与白炽灯相比,高压汞灯的光色好、( )。
   A. 结构简单   B. 发光效率高
   C. 造价低   D. 维护方便

36. 自镇式高压汞灯内部( ),无需外接镇流器,旋入配套灯座即可使用。
   A. 串联灯丝 B. 压力较低 C. 结构简单 D. 有反射层

37. 高压汞灯起动时间长,需要点燃( )min 才能正常发光。
   A. 2~3 B. 3~5 C. 8~10 D. 15~30

38. 广场、车站、道路等大面积的照明场所,通常选用( )作为光源。
   A. 碘钨灯 B. 高压汞灯 C. 荧光灯 D. 高压钠灯

39. 以下常用灯具中,( )是属于不能迅速点亮的。
   A. 白炽灯   B. 碘钨灯
   C. 高压钠灯   D. 节能型荧光灯

40. 单相三孔插座接线时,中间孔接( )。
    A. 相线   B. 零线   C. 保护线 PE

41. 对螺旋灯座接线时,应把来自开关的连接线线头连接在连接( )的接线桩上。
    A. 中心簧片   B. 螺纹圈   C. 外壳

42. 室内使用塑料护套线配线时,铜芯截面积必须大于( )mm²。
    A. 0.5   B. 1   C. 1.5   D. 2.5

43. 护套线路离地距离不得小于( )m。
    A. 0.10   B. 0.15   C. 0.20   D. 0.25

44. 钢管配线时,钢管与钢管之间的连接,无论是明装管还是暗装管,最好采用( )连接。
    A. 直接   B. 管箍   C. 焊接

45. 有缝管弯曲时应将焊缝放在弯曲的( )。
    A. 上面   B. 侧面   C. 下面

46. 线槽配线时,槽底接缝与槽盖接缝应尽量( )。
    A. 错开   B. 对齐   C. 重合

47. 使用钳形电流表时应先用较大量程,再视被测电流的大小变换量程。切换量程时应( )。
    A. 直接转动量程开关
    B. 先将钳口打开,再转动量程开关
    C. 必须把被测导线从钳口处先取出

48. 为了保证配电装置的操作安全,有利于线路的走向简洁而不混乱,电能表应安装在配电装置的( )。
    A. 左方或下方   B. 左方或上方
    C. 右方或下方   D. 右方或上方

49. 电能表总线的最小截面积不得小于( )mm²。
    A. 1.0   B. 1.5   C. 2.5   D. 4.0

50. 配电盘上装有计量仪表、互感器时,二次侧的导线使用截面积不小于( )mm²的铜芯导线。
    A. 0.5   B. 1.0   C. 1.5   D. 2.5

51. 为降低变压器铁心中的( ),硅钢片间要互相绝缘。
    A. 无功损耗   B. 空载损耗   C. 短路损耗   D. 涡流损耗

52. 用符号或带注释的框概略地表示系统、分系统、成套装置或设备的基本组成、相互关系及主要特征的一种简图称为( )。
    A. 电路图   B. 装配图   C. 位置图   D. 系统图

53. Y联结的三相异步电动机,在空载运行时,若定子一相绕组突然断路,则电动机(　　)。

　　A. 有可能连续运行　　　　　　B. 必然会停止转动

　　C. 肯定会继续运行

54. 使用钳形电流表测量时,下列叙述正确的是(　　)。

　　A. 被测电流导线应卡在钳口张开处

　　B. 被测电流导线卡在中央

　　C. 被测电流导线卡在钳口中后可以由大到小切换量程

　　D. 被测电流导线卡在钳口中后可以由小到大切换量程

55. 某正弦交流电压的初相角 $\varphi = -\pi/6$,在 $t=0$ 时其瞬时值将(　　)。

　　A. 小于零　　　B. 大于零　　　C. 等于零

56. 电压表的内阻(　　)。

　　A. 越大越好　　B. 越小越好　　C. 适中为好

57. 对于特别重要的工作场所,应采用独立电源对事故照明供电,事故照明宜采用(　　)。

　　A. 碘钨灯　　　　　　　　　　B. 高压汞灯

　　C. 荧光灯　　　　　　　　　　D. 白炽灯或卤钨灯

58. 测量1Ω以下的电阻应选用(　　)。

　　A. 直流单臂电桥　　　　　　　B. 直流双臂电桥

　　C. 万用表的欧姆挡

59. 用(　　)表可判别三相异步电动机定子绕组的首末端。

　　A. 功率表　　B. 电能表　　C. 频率表　　D. 万用表

60. 变压器的基本工作原理是(　　)。

　　A. 电磁感应　　　　　　　　　B. 电流的热效应

　　C. 电流的磁效应　　　　　　　D. 能量平衡

61. 将绝缘导线穿在管内敷设的布线方式叫做(　　)。

　　A. 线管布线　　　　　　　　　B. 塑料管布线

　　C. 瓷绝缘子布线　　　　　　　D. 上述说法都不对

62. 自动Y-△减压起动控制电路是通过(　　)实现延时的。

　　A. 热继电器　　　　　　　　　B. 时间继电器

　　C. 接触器　　　　　　　　　　D. 熔断器

63. 电力变压器的变压器油起(　　)作用。

　　A. 绝缘和灭弧　　　　　　　　B. 绝缘和防锈

　　C. 绝缘和散热

64. 某三相异步电动机的额定电压为380V,其交流耐压试验电压为(　　)V。

A. 380　　　　B. 500　　　　C. 1000　　　　D. 1760

65. 用万用表测二极管反向电阻,若(　　),此管可以使用。
   A. 正反向电阻相差很大　　　　B. 正反向电阻相差不大
   C. 正反向电阻都很小　　　　　D. 正反向电阻都很大

66. 在使用万用表时,为提高测量准确度,要尽可能使仪表指针在仪表满度值的(　　)位置指示。
   A. 1/2　　　　B. 1/3　　　　C. 2/3　　　　D. 1/4

67. 下列电机不属于单相异步电动机的是(　　)。
   A. 家用冰箱电机　　　　　　B. 吊扇电机
   C. 剃须刀电机　　　　　　　D. 吹风机电机

68. 由 RLC 并联电路中,为电源电压大小不变而频率从其谐波频率逐渐减小到零时,电路中的电流值将(　　)。
   A. 从某一最大值渐变到零
   B. 由某一最小值渐变到无穷大
   C. 保持某一定值不变

69. 绝缘电线型号 BLXF 的含义是(　　)。
   A. 铜芯氯丁橡皮线
   B. 铝芯聚氯乙烯绝缘电线
   C. 铝芯聚氯乙烯绝缘护套圆形电线
   D. 铝芯氯丁橡胶绝缘电线

70. 叠加原理不适用于(　　)。
   A. 含有电阻的电路　　　　　B. 含有空心电感的交流电路
   C. 含有二极管的电路

71. 单相桥式整流电路由(　　)组成。
   A. 一台变压器、4 只晶体管和负载
   B. 一台变压器、4 只晶体管、一只二极管和负载
   C. 一台变压器、4 只二极管和负载
   D. 一台变压器、3 只二极管、一只晶体管和负载

72. 将变压器的一次绕组接交流电源,二次绕组开路,这种运行方式称为变压器(　　)运行。
   A. 负载　　　　B. 过载　　　　C. 满载　　　　D. 空载

73. 设三相异步电动机 $I_N = 10A$,△联结,用热继电器作过载及断相保护。热继电器型号可选(　　)型。
   A. JR16—20/3D　　　　　　B. JR0—20/3
   C. JR10—10/3　　　　　　　D. JR16—40/3

74. 线圈产生感生电动势的大小与通过线圈的(　　)成正比。
   A. 磁通量的变化量　　　　　　B. 磁通量的变化率
   C. 磁通量的大小

75. 普通功率表在接线时，电压线圈和电流线圈的关系是(　　)。
   A. 电压线圈必须接在电流线圈的前面
   B. 电压线圈必须接在电流线圈的后面
   C. 视具体情况而定

76. 继电保护是由(　　)组成。
   A. 二次回路各元件　　　　　　B. 各种继电器
   C. 包括各种继电器、仪表回路

77. 单相异步电动机根据其起动方法或运行方式的不同，可分为(　　)种类型。
   A. 2　　　　B. 3　　　　C. 4　　　　D. 5

78. 两台电动机 M1 与 M2 位顺序起动、逆序停止控制，当停止时(　　)。
   A. M1 停，M2 不停　　　　　　B. M1 与 M2 同时停
   C. M1 先停，M2 后停　　　　　D. M2 先停，M1 后停

79. 电动机铭牌上的定额是指电动机的(　　)。
   A. 运行状态　　　　　　　　　B. 额定状态
   C. 额定转矩　　　　　　　　　D. 额定功率

80. 要测量380V 交流电动机绝缘电阻，应选用额定电压为(　　)的绝缘电阻表。
   A. 250V　　　B. 500V　　　C. 1000V

81. 用绝缘电阻表摇测绝缘电阻时，要用单根电线分别将线路 L 及接地 E 端与被测物连接。其中(　　)端的连接线要与大地保持良好绝缘。
   A. L　　　　B. E　　　　C. G

82. 氯丁橡胶绝缘电线的型号是(　　)。
   A. BX，BLX　　B. BV，BLV　　C. BXF，BLXF

83. 银及其合金、金基合金适用于制作(　　)。
   A. 电阻　　B. 电位器　　C. 弱电触头　　D. 强电触头

84. HK系列开启式负荷开关用于控制电动机的直接起动和停止，应选用额定电流不小于电动机额定电流的(　　)倍的三极开关。
   A. 1.5　　　　B. 2　　　　C. 3

85. HH 系列封闭式负荷开关属于(　　)。
   A. 非自动切换电器　　　　　　B. 自动切换电器
   C. 无法判断

86. HZ3 系列组合开关用于直接控制电动机的起动和正反转，开关的额定电流一般为额定电流的(　　)倍。
   A. 1～1.5   B. 1.5～2.5   C. 2.5～3
87. DZ5—20 型低压断路器中电磁脱扣器的作用是(　　)。
   A. 过载保护   B. 短路保护   C. 欠电压保护
88. 熔断器串接在电路中主要用作(　　)。
   A. 短路保护   B. 过载保护   C. 欠电压保护
89. 熔断器的电流应(　　)所装熔体的额定电流。
   A. 大于   B. 大于或等于
   C. 小于
90. 当按下复合按钮时，触头的动作状态应是(　　)。
   A. 常开触头先闭合   B. 常闭触头先闭合
   C. 常开、常闭触头同时动作
91. 选用停止按钮接线时，应优先选用(　　)按钮。
   A. 红色   B. 白色   C. 黑色
92. 双轮旋转式行程开关为(　　)结构。
   A. 自动复位式   B. 非自动复位式
   C. 自动或非自动复位式
93. 交流接触器的铁心端面装有短路环的目的是(　　)。
   A. 减小铁心振动   B. 增大铁心磁通
   C. 减缓铁心冲击
94. CJ20 系列交流接触器可远距离接通和分断电路，并与适当的(　　)组合，以保护可能发生操作过负荷的电路。
   A. 中间继电器   B. 热继电器
   C. 电压继电器   D. 速度继电器
95. 从人身和设备安全角度考虑，当线路较复杂、且使用电器超过(　　)只时，接触器吸引线圈的电压要选低一些。
   A. 2   B. 5   C. 8   D. 10
96. (　　)是交流接触器的发热的主要部件。
   A. 线圈   B. 铁心   C. 触头
97. 交流接触器操作频率过多会导致(　　)过热。
   A. 铁心   B. 线圈   C. 触头
98. 热继电器主要用于电动机的(　　)。
   A. 短路保护   B. 过载保护   C. 欠压保护
99. 热继电器中主双金属片的弯曲主要是由于两种金属材料的(　　)不同。

A. 机械强度　　B. 导电能力　　C. 热膨胀系数

100. 一般情况下，热继电器中热元件的整定电流为电动机额定电流的（　　）倍。

A. 4～7　　　B. 0.95～1.05　　C. 1.5～2

101. 若热继电器出线端的连接导线过细，会导致热继电器（　　）。

A. 提前动作　　B. 滞后动作　　C. 过热烧毁

102. 空气阻尼式时间继电器电器调节延时的方法是（　　）。

A. 调节释放弹簧的松紧

B. 调节铁心与衔铁间的气隙长度

C. 调节进气孔的大小

103. JS7—A系列时间继电器从结构上讲，只要改变（　　）的安装方向，即可获得两种不同的延时方式。

A. 电磁系统　　B. 触头系统　　C. 气室

104. 速度继电器的主要作用是实现对电动机的（　　）。

A. 运行速度限制　　　　　B. 速度计量

C. 反接制动控制

105. 能够充分表达电器设备和电器的用途以及线路工作原理的是（　　）。

A. 接线图　　B. 电路图　　C. 布置图

106. 同一电器的各元件在电路图和接线图中使用的图形符号、文字符号要（　　）。

A. 基本相同　　B. 不同　　C. 完全相同

107. 主电路的标号在电源开关的出线端按相序依次标为（　　）。

A. U、V、W　　　　　　B. L1、L2、L3

C. U11、V11、W11

108. 辅助电路按等电位原则从上至下、从左至右的顺序使用（　　）编号。

A. 数字　　B. 字母　　C. 数字或字母

109. 控制电路编号的起始数字是（　　）

A. 1　　　B. 100　　C. 200

110. 具有过载保护的接触器自锁控制电路中，实现过载保护的电器是（　　）。

A. 熔断器　　B. 热继电器　　C. 接触器

111. 具有过载保护的接触器自锁控制电路中，实现欠电压和失电压保护的电器是（　　）。

A. 熔断器　　B. 热继电器　　C. 接触器

112. 连续与点动混合正转控制电路中，点动控制按钮的常闭触头应与接触器自锁触头(　　)。

A. 并联　　　B. 串联　　　C. 串联和并联

113. 倒顺开关使用时，必须将接地线接到倒顺开关(　　)。

A. 指定的接地螺钉上　　　B. 罩壳上

C. 手柄上

114. 为避免正、反转接触器同时获电动作，电气控制电路采取了(　　)。

A. 自锁控制　　B. 联锁控制　　C. 位置控制

115. 在操作接触器联锁正反转控制电路时，要使电动机从正转变为反转，正确的操作方法是(　　)。

A. 可直接按下反转起动按钮

B. 可直接按下正转起动按钮

C. 必须先按下停止按钮，再按下反转起动按钮

116. 在操作按钮联锁或双重联锁正反转控制电路时，要使电动机从正转变为反转，正确的操作方法是(　　)。

A. 可直接按下反转起动按钮

B. 可直接按下正转起动按钮

C. 必须先按下停止按钮，再按下反转起动按钮

117. 根据生产机械运动部件的行程或位置，利用(　　)来控制电动机的工作状况称为行程控制原则。

A. 电流继电器　　　　　B. 时间继电器

C. 位置开关

118. 利用(　　)按一定时间间隔来控制电动机的工作状态称为时间控制原则。

A. 电流继电器　　　　　B. 时间继电器

C. 位置开关

119. 根据电动机的速度变化，利用(　　)等电器来控制电动机的工作状况称为速度控制原则。

A. 速度继电器　　　　　B. 电流继电器

C. 时间继电器

120. 根据电动机主回路电流的大小，利用(　　)来控制电动机的工作状态成为电流控制原则。

A. 时间继电器　　　　　B. 电流继电器

C. 位置开关

121. 在干燥、清洁的环境中应选用(　　)。

A. 防护式电动机　　　　B. 开启式电动机

C. 封闭式电动机

122. 用万用表 Ω 挡测二极管极性和好坏时，应把 Ω 挡拨在（　　）量程处。
A. $R\times100$ 或 $R\times10$　　　　B. $R\times1$
C. $R\times1k$　　　　D. $R\times10k$

123. 晶体管放大参数是（　　）。
A. 电流放大倍数　　　　B. 电压放大倍数
C. 功率放大倍数

124. 整流电路输出电压应属于（　　）。
A. 直流电压　　　　B. 交流电压
C. 脉动直流电压　　　　D. 稳恒直流电压

125. 整流电路加滤波器的主要作用是（　　）。
A. 提高输出电压　　　　B. 减少输出电压脉动
C. 降低输出电压　　　　D. 限制输出电流

126. 对晶体二极管性能判别下面说法正确的是（　　）。
A. 晶体二极管正反向电阻相差越大越好
B. 两者都很大说明管子被击穿
C. 两者都很小说明管子已断路

127. 对电容器的电容量的判别，下面说法正确的是（　　）。
A. 电容器的电容量越大，表头指针偏摆幅度越大
B. 电容器的电容量越小，表头指针偏摆幅度越大
C. 电容器的电容量越大，表头指针偏摆幅度越小

128. 晶体管的选用及注意事项中下面说法错误的一项为（　　）。
A. 根据使用场合和电路性能选择合适类型的晶体管
B. 根据电路要求和已知工作条件选择晶体管
C. 晶体管基本应用之一是组成放大电路，应根据工作要求选择合适的放大电路
D. 处于饱和工作状态的晶体管，要设置合适的偏置电路

129. 在晶体管管脚极性的判别中，使用万用表电阻量程 $R\times100$ 挡，将表笔接触一管脚，黑表笔分别接另两个管脚，对管型和基极判别正确的一项是（　　）。
A. 若测得两个电阻值均较小时，则红表笔接的是 NPN 型管的基极
B. 若测得两个电阻值中有一个较大，则红表笔接的是 NPN 型管的基极
C. 若测得两个电阻值均较大时，则红表笔接的是 NPN 型管的基极

130. 焊接强电元件要用（　　）W 以上的电烙铁。
A. 25　　　　B. 45　　　　C. 75　　　　D. 100

131. 钻头的规格和标号一般标在钻头的( )。
    A. 切削部分   B. 导向部分   C. 柄部   D. 颈部
132. 单相半波整流电路加电容滤波后,整流二极管承受的最高反向电压将( )。
    A. 不变   B. 降低   C. 升高
133. 晶体管电流放大的外部条件是( )。
    A. 发射结反偏,集电结反偏
    B. 发射结反偏,集电结正偏
    C. 发射结正偏,集电结反偏
    D. 发射结正偏,集电结正偏
134. 带电灭火时应使用不导电的灭火剂,不得使用( )灭火剂。
    A. 二氧化碳   B. 1211   C. 干粉   D. 泡沫
135. 保护接地适用于( )方式供电系统。
    A. IT   B. TT   C. TN-C   D. TN-S
136. 一般热继电器的热元件按电动机额定电流 I_N 来选择热元件电流等级,其整定值为( )I_N。
    A. 0.3~0.5   B. 0.95~1.05   C. 1.2~1.3   D. 1.3~1.4
137. 环境十分潮湿的场合应采用( )电动机。
    A. 封闭式   B. 开启式   C. 防爆式   D. 防护式
138. 小型干式变压器一般采用( )铁心。
    A. 心式   B. 壳式   C. 立式   D. 混合
139. 交流电焊机二次侧与电焊钳间的连接线应选用( )。
    A. 通用橡套电缆   B. 绝缘电线
    C. 电焊机电缆   D. 绝缘软线
140. 绝缘材料的耐热性,按其长期正常工作所允许的最高温度可分为( )个耐热等级。
    A. 7   B. 6   C. 5   D. 4
141. 与仪表连接的电流互感器的准确度等级应不低于( )。
    A. 0.1级   B. 0.5级   C. 1.5级   D. 2.5级
142. 选择仪表用互感器和仪表的测量范围时,应考虑设备在正常运行条件下,使仪表的指针尽量指在仪表标尺工作部分量程的( )以上。
    A. 1/2   B. 1/3   C. 2/3   D. 1/4
143. 电工指示仪表的误差等级分别为0.1级、0.2级、0.5级、1.0级、1.5级、2.5级和( )级共七个等级。
    A. 3.0   B. 3.5   C. 4.0   D. 5.0

144. 指针式万用表在测量允许范围内,若误用交流挡来测量直流电,则所测得的值将( )被测值。

　　A. 大于　　　　B. 小于　　　　C. 等于　　　　D. 不确定

145. ( )级以下的电工仪表精确度较低,多用于工程上的检测与计量。

　　A. 0.5　　　　B. 1.0　　　　C. 1.5　　　　D. 2.5

146. 要测量三相交流异步电动机的绝缘电阻,应选用额定电压为( )的绝缘电阻表。

　　A. 250V　　　B. 500V　　　C. 1000V　　　D. 2500V

147. 用绝缘电阻表摇测绝缘电阻前,要先对绝缘电阻表进行开路和短路检查,即在表未接入被测电阻之前摇动手把,观察表的指针。开路和短路检查时,表针应分别指在( )位置。

　　A. 0 和 ∞　　B. ∞ 和 ∞　　C. ∞ 和 0　　D. 0 和 0

148. 配电箱上的母线其相线应涂颜色标识,其中中性线(N)应涂( )色。

　　A. 黄　　　　B. 绿　　　　C. 红　　　　D. 淡蓝

149. 三相笼型异步电动机采用Y－△减压起动时,将定子绕组先连接为Y联结,绕组起动电流为全压起动时电流的( )。

　　A. 3 倍　　　B. 1/3 倍　　　C. 1 倍　　　D. $1/\sqrt{3}$ 倍

150. 测量电压时,电压表应与被测电路( )。

　　A. 正接　　　B. 反接　　　C. 串联　　　D. 并联

151. 按钮联锁正反转控制电路的优点是操作方便,缺点是容易产生( )短路事故。

　　A. 电源两相　　B. 电源三相　　C. 电源一相　　D. 电源

152. 维修电工在维修工作中,常以电气原理图、( )和平面布置图作为参考资料。

　　A. 配线方式图　　　　B. 安装接线图
　　C. 接线方式图　　　　D. 组件位置图

153. 选用低压断路器的额定电压和额定电流时,应( )线路的正常工作电压和计算的负载电流。

　　A. 不小于　　B. 小于　　　C. 等于　　　D. 大于

154. 当锉刀拉回时,应( ),以免磨钝锉齿或划伤工件表面。

　　A. 轻轻划过　　B. 稍微抬起　　C. 抬起　　　D. 拖回

155. 一般规定正电荷移动的方向为( )的方向。

　　A. 电动势　　B. 电流　　　C. 电压　　　D. 电位

156. 把垂直穿过磁场中某一截面的磁力线条数叫做磁通或磁通量,符号为( )。

A. T B. Φ C. H/m D. A/m

157. 导通后二极管两端电压变化很小，锗管约为( )V。

A. 0.5 B. 0.7 C. 0.3 D. 0.1

158. 稳压管虽然工作在反向击穿区，但只要( )不超过允许值，PN结不会过热而损坏。

A. 电压 B. 反向电压 C. 电流 D. 反向电流

159. 在攻螺纹或套螺纹时，先尽量把丝锥或板牙放正，当切入( )圈时，再仔细观察和校正对工件的垂直度。

A. 0~1 B. 1~2 C. 2~3 D. 3~4

160. 在串联电路中，流过每个电阻的电流( )。

A. 电流之和 B. 相等 C. 等于各电阻流过的电流之和
D. 分配的电流与各电阻值成正比

161. PE保护地线若不是供电电缆或电缆外护层的组成部分，按照机械强度的要求，有机械性保护时其截面积不应小于( )mm²。

A. 1.5 B. 2.5 C. 4 D. 6

162. 若晶体管静态工作点在交流负载线上位置定得太高，会造成输出信号的( )。

A. 截止失真 B. 饱和失真 C. 交越失真 D. 线性失真

163. 在多级放大电路的级间耦合中，低频电压放大电路主要采用( )耦合方式。

A. 阻容 B. 直接 C. 变压器 D. 电感

164. 多级放大器的总电压放大倍数等于各级放大电路电压放大倍数之( )。

A. 和 D. 差 C. 积 D. 商

165. 在晶体管输出特性曲线上，表示放大器静态时输出回路电压与电流关系的直线称为( )。

A. 输出伏安线 B. 交流负载线
C. 直流负载线 D. 输出直线

166. 晶体管输出特性曲线放大区中，平行线的间隔可直接反映出晶体管( )的大小。

A. 基极电流 B. 集电极电流
C. 电流放大倍数 D. 电压放大倍数

167. 三相异步电动机起动瞬间，转差率为( )。

A. $s=0$ B. $s=1$ C. $s>1$ D. $s=0.01~0.07$

168. 三相异步电动机空载运行时,其转差率为( )。
A. $s=0$ B. $s=0.01\sim0.07$
C. $s=0.004\sim0.007$ D. $s=1$

169. 三相异步电动机额定运行时,其转差率一般为( )。
A. $s=0.004\sim0.007$ B. $s=0.01\sim0.07$
C. $s=0.1\sim0.7$ D. $s=1$

170. 直流电动机的转子由电枢铁心、电枢绕组及( )等部件组成。
A. 机座 B. 主磁极 C. 换向器 D. 换向极

试 题 库

技能要求试题

一、单股铜芯导线的直线连接（见表1）

表1　单股铜芯导线的直线连接考核表

时间：15min

项目内容	配分	评分标准	扣分	得分
导线绝缘层的剥削	30分	工具（电工刀）使用及剥削方法正确		
		剥削长度符合标准，一处不符合扣5分		
		导线线芯应保持完整无损，损伤一处扣5分		
导线连接	60分	清除线芯表面氧化层，未清除扣10分		
		连接方法正确，不正确扣10分		
		导线缠绕圈数符合标准，每少一圈扣2分		
		导线缠绕紧密，出现一处空隙扣3分		
		不得出现松动，松动扣20分		
		连接表面应光滑、无毛刺，一处毛刺扣2分		
绝缘恢复	10分	绝缘带包缠方法正确		

评分人_____　　　　　　　　　　　　　　　　　　　总分_____

二、单股铜芯导线的分支连接（见表2）

表2　单股铜芯导线的分支连接考核表

时间：15min

项目内容	配分	评分标准	扣分	得分
导线绝缘层的剥削	30分	工具（电工刀）使用及剥削方法正确		
		剥削长度符合标准，一处不符合扣5分		
		导线线芯应保持完整无损，损伤一处扣5分		

（续）

项目内容	配分	评分标准	扣分	得分
导线连接	50分	清除线芯表面氧化层，未清除扣10分		
		连接方法正确，不正确扣10分		
		导线缠绕圈数符合标准，每少一圈扣2分		
		导线缠绕紧密，出现一处空隙扣3分		
		不得出现松动，松动扣15分		
		连接表面应光滑、无毛刺，一处毛刺扣2分		
绝缘恢复	20分	绝缘带包缠方法正确		

评分人＿＿＿＿＿＿　　　　　　　　　　　　　　　　　　总分＿＿＿＿＿＿

三、7股铜芯导线的直线连接（见表3）

表3　7股铜芯导线的直线连接考核表

时间：30min

项目内容	配分	评分标准	扣分	得分
导线绝缘层的剥削	30分	工具（电工刀）使用及剥削方法正确		
		剥削长度符合标准，一处不符合扣5分		
		导线线芯应保持完整无损，损伤一处扣5分		
导线连接	60分	清除线芯表面氧化层，未清除扣10分		
		连接方法正确，不正确扣10分		
		导线缠绕圈数符合标准，每少一圈扣2分		
		导线缠绕紧密，出现一处空隙扣3分		
		不得出现松动，松动扣20分		
		连接表面应光滑、无毛刺，一处毛刺扣2分		
绝缘恢复	10分	绝缘带包缠方法正确		

评分人＿＿＿＿＿＿　　　　　　　　　　　　　　　　　　总分＿＿＿＿＿＿

四、双联开关控制一盏灯线路的安装接线（见表4）

表4　双联开关控制一盏灯线路的安装接线考核表

时间：30min

项目内容	配分	评分标准	扣分	得分
作图	30分	接线图画错，每处扣10分		
		图形符号画错，每处扣5分		
		线条平直、卷面整洁		

(续)

项目内容	配分	评分标准	扣分	得分
安装接线	60分	灯具安装方法正确，一处不符合要求扣10分		
		按图接线，错一处扣10分		
		接线符合安全用电要求，一处不符合扣10分		
		导线线头处理规范，一处不规范扣5分		
通电试验	10分	通电试验一次成功，不成功不得分		

评分人_____　　　　　　　　　　　　　　　　　　　　总分_____

五、绝缘电阻表检测三相异步电动机绝缘（见表5）

表5　绝缘电阻表检测三相异步电动机绝缘考核表

时间：15min

项目内容	配分	评分标准	扣分	得分
校表	30分	绝缘电阻表规格选择，不合要求扣10分		
		开路试验，做错扣10分		
		短路试验，做错扣10分		
相间绝缘检测	30分	接线方法正确，错一处扣5分		
		测量方法正确，错一处扣10分		
		测量结果准确，错一处扣5分		
对地绝缘检测	30分	接线方法正确，错一处扣5分		
		测量方法正确，错一处扣10分		
		测量结果准确，错一处扣5分		
安全操作	10分	出现不安全隐患，一次扣5分		

评分人_____　　　　　　　　　　　　　　　　　　　　总分_____

六、三相异步电动机定子绕组首末端判别（见表6）

表6　三相异步电动机定子绕组首末端判别考核表

时间：20min

项目内容	配分	评分标准	扣分	得分
区分三相绕组	30分	万用表挡位、量程选择合理，不合理扣5分		
		测量方法正确，不正确扣10分		
		结果准确，不准确每相扣10分		

(续)

项目内容	配分	评 分 标 准	扣分	得分
首末端判别	60分	仪表使用方法正确，不正确每次扣5分		
		测量方法正确，不正确扣10分		
		思路清晰、有条理		
		结果准确，不准确每相扣10分		
		校验方法正确，不正确扣5分		
安全操作	10分	出现不安全隐患，一次扣5分		

评分人＿＿＿＿＿　　　　　　　　　　　　　　　　　　　　总分＿＿＿＿＿

七、三相异步电动机单向起动控制线路的安装接线（见表7）

表7　三相异步电动机单向起动控制线路安装接线考核表

时间：60min

项目内容	配分	评 分 标 准	扣分	得分
装前检查	10分	元件检查，漏检一只扣2分		
		电动机检查，漏检扣5分		
元件安装	20分	元件布局合理，不合理扣5分		
		元件安装整齐、牢固，不合要求每处扣2分		
		螺钉漏装，每只扣1分		
		线槽安装不合要求，每处扣2分		
		损坏元件，扣15分		
布线	40分	不按线路图接线，扣2分		
		布线不合要求，每根扣5分		
		导线线头处理不规范，每处扣2分		
		接点松动，每处扣2分		
		漏接地线，扣10分		
通电试车	20分	热继电器整定不合要求，每只扣3分		
		熔体规格选择不合要求，每只扣3分		
		一次试车不成功，扣10分		
		两次试车不成功，扣20分		
安全操作	10分	出现不安全隐患，一次扣5分		

评分人＿＿＿＿＿　　　　　　　　　　　　　　　　　　　　总分＿＿＿＿＿

八、三相异步电动机双重联锁正反转控制线路的安装接线（见表8）

表8 三相异步电动机双重联锁正反转控制线路的安装接线考核表

时间：90min

项目内容	配分	评 分 标 准	扣分	得分
装前检查	10分	元件检查，漏检一只扣2分		
		电动机检查，漏检扣5分		
元件安装	20分	元件布局合理，不合理扣5分		
		元件安装整齐、牢固，不合要求每处扣2分		
		螺钉漏装，每处扣1分		
		线槽安装不合要求，每处扣2分		
		损坏元件，扣15分		
布线	40分	不按线路图接线，扣2分		
		布线不合要求，每处扣2分		
		导线线头处理不规范，每处扣1分		
		接点松动，每处扣2分		
		漏接地线，扣10分		
通电试车	20分	热继电器整定不合要求，每处扣3分		
		熔体规格选择不合要求，每只扣2分		
		一次试车不成功，扣5分		
		两次试车不成功，扣10分		
安全操作	10分	出现不安全隐患，一次扣5分		
合　计				

评分人＿＿＿＿＿　　　　　　　　　　　　　　　总分＿＿＿＿＿

模拟试卷样例

一、判断题（对画"√"，错画"×"，每题1分，共20分）

1. 变压器的额定功率是指当一次侧施以额定电压时，在温升不超过允许温升的情况下，二次侧所允许输出的最大功率。（ ）
2. 变压器在使用时铁心会逐渐氧化生锈，因此空载电流也就相应逐渐减小。（ ）
3. 三相异步电动机的转速取决于电源频率和磁极对数，而与转差率无关。（ ）
4. 三相异步电动机转子的转速越低，电动机的转差率越大，转子电动势频率越高。（ ）
5. 应用短路测试器检查三相异步电动机绕组是否一相短路时，对于多路并绕或并联支路的绕组，必须先将各支路拆开。（ ）
6. 变压器无论带什么性质的负载，只要负载电流继续增大，其输出电压就必然降低。（ ）
7. 凡有灭弧罩的接触器，一定要装妥灭弧罩后方能通电起动电动机。（ ）
8. 交流接触器铁心上的短路环断裂后会使动静铁心不能释放。（ ）
9. 在易燃、易爆场所的照明灯具，应使用密闭型或防爆型灯具；在多尘、潮湿和有腐蚀性气体的场所，应使用防水防尘型灯具。（ ）
10. 抢救触电人员时，可用使心脏复跳的肾上腺素等强心针剂可代替人工呼吸和胸外心脏挤压两种急救措施。（ ）
11. 锯条的锯齿在前进方向时进行切削，所以在安装锯条时应使锯齿的尖端朝着前推的方向。（ ）
12. 发现触电人员后，抢救者应迅速用双手拉动他离开此处。（ ）
13. 根据绝缘材料的不同，电力电缆可分为油浸纸绝缘电缆、塑料绝缘电缆和橡胶绝缘电缆。（ ）
14. 在电动机直接起动控制电路中，熔断器只作短路保护，不能作过载保护。（ ）

15. 进行手工电弧焊操作时，操作者必须穿戴防护面罩和防护手套等劳保用品。（　　）

16. 用万用表测量小功率晶体管时，不宜使用 $R \times 1$ 挡和 $R \times 10$ 挡。（　　）

17. 笼型异步电动机的转子绕组对地不需要绝缘。（　　）

18. 冲击电钻的调节位置置于任意位置时，都能在砖石、混凝土等墙面上钻孔。（　　）

19. 镀锌管常用于潮湿、有腐蚀性的场所作暗敷配线用。（　　）

20. 当人体突然进入高电压线跌落区时，一定要先看清高压线的位置，小幅度单脚迈步跳动，离开高压线越远越好。（　　）

二、单项选择题（将正确的答案的序号填入括号内；每小题 2 分，共 80 分）

1. 金属外壳的电钻使用时外壳必须（　　）。
   A. 接零　　B. 接地　　C. 接相线

2. 软磁性材料常用来制作电机和电磁铁的（　　）。
   A. 线圈　　B. 铁心　　C. 铁心和线圈

3. 钢管配线时，暗配钢管弯曲半径不应小于管外径的（　　）。
   A. 4 倍　　B. 5 倍　　C. 6 倍　　D. 8 倍

4. 测量电压时，电压表应与被测电路（　　）。
   A. 正接　　B. 反接　　C. 串联　　D. 并联

5. 按钮联锁正反转控制电路的优点是操作方便，缺点是容易产生（　　）短路事故。
   A. 电源两相　　B. 电源三相　　C. 电源一相　　D. 电源

6. 为降低变压器铁心中的（　　），叠压硅钢片间要互相绝缘。
   A. 无功损耗　　　　B. 空载损耗
   C. 涡流损耗　　　　D. 短路损耗

7. 对于中小型电力变压器，投入运行后每隔（　　）要大修一次。
   A. 1 年　　B. 2~4 年　　C. 5~10 年　　D. 15 年

8. Y 联结的三相异步电动机空载运行时，若定子一相绕组突然断路，则电动机（　　）。
   A. 必然会停止转动　　　　B. 有可能连续运行
   C. 肯定会继续运行

9. 某正弦交流电压的初相角 $\varphi = -\pi/6$，在 $t = 0$ 时其瞬时值将（　　）。
   A. 大于零　　B. 小于零　　C. 等于零

10. 节能型荧光灯的基本结构和工作原理都与荧光灯相同，但由于其采用了

( )，故其更加节能。

  A. 特殊的灯管形状　　　　B. 电子镇流器
  C. 较小的外形尺寸　　　　D. 发光效率更高的三基色荧光粉

11. 白炽灯发生灯泡忽亮忽暗或忽亮忽熄的故障，其常见原因是( )。

  A. 线路中有断路故障
  B. 线路中发生短路
  C. 灯泡额定电压低于电源电压
  D. 电源电压不稳定

12. 普通功率表在接线时，电压线圈和电流线圈之间的关系是( )。

  A. 电压线圈必须接在电流线圈的前面
  B. 电压线圈必须接在电流线圈的后面
  C. 视具体情况而定

13. 测量 1Ω 以下的电阻应选用( )。

  A. 直流单臂电桥　　　　B. 直流双臂电桥
  C. 万用表　　　　　　　D. 绝缘电阻表

14. 某三相异步电动机的额定电压为 380V，其交流耐压试验电压为( )V。

  A. 380　　B. 500　　C. 1000　　D. 1760

15. 叠加原理不适用于( )。

  A. 含有电阻的电路　　　　B. 含有空心电感的交流电路
  C. 含有二极管的电路

16. 单相 3 孔插座接线时，中间孔接( )。

  A. 相线 L　　B. 零线 N　　C. 保护线 PE

17. 对螺旋灯座接线时，应把来自开关的导线线头连接在( )的接线桩上。

  A. 中心簧片　　B. 螺纹圈　　C. 外壳

18. 单相桥式整流电路一般由( )组成。

  A. 一台变压器、4 只晶体管和负载
  B. 一台变压器、4 只晶体管、一只二极管和负载
  C. 一台变压器、4 只二极管和负载
  D. 一台变压器、3 只二极管、一只晶体管和负载

19. 设三相异步电动机 I_N = 10A，△联结，用热继电器作过载及断相保护。热继电器型号应选( )型。

  A. JR16—20/3D　　　　B. JR0—20/3
  C. JR10—10/3　　　　　D. JR16—40/3

20. 低压断路器中电磁脱扣器承担（　　）保护作用。
   A. 过流　　B. 过载　　C. 失电压　　D. 欠电压

21. 要测量三相异步电动机的绝缘电阻，应选用额定电压为（　　）的绝缘电阻表。
   A. 250V　　B. 500V　　C. 1000V　　D. 2500V

22. 交流接触器动作频率过多会导致（　　）过热。
   A. 铁心　　B. 线圈　　C. 触头　　D. 弹簧

23. 热继电器主要用作电动机的（　　）。
   A. 短路保护　　　　　　B. 过载保护
   C. 欠电压保护　　　　　D. 失电压保护

24. 热继电器中主双金属片的弯曲主要是由于两种金属材料的（　　）不同而产生的。
   A. 机械强度　　B. 导电能力　　C. 热膨胀系数

25. 在晶体管管脚极性的判别中，使用万用表电阻量程 $R \times 100$ 挡，将红表笔接触一管脚，黑表笔分别接另两个管脚，对管型和基极说法判别正确的一项是（　　）。
   A. 若测得两个电阻值均较小时，则红表笔接的是 NPN 型管的基极
   B. 若测得两个电阻值中有一个较大，则红表笔接的是 NPN 型管的基极
   C. 若测得两个电阻值均较大时，则红表笔接的是 NPN 型管的基极

26. 焊接较大的元器件要用（　　）W 以上的电烙铁。
   A. 25　　B. 45　　C. 75　　D. 100

27. 一台三相四极异步电动机，电源的频率 $f = 50$Hz，则定子旋转磁场每秒在空间转过（　　）转。
   A. 12.5　　B. 25　　C. 50　　D. 100

28. 交流接触器的触点因表面氧化、积垢造成接触不良时，可用（　　）修整并清理表面，但应保持触点原来的形状。
   A. 砂轮　　B. 砂纸　　C. 粗锉　　D. 细锉

29. 用符号或带注释的框概略地表示系统、分系统、成套装置或设备的基本组成、相互关系及主要特征的一种简图称为（　　）。
   A. 电路图　　B. 装配图　　C. 位置图　　D. 系统图

30. 在纯电容电路中，已知电压的最大值为 U_m；电流最大值为 I_m，则电路的无功功率为（　　）。
   A. $U_m I_m$　　B. $U_m I_m / \sqrt{2}$　　C. $U_m I_m / 2$

31. 三相异步电动机额定运行时，其转差率一般为（　　）。
   A. $s = 0.004 \sim 0.007$　　　　B. $s = 0.01 \sim 0.07$

C. s = 0.1 ~ 0.7　　　　　D. s = 1

32. 直流电动机若要实现反转，需要对调电枢电源的极性，其励磁电源的极性(　　)。

A. 保持不变　　　　　B. 同时对调

C. 变与不变均可

33. 修理变压器时，若保持额定电压不变，而一次绕组匝数比原来少了一些，则变压器的空载电流与原来相比(　　)。

A. 减少一些　　B. 增大一些　　C. 基本不变

34. 一台三相异步电动机，其铭牌上标明的额定电压为220/380V，其接法应是(　　)。

A. Y/△　　B. △/Y　　C. △/△　　D. Y/Y

35. 三相异步电动机采用Y-△降压起动时，其起动电流是全压起动电流的(　　)。

A. $1/3$　　　　　　B. $1/\sqrt{3}$

C. $1/\sqrt{2}$　　　　　D. 倍数不能确定

36. 配电盘上装有计量仪表、互感器时，二次侧的导线使用截面积不小于(　　)mm² 的铜芯导线。

A. 0.5　　B. 1.0　　C. 1.5　　D. 2.5

37. 两台电动机 M1 与 M2 为顺序起动、逆序停止控制，当停止时(　　)。

A. M1 停，M2 不停　　B. M1 与 M2 同时停

C. M1 先停，M2 后停　　D. M2 先停，M1 后停

38. 氯丁橡胶绝缘电线的型号是(　　)。

A. BX，BLX　　B. BV，BLV　　C. BXF，BLXF

39. 容量较小的交流接触器其灭弧装置采用(　　)方式。

A. 栅片灭弧　　　　　B. 双断口触头灭弧

C. 电动力灭弧

40. 两只额定电压相同的电阻，串联接在电路中，则阻值较大的电阻(　　)。

A. 发热量较大　　　　　B. 发热量较小

C. 没有明显差别

答案部分

知识要求试题答案

一、判断题

1. × 2. √ 3. √ 4. × 5. × 6. × 7. × 8. √ 9. ×
10. × 11. × 12. √ 13. √ 14. × 15. × 16. √ 17. √ 18. ×
19. × 20. × 21. × 22. × 23. × 24. × 25. √ 26. × 27. √
28. × 29. × 30. √ 31. × 32. × 33. × 34. × 35. × 36. ×
37. × 38. × 39. × 40. √ 41. √ 42. × 43. √ 44. √ 45. ×
46. × 47. √ 48. × 49. × 50. √ 51. × 52. × 53. × 54. ×
55. × 56. × 57. × 58. × 59. × 60. × 61. × 62. × 63. ×
64. √ 65. √ 66. × 67. × 68. × 69. × 70. × 71. × 72. √
73. × 74. × 75. √ 76. × 77. × 78. √ 79. × 80. √ 81. ×
82. × 83. × 84. × 85. × 86. × 87. × 88. × 89. × 90. ×
91. √ 92. × 93. × 94. √ 95. × 96. × 97. × 98. × 99. ×
100. √ 101. × 102. × 103. × 104. × 105. × 106. × 107. × 108. ×
109. √ 110. × 111. × 112. × 113. × 114. × 115. √ 116. √ 117. √
118. × 119. √ 120. × 121. × 122. × 123. × 124. × 125. × 126. ×
127. √ 128. √ 129. × 130. × 131. × 132. × 133. √ 134. √ 135. ×
136. √ 137. √ 138. × 139. × 140. √ 141. × 142. √ 143. √ 144. ×
145. × 146. × 147. √ 148. √ 149. √ 150. × 151. × 152. √ 153. ×
154. × 155. × 156. × 157. × 158. × 159. × 160. × 161. × 162. √
163. × 164. × 165. × 166. × 167. √ 168. × 169. √ 170. ×

二、选择题

1. A 2. B 3. D 4. B 5. C 6. D 7. A 8. B 9. D

10. C	11. A	12. B	13. A	14. B	15. D	16. C	17. D	18. B	
19. D	20. A	21. B	22. C	23. A	24. A	25. B	26. D	27. D	
28. C	29. B	30. D	31. C	32. A	33. B	34. A	35. B	36. A	
37. C	38. D	39. C	40. C	41. A	42. A	43. B	44. B	45. B	
46. A	47. B	48. A	49. B	50. C	51. D	52. D	53. A	54. B	
55. A	56. A	57. D	58. B	59. D	60. A	61. A	62. B	63. A	
64. D	65. A	66. C	67. C	68. B	69. D	70. C	71. B	72. D	
73. A	74. B	75. C	76. B	77. C	78. D	79. A	80. B	81. A	
82. C	83. C	84. C	85. A	86. B	87. B	88. A	89. B	90. C	
91. A	92. B	93. A	94. B	95. B	96. A	97. B	98. B	99. C	
100. B	101. A	102. C	103. A	104. C	105. B	106. C	107. C	108. A	
109. A	110. B	111. C	112. B	113. A	114. B	115. C	116. C	117. C	
118. B	119. A	120. B	121. B	122. A	123. A	124. C	125. B	126. A	
127. A	128. D	129. C	130. B	131. D	132. C	133. C	134. D	135. A	
136. B	137. A	138. B	139. C	140. A	141. B	142. C	143. C	144. A	
145. C	146. B	147. C	148. D	149. B	150. D	151. A	152. B	153. D	
154. B	155. B	156. B	157. C	158. D	159. B	160. B	161. B	162. B	
163. A	164. C	165. C	166. C	167. B	168. C	169. B	170. C		

模拟试卷样例答案

一、判断题

1. × 2. × 3. × 4. ✓ 5. ✓ 6. × 7. × 8. × 9. ✓
10. × 11. ✓ 12. × 13. ✓ 14. ✓ 15. ✓ 16. ✓ 17. × 18. ×
19. ✓ 20. ×

二、单项选择题

1. B 2. B 3. C 4. D 5. A 6. C 7. C 8. B 9. B
10. D 11. D 12. C 13. B 14. B 15. C 16. C 17. A 18. C
19. A 20. D 21. B 22. C 23. B 24. C 25. C 26. D 27. B
28. B 29. C 30. C 31. B 32. A 33. B 34. B 35. A 36. C
37. D 38. C 39. A 40. A

参考文献

[1] 机械工业职业技能鉴定指导中心. 初级维修电工技术 [M]. 北京：机械工业出版社，1999.

[2] 王兆晶. 电工操作技术要领图解 [M]. 济南：山东科学技术出版社，2004.

[3] 金国砥. 电工实训 [M]. 北京：电子工业出版社，2003.

[4] 魏涤非，戴源生. 电机技术 [M]. 北京：中国水利水电出版社，2004.

[5] 李敬梅. 电力拖动控制线路与技能训练 [M]. 3版. 北京：中国劳动社会保障出版社，2001.

[6] 赵承荻. 维修电工技能训练 [M]. 3版. 北京：中国劳动社会保障出版社，2001.

[7] 王兆晶. 维修电工（初级）[M]. 北京：机械工业出版社，2005.

[8] 阎伟. 电机技术 [M]. 济南：山东科学技术出版社，2005.